Où va la physique ?

De la physique mécaniste
à quelques élaborations contemporaines

Acteurs de la Science

Fondée par Richard Moreau,
professeur honoraire à l'Université de Paris XII
Dirigée par Claude Brezinski et Roger Teyssou

La collection Acteurs de la Science est consacrée à des études sur les acteurs de l'épopée scientifique moderne ; à des inédits et à des réimpressions de mémoires scientifiques anciens ; à des textes consacrés en leur temps à de grands savants par leurs pairs ; à des évaluations sur les découvertes les plus marquantes et la pratique de la Science.

Dernières parutions

Vincent LAFORGE, *La chair et le plomb*, 2019.
Jean-Yves DE LA CAFFINIERE, *Robert Merle d'Aubigné, Chirurgien bâtisseur (1900-1989),* 2019.
Roger TEYSSOU, *Théodore Tronchin et la grande aventure de l'inoculation de la variole*, 2019.
Sofiane BOUHDIBA, *Le côté obscur de la médecine. Mauvais médecins et médecins mauvais, de l'Antiquité à nos jours*, 2019.
Daniel BOIS, *L'information aux sources de la science*, 2019.
Alexandru MARINESCU, *Le voyage de la « Belgica », Premier hivernage dans les glaces antarctiques,* 2019.
Franck CANOREL, *Contribution à l'histoire sociale des poisons. Le Ginger Jake*, 2018.
Tithnara SUN, *Les mots de la pharmacie, Une histoire linguistique de la pharmacie,* 2018.
Roger TEYSSOU, *Nouveau dictionnaire mémorable des remèdes d'autrefois,* 2018.
Jean-Paul WALCH, *Naissance de la chimie*, 2018.
AMIC, *Le temps, Une approche interdisciplinaire,* 2018.
Jean-Louis MILLOT, *Le discret pouvoir des odeurs*, 2018.
Pierre CHARLES-DOMINIQUE, *Histoire de la découverte des faunes tropicales. Les progrès de la pensée scientifique*, 2018.
Marceau FELDEN, *De Darwin à Einstein, Deux aventuriers du savoir,* 2018.

Christiane Vilain

Où va la physique ?

De la physique mécaniste à quelques élaborations contemporaines

L'Harmattan

Ouvrages du même auteur :

-1996, *La mécanique de Christian Huygens. La relativité du mouvement au XVIIe siècle*, A. Blanchard, 1996

- 2009, *Naissance de la physique moderne. Méthode et philosophie mécanique au XVIIe siècle*, Ellipses, 2009.
-
- 2013, *Quelle est notre place dans l'Univers ?*, en collaboration avec Suzy Collin, L'harmattan, 2013.

5-7, rue de l'Ecole-Polytechnique, 75005 Paris
www.editions-harmattan.fr

ISBN : 978-2-343-18483-8
EAN : 9782343184838

Sommaire :

INTRODUCTION GÉNÉRALE

La physique d'aujourd'hui semble bien menacée comme modèle des sciences, noyée par l'avancée des sciences du vivant, des neurosciences ou sciences cognitives issues de la cybernétique de l'après-guerre et de l'informatique d'aujourd'hui. Outre les phénomènes médiatiques, la mode, ces nouveaux domaines fragilisent en effet le paradigme du sujet scientifique qui étudierait une nature extérieure à lui, dans un face à face qui serait bien établi. Pourtant les sciences physiques font encore la une de l'actualité lorsque l'on détecte des ondes gravitationnelles à partir de l'année 2015 ou que l'on parvient à élaborer une image de trou noir à partir d'observations comme ce fut le cas en 2019, confortant la théorie mise au point par Albert Einstein il y a déjà un siècle !

Cette science comporte beaucoup de réussites techniques et théoriques. Sans même parler des applications imprévues comme la téléphonie mobile ou la chirurgie de précision, on ne peut que s'émerveiller des progrès plus classiques effectués dans le traitement rigoureux des données d'observations astrophysiques par exemple, traitement qui permet une précision que l'on n'envisageait pas même vers la fin du 20e siècle. La mise en évidence des ondes gravitationnelles, de même que celle du boson de Higgs quelques années auparavant, n'ont été possibles que grâce à des procédures très sophistiquées, une élaboration qui comporte des méthodes d'analyses mathématique et statistique de pointe. La physique n'en comporte pas moins un certain nombre de difficultés pour l'interprétation et la compréhension du Monde qui nous entoure, que l'on aimerait rapprocher de nos intuitions courantes ou du rationalisme classique auquel nous nous sommes habitués. L'impossibilité de faire entrer la gravitation dans l'ensemble des autres champs et forces, la nécessité d'introduire des entités inconnues dans le contenu de l'Univers : matière noire et énergie noire, pour rendre compte des observations cosmologiques peut être considérée également comme un échec, ou tout au moins un défi à notre volonté de comprendre.

Edgar Morin, chantre de la "pensée complexe" insistait pour sa part sur la remise en question de la séparation sujet-objet au sein même de la physique [MORIN, 1977] :

« Nous savons depuis plus d'un demi-siècle que ni l'observation microphysique, ni l'observation cosmo-physique ne peuvent être détachées de leur observateur. Les plus grands progrès des sciences contemporaines se sont effectués en réintégrant l'observateur dans l'observation. »

Ce philosophe anthropologue faisait ainsi référence, il y a déjà une quarantaine d'années, aux difficultés bien connues d'interprétation en mécanique quantique mais aussi à la cosmologie dont l'objet est l'Univers dans son ensemble, objet pour lequel il n'y a pas d'extérieur. Nous sommes à l'intérieur de l'Univers mais aussi de la microphysique d'une autre façon, lors d'une expérience quantique, inéluctablement. Ajoutons que la notion d'entropie a été suivie d'une prise en compte de l' "information" dont dispose le physicien qui choisit lui-même de ne pas tout voir, à l'échelle de nos observations courantes, de notre environnement même, notion qui introduit une certaine subjectivité ou tout au moins intersubjectivité, que l'on ne rencontrait pas dans la physique mécaniste triomphante du 18e siècle.

Je vais dans cet ouvrage tenter de montrer comment le physicien, pour devenir un sujet scientifique, s'est construit des objets bien à lui à partir des phénomènes naturels, et comment ce qu'il a dû abandonner du phénomène dans cette construction revient sur la scène au cours de l'histoire de la physique et bouscule tout autant sa position séparée et dominante que la spécificité des objets qu'il s'était construits.

Est-ce que cela signifie la mise en cause de l'objectivité établie en physique ? Non, sans doute, mais la modifie. Pour savoir où va la physique il faut d'abord se demander d'où elle vient, envisager à nouveau la mise au point de méthodes et d'objets conceptuels, au cours des trois siècles précédents. La sujétion de l'objet connu au sujet connaissant existe en effet depuis les débuts de cette science de la nature que nous appelons la "physique", dès que Galilée décide de faire rouler des boules sur des plans inclinés plutôt que de regarder tomber librement les corps. De fait elle a toujours existé, mais à partir du 17e siècle le sujet connaissant s'est équipé de dispositifs reproductibles qui lui ont permis de se prétendre universel, de s'abstraire de ses émotions ou croyances particulières, y compris lorsque le physicien Alain Aspect met en évidence la non localité de l'expérience microphysique ou lorsqu'il faut traiter les données observationnelles au moyen d'un modèle théorique pour en sortir un signal, une courbe significative, hors des perturbations dans lesquelles est enfoui le phénomène que l'on cherche à mettre en évidence. Le physicien se construit une objectivité à travers des dispositifs connus dont sont issus des concepts et des lois, comme autant de nouveaux objets à insérer dans l'ensemble théorique, bien que cet ensemble lui ait déjà servi à l'interprétation des données. Les termes de "précision" et d'"exactitude" laissent alors place à des termes comme "confiance" ou "évidence", nouveaux outils d'évaluation pour le physicien qui convoque une hypothèse théorique au niveau même de l'établissement de ses données et non seulement de leur interprétation.

La physique a été le modèle des sciences, depuis le 17e siècle jusqu'au 20e siècle. Il semble que les "révolutions" du 20e siècle aient été parfaitement digérées par les physiciens qui ont de quoi travailler dans leurs laboratoires en utilisant des méthodes qui, quoique de plus en plus poussées techniquement, s'appuient toujours sur une science expérimentale, comme au 19e siècle. La "complexité" étudiée par Morin et d'autres aujourd'hui relèverait alors d'un autre point de vue, comme un défi d'immanence et de réalisme philosophique auquel avaient renoncé les physiciens dès le début. C'est ce qu'il nous faut montrer ici, pour interroger vraiment la physique actuelle face à ses limites.

Edgar Morin revient encore longuement sur la séparation sujet/objet qui peut être attribuée schématiquement à Descartes ou tout au moins à la nouvelle science dont l'autre emblème est Galilée, dans une position dualiste dont le sujet est universel et demeure imperturbable devant une réalité qu'il considère dans sa recherche comme extérieure à lui. Cette séparation, ce face à face entre un sujet et un objet est facile à remettre en question de diverses façons puisque le sujet de l'expérience a été formé dans le monde qu'il veut décrire et peut être lui-même raconté par une science dont une partie relève de la physique, l'autre partie physiologique et psychologique étant plus perturbatrice encore de ce qui serait un sujet neutre, universel. Mais l'homme complexe avait réussi à se simplifier pour accomplir les gestes de la physique expérimentale. Ce "paradigme" triomphant durant trois siècles est-il remis en question par les phénomènes dont il faut tenir compte aujourd'hui en physique : difficultés de représentation de la microphysique comme de l'Univers dans son ensemble, qui exigent une modélisation plus subtile que celle de la philosophie mécanique de Galilée et Huygens, ou la "Mathématique universelle" de Descartes ?

Introduire le sujet connaissant dans la connaissance scientifique est-il possible ? Est-ce à l'œuvre dans la physique actuelle ou seulement en dehors de celle-ci ? Il est clair que d'autres approches émergent, qui ne sont pas majoritairement venues des sciences physiques ni humaines, mais plutôt de nouveaux outils liés à l'informatique, lesquels permettent d'étudier des "systèmes complexes" dont l'évolution n'est pas prédictible analytiquement, soit par le grand nombre des paramètres et variables, soit par la non-linéarité du système d'équations. De façon plus générale, les expressions négatives telles que non-linéarité, non-séparabilité ou non-localité, indiquent une déviation par rapport à ce que l'on attendait de la science physique et de sa prédictibilité. La physique demeure déterministe, qu'elle utilise la mécanique quantique ou la physique des grands nombres, mais seulement statistiquement. On attendait mieux de la science mécaniste du siècle des Lumières, mais le physicien s'adapte très bien à de nouvelles méthodes puisqu'elles permettent d'avancer, d'obtenir toujours de nouveaux résultats.

Quoiqu'il en soit de l'avenir de la science qui a été mise au point pendant trois siècles, il ne sera pas inutile de mieux l'appréhender à travers son histoire en tant que système de connaissance, explication et compréhension du Monde. L'histoire montrera alors que les pionniers de cette aventure humaine n'étaient pas aussi naïfs que l'on aime à se l'imaginer en dépit du respect dont on les entoure, respect teinté de légendes et de phrases symboliques. Nous pourrons voir qu'ils ne prétendaient pas à la vérité mais construisaient prudemment leurs objets de représentation comme étant les meilleurs pour rendre compte des phénomènes et en prédire d'autres, avec les moyens dont ils disposaient. Ce sont ces moyens qui évoluent au cours des siècles. Les physiciens du 18e siècle et de la première moitié du 19e siècle ont été certainement beaucoup plus optimistes quant à l'avenir de leur science en termes de vérité sur le Monde ; cela marchait tellement bien ! On a vu cependant réapparaître des doutes et des scrupules dans la seconde moitié du 19e siècle, avant les perturbations liées aux bouleversements théoriques relativiste et quantique dont ils seraient plutôt la cause que la conséquence. Il est vrai qu'une nouvelle science était déjà apparue hors du champ de la philosophie mécanique : la thermodynamique issue des machines à vapeur, d'un monde étranger aux universités et à l'Académie, dont il sera question en détail par la suite. Ce sont des machines qui, aujourd'hui encore à travers l'informatique et l'intelligence artificielle, perturbent les fondements de notre compréhension. L'homme fabrique des notions et concepts dans le but d'appréhender la réalité de façon la plus unifiée et limpide possible, mais les avancées techniques obtenues à partir de ces analyses et synthèses remettent en question les principes de cette élaboration. C'est bien cet effet de retour qui constitue la complexité et ce qu'il faut bien appeler du hasard ou de l'imprévu dans l'évolution des sciences, s'oppose à la transparence et à l'unification.

Je veux donc d'abord donner des éléments de construction de cette science physique à travers l'histoire, à partir du 17e siècle qui est celui au cours duquel se fonde la physique la plus classique. Je veux montrer ce que le sujet scientifique impose au départ aux phénomènes et s'impose à lui-même, en découpant pour abstraire du phénomène des éléments, les reconstruire dans des dispositifs qu'il a lui-même fabriqués. Je veux montrer à quel point il n'y a rien d'évident dans la loi de la chute des corps ou de la gravitation, pas plus que dans le modèle cosmologique standard contemporain, dont il sera question à la fin.

Notre connaissance scientifique demeure certainement plus objective, universelle, efficace et productive que la connaissance intuitive de ce qui nous entoure ; tout le monde en conviendra indépendamment des préférences que l'on peut avoir pour la poésie ou l'imaginaire. Mais ces qualités n'ont été obtenues qu'au prix d'une élaboration difficile, patiente et aventureuse à la fois, qui exigea de renoncer à l'immersion directe dans les phénomènes pour une médiatisation, une mise à distance, afin de les "maîtriser", c'est-à-dire de savoir en reproduire une structure qui explique au moins en partie ce qui était observé. En partie seulement ; il y a une perte au cours du processus qui aboutit à la rigueur et la reproductibilité scientifique.

Nous savons aujourd'hui comment est fait l'Univers et comment il a évolué, qu'il existe des "trous noirs", objets théoriques considérés au départ comme impossibles, puis envisagés comme "réels", aujourd'hui connus du grand public. La physique nous permet par ailleurs d'utiliser des Airbus et des fusées, des satellites, des téléphones portables et autres outils techniques inimaginables autrefois. Au delà ou en deçà de ces exemples extrêmes, la physique devrait nous permettre de comprendre comment est constituée la matière, comment est apparue la vie, sur notre planète ou d'autres, et c'est plus difficile. Expliquer et comprendre sont deux termes associés, que j'emploie ici dans leur sens le plus courant, le premier évoquant plutôt l'analyse d'un phénomène et le second une synthèse ou une analogie permettant de ramener l'inconnu à du connu. Dans un livre publié en 1949 Einstein déclarait : « Ce qui est incompréhensible est que le monde soit compréhensible. » L'est-il vraiment ?

Le bâton de Descartes

Lorsque René Descartes voulut expliquer à ses lecteurs le mécanisme de la vue, il utilisa une métaphore célèbre : un aveugle tenant un bâton et tâtant le sol et les objets pour en tirer des informations sur la forme, la texture… Rendre compte de la vision par quelqu'un qui en est privé est déjà audacieux, mais notre philosophe national ne manquait pas d'audace, que ce soit en mathématiques ou en physique. L'image qu'il proposa alors tenait lieu de beaucoup de phrases, éclairait paradoxalement la difficulté réelle de notre appréhension de la nature, dans la perception déjà ; difficulté nécessitant chez lui la recherche d'une "méthode", point de départ d'un rationalisme scientifique.

Pour comprendre ce rationalisme souvent décrié par les scientifiques en raison de la métaphysique qu'il contient, des « idées innées » et des principes divins cartésiens, il faut comprendre le doute radical qui a saisi Descartes au départ de sa démarche et peut-être l'avoir éprouvé soi- même ; doute envers tout ce qu'on lui a appris mais aussi envers ce qui est perçu et qui n'est peut-être pas plus fiable que le rêve.

L'aveugle et son bâton évoquent donc notre contact difficile avec un extérieur que nous avions cru connaître immédiatement lorsque nous étions enfants, encore innocents. Devenus adultes et - pire encore - scientifiques, "voir" ne consiste plus qu'à recevoir des photons ou des ondes électromagnétiques et à les traiter pour en tirer des informations qui nous permettront de nous mouvoir et de réagir à l'environnement. Le toucher ou l'ouïe ne nous donnent pas davantage accès aux choses, mais nous nous y résignons plus facilement que lorsqu'il s'agit de la vision, qui nous semblait vraiment "faire voir réellement les choses".

Cette image cartésienne de la vision illustre les limites de la connaissance spontanée de ce qui nous entoure et justifie ainsi le besoin d'une forme de connaissance plus profonde ou en tout cas plus universelle, que sera la connaissance scientifique. Le mythe platonicien de la caverne avait déjà mis en doute notre capacité à voir la réalité telle qu'elle est, en affirmant notre assujettissement à de simples apparences et la nécessité d'une recherche longue et réfléchie des “essences”, disons plus simplement de l’“être” sous-jacent à ces phénomènes fluctuants ; mais l’activité volontaire de celui qui regarde et “voit” l’objet désigne chez Descartes autre chose, illustre une démarche concrète pour connaître. Cette activité ne suffit pas et il devra introduire des principes premiers comme étant « innés » ou encore liés à la permanence divine, seule façon pour lui de ne pas retomber dans le scepticisme. Retenons seulement ici son analogie et l’activité d’un sujet dans ce processus qu’il considère comme premier, ainsi que l’insatisfaction qui en résulte.

Nous savons aujourd’hui que notre cerveau reconnaît une forme ou une voix avant même de distinguer certaines sensations élémentaires : couleurs, sons, figures géométriques, qui sont obtenus par analyse et deviennent les “objets” de nos sens, déjà transformés. L’homme a appris au long des siècles à nommer, donc classer, analyser et ordonner le divers, dans des synthèses différentes de celles qu’il faisait spontanément en reconnaissant un visage ou une voix, un objet familier. Ce faisant, il était entré déjà dans une démarche scientifique.

Mais c’est à un autre travail de synthèse que semble s’attaquer le scientifique moderne avec ses principes théoriques et ses structures mathématiques, ses figures géométriques puis ses équations et fonctions, ses modèles, synthèse d’éléments qui ont été extraits des phénomènes naturels et recombinés dans une expérimentation. La question de l’être a disparu, se trouve tout au moins transformée. Que l’on demande à un physicien : « Qu’est-ce que la lumière ? », il répondra : « C’est une onde électromagnétique satisfaisant aux équations de Maxwell », réponse qui contient une analogie concrète avec des ondes directement observables à la surface de l’eau, en plus de la référence à l’ensemble des lois électromagnétiques mises en forme par James Clark Maxwell au 19ᵉ siècle. Il pourra dire tout aussi bien : « Ce sont des particules appelées “photons” », renvoyant le lecteur contemporain aux deux hypothèses envisagées déjà au 17ᵉ siècle, maintenues aujourd’hui dans une dualité nouvelle. La pesanteur donnait lieu également à deux hypothèses incompatibles : action à distance ou propagation de mouvement dans un milieu subtil, qu’il est possible également de retranscrire dans l’actuel champ gravitationnel. Mais l’incontournable question « Qu’est-ce que c’est ? », celle des enfants mais aussi des Grecs classiques, celle de certains de nos chercheurs, semble étrangement absente de la plupart des discours du 17ᵉ au 19ᵉ siècle, comme rejetée ou refoulée derrière la recherche de relations entre des quantités, la quête de proportions, qui donneront lieu à des lois plus ou moins empiriques puis à des unifications étonnantes, inespérées, à valeur d'explication à défaut de causes ou de l'être que l'on a cru atteindre. Des préoccupations explicitement ontologiques ne reviendront sur la scène qu'à la fin du 19e siècle à l'occasion de la physique statistique et de la mécanique quantique.

Si les savants de la Renaissance ont quitté radicalement le domaine de la scolastique aristotélicienne des universités, ce n'est pas pour revenir à la pure perception et pas non plus à la quête des essences platoniciennes ; ils font appel à la tradition antique certes, mais à toutes les traditions : nombres, géométrie, traités mécaniques, magie, ésotérismes en tout genre. Il leur faudra ensuite choisir dans tout cela, remettre de l'ordre, un autre ordre que celui du langage grec d'Aristote, l' « ordre et la mesure » de Descartes et ses contemporains. Les successeurs de ces premiers "modernes" que sont les humanistes de la Renaissance veulent s'assurer de l'existence de proportions entre les quantités pour établir un savoir qui soit "objectif", durable ; nouvelles constructions et nouveaux objets. Ils voudraient élaborer ainsi une science de la nature aussi solide que la géométrie d'Euclide, dont ils croient les axiomes incontournables, mais savent qu'il leur faut d'autres sortes de principes ; or la méthode pour les obtenir leur est inconnue. Euclide a en effet oublié de transmettre ses brouillons et n'a délivré qu'un produit trop bien fini !

Dans le cadre de cette reconstruction, je m'intéresse à la contrainte empirique en tant qu'elle devient progressivement expérimentation, comme garantie de la part indiscutable, reproductible partout et par tous, du savoir scientifique ; c'est du moins ainsi que l'on a considéré le rôle joué par l'expérimentation scientifique. Le hasard, ou plutôt l'ensemble des contingences humaines, n'apparaîtraient dans l'expérience concrète que lors de découvertes imprévues d'astres ou de rayonnements inconnus (radioactivité, rayons X). Je pense en fait que si hasard et contingence ne semblent pas conditionner l'expérimentation avant son interprétation théorique, celle qui met en jeu l'imagination et la subjectivité du savant, ces deux facteurs sont présents déjà tout au long du processus scientifique à des degrés divers. Il est vrai qu'avant la théorisation finale, l'expérimentation donne lieu à des lois dites "empiriques" admises par tous, comme celle de la réfraction de la lumière ou encore de l'accélération de la chute des corps, approchées mais rigoureuses ; celles-ci ne sont qu'ensuite englobées dans une théorie, la plus simple et la plus générale possible, à des fins de représentation, de compréhension et de prédiction.

C'est cette généralisation qui comporte un certain arbitraire, n'atteint jamais à la nécessité incontournable d'une déduction puisque les principes généraux ne peuvent être obtenus que par induction - c'est-à-dire généralisation à partir du particulier - nous le savons bien : Karl Popper a bien réussi à convaincre les scientifiques de l'impossibilité de prouver une généralisation [POPPER, 1934], laquelle sera seulement réfutable. Certaines théories passées nous semblent d'ailleurs bien ridicules aujourd'hui ; « pourquoi alors généraliser ? » demandait déjà Henri Poincaré au début du 20e siècle ; ne pourrait-on se contenter d'une juxtaposition de lois empiriques qui généralisent forcément un peu, mais le moins possible? Il semble que notre raison ait besoin de plus que cela, pour "comprendre", qui signifie simplement « prendre ensemble », unifier et ramener ainsi l'inconnu à du connu, dans un besoin de cohérence. Nous en avons besoin en outre pour prédire ; la généralisation seule permet en effet la prédiction car la théorie a ajouté quelque chose à l'ensemble des lois empiriques, dans une synergie qui contient du nouveau et permet de redescendre vers d'autres faits particuliers et de nouvelles expériences, lesquelles sont les "tests" de la théorie.

Il semble cependant que l'on ait gagné et non perdu, dans le processus scientifique par rapport à la perception spontanée des phénomènes, telle que l'évoquait Descartes. Ce qui est perdu est cependant l'intégrité du phénomène que la science découpe et simplifie en le reconstituant dans une expérience, qu'il s'agisse des plans inclinés de Galilée ou des accélérateurs et collisionneurs de particules.

Descartes proposait de faire table rase des acquis de la pratique et de la culture transmise par l'école, tandis que le savant moderne s'appuie sur ses études et sur l'expérimentation en physique pour se libérer de la même façon de ses intuitions courantes, du "bon sens" qui, bien que « la chose la mieux partagée du monde » selon Descartes encore, est très relatif. Gaston Bachelard a insisté sur le fait que la science se construisait contre l'intuition et le bon sens.

Que l'on considère la raison (Descartes), ou l'expérience (John Locke) comme source première de cette construction, ou bien une savante combinaison des deux (Emmanuel Kant), le sujet scientifique est interchangeable, transformé lui-même par le processus scientifique, en dépit de capacités variables selon les sujets qui apporteront plus ou moins à la science.

Construction ou vérité ?

Dans cette perspective d'un sujet scientifique universel à l'échelle de notre monde contemporain, envisageons maintenant la science de la nature comme une activité humaine, une aventure dans laquelle l'homme construit ses objets ou instruments conceptuels, se fabrique une image de ce monde, comme il a pu auparavant fabriquer des balais et des couteaux... Cette comparaison peut choquer, et je dois m'en expliquer : ces instruments n'ont en effet rien d'arbitraire : personne ne dirait d'un balai ou un couteau qu'ils sont arbitraires ; mais personne ne dirait non plus qu'ils sont "vrai", ni qu'ils sont la seule réponse possible au problème. Ils constituent tout au plus la meilleure réponse dans des circonstances données, avec les matériaux dont on dispose alors ; encore faut-il que le concepteur ne soit pas trop enfermé dans les traditions, puisse innover, passer du balai à l'aspirateur et du couteau à l'épluche-légumes ou par ailleurs au fusil, selon les besoins... Ces outils sont liés à l'expérience mais ne s'en déduisent pas. Il en est bien de même dans la théorisation de la physique, dont les matériaux sont d'abord les outils mathématiques classiques puis contemporains, permettant l'acquisition des données et leur traitement statistique, puis des concepts et enfin des lois générales permettant explications et prédictions. Les principes et concepts physiques comme les instruments ménagers échappent à l'arbitraire ; ils ne sont pas des contes ou jouets pour enfant, ni des fables, car ils sont fortement contraints par l'expérimentation l'observation. Ils n'en sont pas moins construits par le savant et non pas extraits simplement d'une réalité extérieure qui se dévoilerait progressivement.

La distinction entre ce constructivisme et le relativisme en philosophie des sciences est que le premier renvoie à une intervention du sujet dans sa mise en forme de l'expérience et des concepts tellement incontournable, un *a priori* tellement nécessaire à toute élaboration théorique, que cela lui confère une certaine objectivité ou tout au moins une intersubjectivité suffisamment universelle. Le second au contraire renvoie l'interprétation de l'expérience et le choix d'une théorie à des contingences socio-culturelles locales, non pas individuelles certes, mais réduites au contexte temporaire d'un milieu, pays ou ensemble de pays, aujourd'hui Europe, Asie ou monde anglo-saxon. C'est bien différent, car le constructivisme présenté ici permet la reconnaissance de la contrainte expérimentale même si toute phrase élaborée à son sujet, qui va plus loin que « oui », « non » ou « 107±5 », est déjà une interprétation comme l'a affirmé Pierre Duhem [DUHEM, 1905].

Je ne vais en effet pas considérer la science physique comme une activité humaine au même titre que la cuisine ou la guerre, ou l'art ; je ne vais pas non plus prétendre que ses résultats considérés comme vrais ne le seraient que par consensus, comme le sont les mythes primitifs ; certains philosophes ou sociologues que l'on désigne sous le terme général de "relativistes" (à ne pas confondre avec celui des physiciens), liés au courant pragmatiste en philosophie, ont en effet réduit la vérité scientifique à un accord contingent entre les protagonistes, un accord qui n'aurait donc rien de nécessaire. Les études ont été très utiles, car elles ont secoué l'idée d'un progrès constant vers un objectif qui serait fixé à l'avance dans la nature, comme une vérité écrite quelque part à découvrir, les "erreurs" ne constituant que des accidents de parcours. Je travaille davantage les contenus que le contexte mais veux adopter ici une perspective dans laquelle les erreurs sont intéressantes, ne sont pas fausses, puisque la représentation de la nature que l'on adopte n'est jamais déterminée univoquement par l'expérience, n'est pas déduite de celle-ci mais seulement induite par généralisation, sans certitude.

Avant l'émergence du courant "relativiste" proprement dit, la prise en compte du relatif échec de Popper dans sa rationalisation de l'évolution des théories, servait déjà d'argument à une détermination de cette évolution par les contingences sociales ; qu'il s'agisse d'un refus de la "neutralité" scientifique chez G. Ciccotti et G. Jona-Lasinio en 1978 dans leur livre *L'Araignée et le Tisserand*, ou déjà de la distinction entre « science normale » et « révolution scientifique » chez Thomas Kuhn [KUHN, 1962].

Nous verrons plus tard que l'objectivation dans le sens de l'extériorisation du phénomène par rapport à nous n'est jamais tout à fait réalisée, quelle que soit la nature du phénomène étudié. Le scientifique reconstruit son objet à partir des données recueillies dans un fait expérimental qui joue le même rôle pour lui que le phénomène dans la perception, sans que cela ne remette en question ce que nous entendons habituellement par science objective, sinon provisoirement. L'intervention du scientifique n'est pas en effet à ce niveau celle d'un sujet particulier mais d'un sujet universel, ou tout au moins collectif, fondé sur une culture commune. S'il n'y a pas nécessité absolue de ce qui est établi, il y a plus qu'un accord local et contingent entre quelques personnes.

J'adopte donc une forme de constructivisme dans lequel la contrainte extérieure tient sa place et je ferai très attention à mettre en avant des différences entre les degrés de contrainte. Le principe d'inertie s'impose en effet contre l'intuition mais se trouve soutenu par l'expérience (voir le Chapitre1), tandis que la loi de conservation générale de l'énergie est une construction qu'aucune expérience n'impose ; c'est la loi qui définit le mot "énergie". De même peut-on repérer une contrainte beaucoup plus forte en faveur de la théorie de la Relativité restreinte qu'en faveur de la Relativité générale, qui prolonge cependant la précédente de façon encore satisfaisante un siècle plus tard.

Dans un article intitulé : « Les deux dogmes de l'empirisme », écrit en 1952, Willard Van O. Quine, analyse l'impossibilité de vérifier les assertions terme à terme, ou même phrase par phrase, pour conclure à une confrontation globale de la théorie avec l'expérimentation ; il affirme que la physique et même la logique sont des constructions humaines qui ne touchent à l'expérience que sur le bord, et que : « La science en entier est comme un champ de force dont les conditions aux limites sont l'expérience »[1]

L'expérimentation impose donc ses limites, répond oui ou non à une question posée, excluant toute idée d'une construction imaginaire ou fantasque ; mais ce que ne dit pas cette réponse expérimentale, c'est par quoi il faut remplacer ce que l'on avait cru juste et qui ne convient plus. Il faut détruire et reconstruire, tester à nouveau la nouvelle hypothèse, qu'elle soit locale ou plus générale. Ainsi se construit un savoir objectif sur nos relations avec cet extérieur, lequel reste sans doute définitivement mystérieux.

L'unification par la mécanique des chocs avait triomphé en thermodynamique statistique tandis que l'électricité, le magnétisme et la lumière se rangeaient sous le même système d'équations, nous faisant vraiment "comprendre" ces phénomènes. Mais d'autres contraintes ont imposé violemment aux scientifiques de renoncer à ce confort provisoire de la fin du 19e siècle et d'inventer la Relativité restreinte et la Mécanique quantique ; ces nouvelles théories bousculent notre appréhension spontanée du monde mais conviennent

---

[1] Willard Van Orman Quine « *Two Dogmas of empiricism* », publié dans *The Philosophical Review* en 1951, Vol. 60, n°1.

mieux aux résultats expérimentaux, encore aujourd'hui. La Relativité générale de 1915 n'obéissait pas à une telle nécessité, mais se trouva en meilleure adéquation avec les valeurs expérimentales des phénomènes gravitationnels qui se déroulent sur un temps long (périhélie de mercure) ou de grandes distances (déviation des rayons lumineux au voisinage du Soleil) ou encore d'une grande intensité (décalage gravitationnel des fréquences). Tout cela ne prouve pas la vérité de ces théories difficiles, ni même leur robustesse face à des expérimentations futures plus fines. Elles conviennent à l'explication des phénomènes observés et permettent des prédictions qui sont réfutables.

Le mot "objet", que j'ai déjà amplement utilisé, a toujours été défini en philosophie classique par opposition au "sujet", ce qui les oppose mais les relie également. L'objet scientifique est dans une certaine mesure fabriqué par le sujet comme il a été dit. L'étymologie du mot ne nous en apprend guère plus : *ob-jectus*, soit : jeté dehors, devant soi ; le mot le plus proche dans notre langue serait alors « projectile ». Ce qui est intéressant dans cette origine du mot est son caractère dynamique, comme si l'objet n'était pas déjà posé tout seul, depuis le début et jusqu'à la fin des temps ; car justement, non, il ne l'est pas. L'objectivité se construit à travers l'universalité des processus qui conduisent aux objets scientifiques. La dualité sujet-objet en sciences a aussi son histoire, qui sera éclairée dans certains des chapitres suivants, explicitement dans l'œuvre de René Descartes, implicitement ensuite. Mais il y a d'abord une genèse plus fondamentale de la notion d'objet au cours de l'histoire de l'humanité, avant même les débuts de notre science objective, sur laquelle je vais revenir brièvement plus loin.

Le phénomène se présentait de lui-même, simple dans l'apparence qui le constitue, mais d'une complexité infinie pour tout processus d'analyse. Le fait scientifique est bien autre chose, construit et déjà analysé avant même d'être produit ; il a néanmoins la réputation de parler « les faits sont parlants », dit-on couramment ; eh bien non justement ; ils sont sans doute « têtus » mais peu loquaces par eux-mêmes. La quête de l'objectivité et de la reproductibilité réduit le phénomène visé à un simulacre, une peau de chagrin enfermée dans le dispositif expérimental, même si ce dispositif occupe un volume impressionnant et des énergies énormes comme le L.H.C (Collisionneur) du CERN à Genève : les particules que l'on y accélère sont élémentaires, peu diversifiées si on les compare à la moindre petite pierre verte ou bleue…

La remise en cause d'une dualité bien établie ;
Bien après son « Interprétation de Copenhague » pour la Mécanique quantique, Niels Bohr avait précisé que l'on ne pouvait dire que l'observation et la mesure transformaient le phénomène car l'instrument faisait lui-même partie du phénomène ; c'est cet ensemble que j'ai appelé ci-dessus le « fait scientifique » et qui ne respecte déjà plus les séparations qui avaient préludé à la science « moderne » du 17e siècle, car non seulement l'instrument mais le sujet lui-même font partie de ce fait scientifique. Dans un texte inédit [Heisenberg, 1942], Werner Heisenberg adopte d'emblée une notion de "réalité" qui inclut implicitement le savant, les hommes en général, et change donc beaucoup à son époque, même si les planètes se meuvent toujours de la même façon autour du Soleil. D'une certaine façon en effet, tout est réel, y compris nos idées, notre imaginaire, nos livres avec leurs théories.

La distinction faite ici et ailleurs entre nous-même qui pensons, nos instruments et leur environnement, la réalité "en soi" par ailleurs, nous demeure encore indispensable dans le langage courant pour penser et communiquer, même si cette distinction est en toute rigueur impossible. Mais je vais en outre apparaître peu rigoureuse et mauvaise philosophe en envisageant des degrés plus ou moins grands de réalité des objets scientifiques - de même que j'ai admis que certaines lois étaient plus empiriques que d'autres - alors que la réalité, la "chose en soi" kantienne, est en toute rigueur définitivement hors d'atteinte, qu'il s'agisse de la pluie ou de notre cerveau. Le réel est ce qui résiste à nos efforts de simplicité et de transparence du Monde ; en accord avec Quine, j'ajouterai que cela résiste aux bords, dit parfois « non » à la prévision de l'expérimentateur, un « non » bien réel !

Dans un interview de 1966 par Pierre Dumayet, Michel Foucault rendait compte de sa démarche au départ de son livre *Les mots et les choses* [Foucault, 1966] : il aurait souhaité que l'on puisse considérer notre civilisation de l'extérieur, comme on avait pu le faire de celle des Nambikwara du Brésil, ou autrement de la Chine ancienne. Les sociologues ont déjà étudié des caractéristiques de notre civilisation à travers les institutions, la culture ou la sexualité, mais non à travers le savoir lui-même ; car comment étudier ce qui est l'outil même qui nous sert à mener notre étude ? Il y a là un paradoxe – repris plus tard par Bruno Latour - dont Foucault a eu parfaitement conscience sans renoncer pour autant à son entreprise. Si l'on s'autorise à parler du langage comme de l'extérieur, pourquoi ne pas tenter un acrobatique regard ethnologique sur ce que nous croyons savoir?

D'où vient la physique ?

D'où vient-elle et où va-t-elle sont en partie la même question. Les débuts de la modernité n'ont en effet pas été aussi limpides qu'on se l'imagine et on a oublié ensuite les partis pris de ses débuts. Mais est-il raisonnable de remonter au 17e siècle pour éclairer la science d'aujourd'hui ? Si les mathématiciens dialoguent facilement avec leur passé, peuvent confronter Euclide et Cantor, il n'en est pas de même des physiciens pour lesquels Thomas Kuhn avait introduit la notion d' « incommensurabilité » des théories. L'étude des phénomènes naturels est bien davantage que les mathématiques dépendante des moyens techniques et institutionnels disponibles et on ne peut séparer les contenus de ces moyens sans risque d'anachronisme grave. Passe encore de commencer avec les nouveaux cadres de la seconde moitié du 17e siècle : Académies et journaux, horloges et pompes à vide ; mais pourquoi parler encore de Galilée ? Pour parler simplement de mathématisation et mécanisation des phénomènes, sans les considérer comme allant de soi depuis toujours, comme nécessaires et incontournable. Descartes joue à ce sujet un rôle complémentaire de celui de Galilée et je vais essayer d'en rendre compte schématiquement dans mes trois premiers chapitres. Et puis ils ont été - Galilée surtout - le prétexte à des prises de position sur la science physique, d'Alexandre Koyré disant : « la bonne physique se fait *à priori* », à Feyerabend et sa théorie anarchiste de la science, qui les rend incontournables.

Il ne s'agit pas ici d'un récit historique mais d'une réflexion à partir de l'histoire, tournée vers notre physique d'aujourd'hui, non pas pour répondre à la question usuelle : « qui a le premier montré que… ? », mais en éclairer la démarche la plus profonde. Je me suis donc restreinte aux périodes de mutation des concepts - on pourrait dire des "paradigmes" -, mutation qui contraint les physiciens à s'interroger, à philosopher. Cet ensemble de cas est cependant structuré en trois parties ordonnées chronologiquement : la physique nouvelle du 17e siècle, un regard sur l'autre physique du 19-20e siècle, et enfin quelques thèmes généraux contemporains mais confirmés. Une lecture transverse est possible par thèmes : l'espace, l'entropie, certains étant repris dans deux des parties, voire les trois.

Galilée, Descartes ou Mariotte avaient des préoccupations philosophiques liées à leur travail scientifique et à ses limites. Au 18e et première moitié du 19e siècle, les succès scientifiques sont tels qu'il serait bien inutile de se perdre dans la critique plutôt que de participer à l'aventure, soutenue dès le début du 19e siècle par des avancées techniques impressionnantes. La fin du siècle voit cependant ressurgir doutes et critiques – insatisfaction romantique ? – qui préludent aux théories neuves et perturbantes du début du 20e siècle. La thermodynamique et l'électromagnétisme se développent au 19e siècle en dehors de la mécanique, puis rejoignent ce domaine grâce à l'éther de Maxwell et la statistique de Maxwell puis Boltzmann ; mais l'éther disparaît en 1905 et les atomes de Boltzmann se décomposent en particules qui sont elles-mêmes transformées, délocalisées, dans le cadre de la mécanique quantique, dissoutes dans des ondes et "champs" répartis dans tout l'espace. Les "objets" de la physique se font et se défont, inexorablement.

Dans une première partie, je présenterai les fondements établis au 17e siècle. Après une revue des innovations galiléennes destinée à défaire certaines idées reçues, je décrirai le monde de Descartes et celui de Huygens par rapport à celui que construit Newton un peu plus tard. La confrontation entre Descartes et Newton est justifiée par le fait qu'ils veulent tous les deux aboutir à un système complet d'explication de la nature, quelque chose de définitif, à quoi ne prétendait pas Galilée ni Huygens. Chacun de ces deux systèmes comporte sa part de fiction et sa part de prise en compte de l'expérience. Toute élaboration théorique exige des hypothèses de départ que l'on appelle alors "principes", parce que ces énoncés non démontrables devaient contenir un sens profond, caché derrière les apparences ; tout au moins les considère-t-on au 17e siècle comme les seuls possibles, les meilleurs. Ce que pensent vraiment Descartes et Newton de la vérité de leurs principes nous demeurera à jamais caché, malheureusement ! Mais leur lucidité quant à la difficulté de l'entreprise ne fait aucun doute.

L'aventure "mécaniste" se poursuit dans la seconde moitié du siècle par l'œuvre de Christiaan Huygens qui cherche la « vraie philosophie mécanique ». Il prend au sérieux cet aspect du projet cartésien, lui donne corps et consistance. Nous le verrons donc dans le Chapitre 4 adopter la prééminence de l'action par contact, étudier quantitativement la force centrifuge, établir les bonnes lois des chocs élastiques par invariance relativiste ; il élabore avec des calculs précis la théorie des tourbillons de Descartes pour la rendre compatible avec les lois de Newton pour la gravitation. Sa théorie optique est également mécaniste : la lumière est une propagation de mouvement, par chocs de particules d'éther dans le vide. La théorie corpusculaire que défend Newton est mécaniste également bien sûr, mais elle ne rend pas compte des phénomènes de diffraction déjà observés à l'époque et Newton a donc dû lui ajouter sa théorie des "accès" qui n'entre pas vraiment dans le cadre de l'intelligibilité mécanique.

Là encore il peut y avoir un juste milieu entre le respect total de la contingence historique et le besoin de trop simplifier et unifier pour comprendre. Ces grands auteurs ont évolué au cours de leur vie, selon les rencontres et les échanges scientifiques que je ne peux tous évoquer ici. La connaissance scientifique est une construction modeste, patiente et laborieuse ; nous savons aujourd'hui que Galilée a passé bien plus de temps à observer seul, à faire rouler des boules sur des plans inclinés, à rédiger ses *Discours sur deux sciences nouvelles*… alors qu'il était presque aveugle, qu'à présenter en grande cérémonie sa lunette aux notables de Venise. La virtuosité géométrique d'un Huygens est impressionnante, comparable à celle d'un Descartes, Fermat ou Newton, sans oublier Evangelista Torricelli et Blaise Pascal sur les problèmes de la "roulette" (cycloïde), entre autres. Huygens a démontré que cette "roulette" pouvait servir à construire un pendule vraiment isochrone. Ce résultat pourrait illustrer le titre que donne Eugène Wigner, la « Déraisonnable efficacité des mathématiques dans les sciences de la nature. » à son célèbre article de 1960. On peut cependant penser, comme Richard Feynman que la physique est mathématique à défaut d'autre chose, non pas en raison de sa simplicité, mais de sa définitive complexité.

La deuxième partie présente, à partir de nouvelles techniques, une autre physique. L'émergence de la thermodynamique avec le « cycle de Carnot », destiné à traduire le fonctionnement des machines à vapeur déjà utilisées pratiquement introduit d'autres notions, puis des principes nouveaux, exposés dans mon Chapitre 6. Les machines à vapeur fonctionnent en cycles, étudiés par Sadi Carnot, Émile Clapeyron puis Rudolf Clausius, jusqu'à construire une formulation tout à fait originale faite de fonctions liées entre elles à travers leurs dérivées partielles. De ces relations naissent la notion de température absolue, d'énergie interne d'un corps, d'entropie enfin. C'est cette notion qui modifie déjà la nature du sujet scientifique. Cette discipline nouvelle échappe aux représentations mécanistes antérieures, par la recherche d'un formalisme algébrique indépendant de toute représentation visuelle concrète. Un diagramme de Clapeyron n'est pas situé dans l'espace physique comme l'étaient les trajectoires des particules ou des planètes, comme l'était l'éther de l'optique de Huygens ; il est situé dans l'espace symbolique des figurations de fonctions, avec deux axes orthogonaux dont l'un représente la pression et l'autre le volume du gaz. Les fonctions température, pression et densité sont reliées entre elles par des équations, et les quantités : volume, chaleur et entropie sont liées à ces fonctions à travers leurs variations infinitésimales. Nous discuterons longuement de l'objectivité relative de la température et de l'entropie, avant de retrouver les représentations mécaniques grâce à la physique statistique de James Clerk Maxwell et de Ludwig Boltzmann. Je mentionnerai également dans le Chapitre 8 l'électromagnétisme synthétisé par le même Maxwell pour aboutir à des ondes se propageant dans un éther, l'éther de Huygens devenu solide et cristallin !

Ces démarches explicatives relèvent d'une volonté d'unification des disciplines séparées constituées par la thermodynamique, l'électricité, le magnétisme, l'optique enfin. Celles-ci vont donc – contre toute attente - rejoindre l'ancienne mécanique et ce ne sera pas sans difficultés et graves querelles.

Le système des équations de Maxwell, qui sera souvent évoqué par la suite sans que nous en parcourions vraiment l'histoire, est une réussite de la méthode expérimentale combinée avec un outil mathématique adéquat. Je parle peu de cette mathématisation qui est aussi caractéristique de la nouvelle science du 17e siècle que du développement de la physique expérimentale du 19e siècle ; la mise en forme des “lois empiriques” de Charles Augustin Coulomb, Hans Christian Œrsted, André Marie Ampère puis Michael Faraday, sous un système remarquablement symétrique de quatre équations seulement, n'aurait pu être effectuée sans les outils mathématiques adéquats : les vecteurs et leurs opérateurs différentiels. L'unification des phénomènes électromagnétiques avec la lumière n'a pas été prévue à l'avance ; elle survient comme le résultat de travaux très concrets de laboratoire, d'une recherche collective suivie d'une synthèse dans laquelle émerge soudain une constante égale à la vitesse de la lumière.

Nous sommes loin de l'unification cartésienne élaborée comme dans un rêve, comme une « fable », par un seul homme. La thermodynamique classique était née plus directement de l'univers technique à visées pratiques puisque les machines à vapeur en sont le motif principal ; il a fallu l'audace de Rudolf Clausius vers le milieu du 19e siècle, puis de Boltzmann pour la replonger dans le monde de la mécanique des chocs de particules ; on pourrait presque parler cependant de réalisation des rêves de Descartes puisque dorénavant tout devient mesurable - l'ordre et la mesure faisaient en effet partie du projet cartésien – et que tout est encore cependant représentable comme élément d'une même théorie mécaniste.

Mon exposé de l'origine de la théorie de relativité restreinte dans le Chapitre 8 met en lumière le contexte expérimental et les contraintes très fortes en faveur des transformations de Lorentz. Une abondante littérature a déjà été écrite à ce sujet et le lecteur averti peut aisément se dispenser ce chapitre ; je l'ai cru cependant indispensable à une mise au point de ce qui se passe avant l'adoption d'un espace quadridimensionnel décrite au chapitre suivant : cet espace un peu magique pour les non physiciens pourrait sembler en effet constituer le type même de l'"objet" construit par le scientifique pour assurer la cohérence de ses concepts, dans un cadre très mathématique, comme celui qui impose plus tard en Relativité générale un espace courbe. Je veux montrer qu'il en est de même de tout espace, et que l'espace seul, indépendant de l'écoulement du temps, a été et demeure une construction humaine adaptée à une certaine pratique courante.

Je m'étais toujours promis de ne jamais parler de mécanique quantique, que je n'ai pas vraiment apprise au cours de mes études, ni pratiquée en tant que chercheuse en physique et jamais même enseignée ! J'ai changé d'avis, ai perdu ma prudence en raison de l'importance des problématiques philosophiques nées de ces résultats expérimentaux déroutants, encore aujourd'hui. J'aborde donc rapidement la théorie des quantas et les débuts de la mécanique quantique proprement dite, avec les conflits d'interprétation que l'on connaît, inévitables dans une réflexion tournée vers le sujet scientifique et la construction de ses objets. Je prends la liberté de raconter la découverte des quantas de lumière, puis la quantification de la mécanique de l'atome et de la mécanique en général, des représentations ondulatoire et corpusculaire pour la nature de la matière-énergie, ondulatoire ou matricielle - Schrödinger ou Heisenberg - pour la réalité physique expérimentale. L'avantage de ce chapitre est de mettre en lumière une forte contrainte expérimentale qui, comme celle qui avait conduit à la relativité restreinte, laisse la place à des interprétations diverses, contradictoires et avait donc sa place pour montrer encore l'indétermination finale de la théorie en dépit de la violence avec laquelle l'expérimentation nous contraint à abandonner les anciennes, non pas fausses mais périmées, caduques.

La troisième et dernière partie de cet ouvrage devra aboutir, par quelques questions pointues, à une réflexion sur la physique contemporaine, réflexion qui s'inscrira dans le fil de ce qui a été dit auparavant. Le choix de thèmes comme l'entropie et l'information, la mécanique quantique réinterprétée, l'espace encore et ses dimensions puis l'espace cosmologique enfin, se trouvera en rapport avec ce qui a été exposé auparavant. Mais on pourra envisager l'émergence d'autre chose que les « mécanismes » divers rencontrés au 17e et au 19e siècle, à travers de nouvelles façons de fabriquer les données d'observation elles-mêmes, à travers l'élargissement du domaine étudié jusqu'à ses limites et à sa totalité. Terminer cette réflexion par la cosmologie ne signifie pas que nous ayons écrit une histoire de cette discipline, mais que ce domaine oblige lui aussi à un élargissement de la notion d'objectivité, à de nouvelles méthodes d'évaluation de la validité des théories.

PARTIE I

L'INTELLIGIBILITÉ DU MONDE

Introduction à la Partie I

La science classique semble fondée sur la conviction de l'intelligibilité du monde à travers les "Lois de la Nature". Cette conviction a été soutenue par les succès obtenus à partir du 18e siècle dans tous les domaines ; succès veut dire d'abord prédictions vérifiées avec une certaine précision, mais aussi technique améliorant la vie humaine, et encore "compréhension" du monde qui nous entoure. Personne ne peut sans mauvaise foi (ou crise nostalgique) nier cette réussite. Les théories et les lois ne sont cependant pas vraiment "vérifiées", sinon de manière approchée et provisoire, je l'ai déjà dit.

Si les lois possèdent un certain degré de réalité objective pour le scientifique, c'est parce qu'il pense sans doute qu'il pourrait ne pas y en avoir du tout ; cela voudrait dire un monde sans aucune régularité ; c'est-à-dire non seulement sans périodicités ni symétries, mais surtout sans que rien ne se reproduise de la même façon d'un jour à l'autre, ni d'un lieu à l'autre. Pouvons-nous imaginer que les corps ne tombent pas de la même façon ici et là, hier et aujourd'hui, que les accélérateurs de particules ne puissent fonctionner de la même façon partout et demain comme hier ? Si c'était le cas, il n'y aurait d'ailleurs pas d'accélérateurs de particules, ni aucun autre dispositif expérimental. L'observation astronomique elle-même n'a de sens que parce qu'existent des régularités et des ressemblances entre divers objets : il y a des planètes, des étoiles, et des nébuleuses. C'est bien cela d'abord qui nous permet de rendre notre monde intelligible, avant même les causes et les lois, à partir d'une mise en ordre de la diversité des évènements.

Deux objections viennent à l'esprit : aucune régularité n'est exacte ; l'environnement se modifie au cours du temps et aucun système n'est vraiment isolé ; rien ne se reproduit donc exactement et les alchimistes avaient des raisons de recommencer les mêmes transformations jour après jour pour en attendre un autre résultat. Si nous mettons en évidence des régularités approximatives, peut-être alors en trouverions-nous dans n'importe quelle sorte d'univers. D'autre part des régularités sont observées par l'homme et enregistrées depuis toujours, sans déboucher sur une science progressive ni réfutable, mais seulement sur des représentations à base de pierres dressées et de calendriers. La prise en compte de régularités permet de prédire mais non d'expliquer ni de comprendre. La physique aristotélicienne propose cette causalité absente des constructions antérieures, mais elle ne permet pas d'aller plus loin, de progresser. Elle est close sur elle-même, sans instruments et sans mesures, en dépit de certains rapports établis entre les termes du mouvement dans des milieux résistants, rapports limités par les frottements solides qui ne permettent aucune linéarité. Certaines apories pourraient de plus la faire considérer comme réfutable : « Pourquoi la flèche continue-t-elle de se mouvoir après qu'on l'ait lâchée ? » ; dans un système ou tout mouvement violent est produit par un contact, la persistance d'un tel mouvement n'est pas expliquée de façon satisfaisante. Cette question posée, et les tentatives de réponses, ouvrent ainsi une réflexion qui conduira Galilée et Descartes à poser cette persistance comme un principe. Il est donc indispensable de prendre en compte cette science aristotélicienne des mouvements comme une véritable science de la nature, avant d'aborder la Renaissance et la première moitié du 17e siècle.

Dans cette antiquité platonicienne puis aristotélicienne, l'homme faisait partie de la nature ; il en était un élément, vivant comme les animaux, animé comme ceux-ci et comme les astres. Il n'y avait pas de « sujet » au sens du sujet moderne de la science dont il a été question dans l'introduction générale. Cela n'empêchait pas de considérer les astres, les corps terrestres et les animaux comme de l'extérieur, grâce à la langue grecque reformatée par les catégories et la logique aristotéliciennes. Le langage et la logique flottent alors au dessus des choses et des hommes, permettent de les ranger et classer mais aussi de les insérer dans un réseau de liens, de causes.

Galilée et Descartes reviennent à l'observation des régularités en y ajoutant la mesure, sans se préoccuper de précision mais seulement de proportions, nouveaux objets pour des égalités de rapports, donc pour des "analogies" au sens premier du terme : *ana-logos*, qui signifie : « le même rapport ». Ils disposent d'un nouveau langage qui est celui des géométries d'Euclide, Archimède et Apollonius, dont l'utilisation se fera là encore à travers l'analogie. Les savants du 17e siècle ne se préoccupaient pas encore de la précision d'une mesure, mais beaucoup du rapport entre des quantités mesurables dans un phénomène. Ils s'équipent en outre de dispositifs mécaniques qui leur permettent de manipuler les phénomènes, de les transformer bien davantage qu'avec les catégories du langage, de les maîtriser enfin.

Lorsque Christian Huygens refusait d'adopter l'attraction à distance newtonienne comme explication pour la pesanteur, il déclarait : « Je cherche une cause intelligible de la pesanteur » ; il ne déclarait pas vouloir trouver la “vraie” cause. L’attraction à distance lui semblait simplement ne rien expliquer du tout, renvoyer à la magie, et il en sera bien ainsi pour Newton également, qui l’adoptera sans en faire une cause. Huygens préférait l’explication cartésienne des tourbillons dans laquelle tout échange de mouvement avait lieu par choc, donc par contact, comme dans le jeu de billard que tout le monde connaît ; analogie ou simple comparaison qui permettent à l’homme de « comprendre ».

La construction d’une « cause intelligible », bonne ou pas, ne saurait donc être arbitraire ; permise par l’ordre et la reproduction qui ont lieu dans la nature, elle est soumise à notre corps, à notre esprit et à la pensée qui en émane, lesquels ne sont plus considérés comme faisant partie de cette nature mais sont le siège de la “raison”. Si l’on voulait être rigoureux et tenir compte de la diversité réelle des phénomènes, sans les découper artificiellement en faits produits par l’expérimentateur, on serait conduit à avancer une cause différente pour chacun. Or cela « expliquerait » peut-être, au sens où expliquer signifie déployer et donc « enlever les plis », analyser, mais ne ferait rien comprendre au sens où « comprendre » signifie « prendre ensemble ». Pour comprendre, il faudra synthétiser les lois particulières locales sous d’autres plus globales, réduire la diversité des phénomènes, unifier des théories, donc inventer.

L’invention ne s’effectue pas ex-nihilo au 17e siècle ; elle va puiser dans d’autres traditions ressorties de l’oubli à la Renaissance : la géométrie et les machines simples [Paolo Rossi, 1962]. Si la première est très souvent mise en avant et discutée par les épistémologues, le rôle des traités anciens sur les machines simples l’est moins, confondu à tort avec de la géométrie appliquée. Les *Éléments* d’Euclide ont constitué un modèle à reproduire en physique, mais les machines simples donnaient déjà des instruments d’investigation du mouvement des corps : plan incliné, poulies, peut-être même le pendule, et surtout un principe de conservation d’une “quantité de mouvement” dans certaines circonstances. Galilée a fait grand usage des dispositifs mécaniques et Descartes a écrit un petit traité sur les machines, à la demande de Constantyn Huygens – le père de Christian - que l’on peut remercier d’avoir fait cette demande au philosophe. Il ne reste plus ensuite qu’à généraliser ce principe des machines simples et à lui en adjoindre d’autres, comme la conservation de la “force vive” (*vis viva*) de Leibniz et ses contemporains, autre objet physique productif de prévisions et explications.

Chapitre 1

Un emblème : la nouveauté galiléenne

On sait que Galilée a été le premier à tourner une lunette vers le ciel au début du 17e siècle, observant ainsi notre Lune et ses « montagnes », les taches solaires et les satellites de Jupiter, et encore :

« De plus, il ne semble pas devoir être jugé sans importance d'avoir eu raison des querelles sur la Galaxie, ou Voie Lactée, et d'avoir rendu sa substance manifeste aux sens et à plus forte raison à l'intelligence ; en outre, il sera agréable et très beau de montrer du doigt la substance des étoiles qu'à ce jour tous les astronomes ont nommées nébuleuses et de prouver qu'elle est bien différente de ce que l'on croyait jusqu'à présent. »

C'est bien la raison pour laquelle il est devenu l'emblème de celui qui observe vraiment les phénomènes plutôt que de les imaginer à la suite des anciens, de même que son procès de 1634 en a fait pour la postérité le champion de la lutte contre l'autorité ecclésiastique. Mais tout cela est bien trop schématique et doit être révisé, afin de mieux cerner la façon dont ce héros de l'histoire des sciences déplace l'attitude du savant face aux phénomènes.

La phrase ci-dessus est écrite par Galilée en 1610 dans un petit livre qui va changer sa vie : *Le Messager céleste* (*Sidereus nuncius*). Il s'agit d'observations nouvelles qui, bien qu'elles aient été fort débattues à l'époque - ce dont Galilée se plaint amèrement dans un ouvrage ultérieur - ne prête pas tellement à contestations. Sa théorie des comètes exposée ensuite dans *L'Essayeur* (*Il saggiatore*) est erronée mais tout ce qui se trouve dans l'écrit de 1610 s'imposera dans la communauté savante et lui procurera notoriété et position stable à la cour de Florence, comme premier mathématicien et philosophe du grand-duc de Toscane, Cosme II de Médicis. Galilée fabriquait auparavant des compas, afin de compléter son maigre salaire de professeur de mathématique de l'université de Padoue, laquelle dépendait de la "Sérénissime" République de Venise. La construction de la lunette va lui rapporter bien davantage, puisqu'il va devenir philosophe de cour à Florence ! Quitter Venise pour Florence, dont l'université se trouve à Pise, va malheureusement confronter Galilée à une hostilité dont il avait perdu l'habitude à Padoue pendant presque vingt ans, à des querelles de la part des aristotéliciens de Pise, des jaloux de partout, au conflit avec l'église romaine enfin, comme on le sait.

Mais je veux ici présenter un autre Galilée, à travers sa science du mouvement [Galilée, 1638] :
«… Il n'est peut-être rien dans la nature d'antérieur au mouvement, et les traités que lui ont consacré les philosophes ne sont petits ni par le nombre ni par le volume ; pourtant, parmi ses propriétés, nombreuses […] sont celles qui, à ma connaissance n'ont pas encore été étudiées. »

Cette phrase est étonnante en ce qu'elle inscrit Galilée dans la tradition, dans sa continuité avec le monde scolastique qu'il connaît bien. Je veux montrer ici à quel point il fut un constructeur théorique à partir de ce passé ancien, non pas au sens des grands systèmes comme celui de Newton plus tard, mais au sens de la mise au point d'outils conceptuels, ne serait-ce que la vitesse et l'accélération, ainsi qu'une forme de force ou d'énergie contenue dans le mouvement.

Les instruments utilisés par Galilée ne sont pas seulement des plans inclinés ou une lunette, mais aussi une courbe parabolique, des principes de continuité et de simplicité. Le traitement de la chute des corps s'effectuera en effet à l'aide d'un mouvement uniformément accéléré qui n'existe pas dans la nature mais que Galilée réussit, grâce à ses plans inclinés et pendules, à mettre en évidence par extrapolation de ce qui se passe au début de la chute, lorsque la résistance de l'air est encore négligeable ; c'est donc bien la construction d'un phénomène nouveau qui pourra constituer un objet pour les mathématiques dont on dispose alors.

Pesanteur et chute des corps ; observation et raisonnement.

Observons un corps lâché depuis notre hauteur : que voyons-nous ? Pas grand-chose, sinon qu'il tombe, assez vite, vers le bas. On peut aussi constater que sur notre hauteur, des corps très différents parviennent à peu près en même temps à terre. Tous ceux qui avaient observé des chutes de corps savaient également que la vitesse augmentait au cours de la chute, à partir d'une vitesse initiale impossible à déterminer. La cause de cette augmentation pouvait être due au fait que le corps se rapprochait de son but, mais alors un corps lâché plus haut aurait dû tomber plus lentement puisqu'il était au départ plus loin de son but ; ce qui ne s'observait pas. C'est alors que Galilée abandonne la question de la cause, la renvoie explicitement à plus tard, pour décrire ce qui se passe, en ceci conforme à l'image que l'histoire nous a léguée de lui.

Galilée a ainsi commencé par observer des chutes sur de grandes hauteurs, en cherchant une vitesse caractéristique pour un corps donné dans un milieu donné. Une telle recherche s'inscrit dans la tradition aristotélicienne : à chaque force correspond une vitesse, or le corps en chute libre a un poids et est soumis à une résistance du milieu qui dépend de la forme de ce corps ; en l'absence de connaissance sur la façon dont la résistance dépend de la vitesse du corps, on peut penser à une force résultante pour chaque corps en chute dans un milieu résistant donné qui est, en pratique, soit l'air soit l'eau. Des proportionnalités sont proposées au Moyen-Âge. Cette notion de vitesse caractéristique peut aussi nous évoquer la vitesse limite d'un corps dans un milieu donné, vitesse qui fait effectivement intervenir le poids et la résistance du milieu. Les mesures s'avèrent très délicates. J'imagine que même si la vitesse limite était atteinte au cours de la chute du haut d'une tour ou d'un clocher, une petite erreur sur l'instant du début du mouvement faussait toujours les mesures de temps ; celles-ci étaient d'ailleurs peu précises, Galilée utilisant une clepsydre, ou son pouls, avant d'utiliser un pendule. Nous n'avons que peu de renseignements sur les tentatives de Galilée lui-même, mais un précieux texte écrit en 1644 par un certain Juan Caramuel Lobkowitz renseigne sur la façon dont on pouvait procéder pour mesurer les espaces parcourus pendant des intervalles égaux au cours d'une chute libre du haut d'une tour ou d'un clocher, ainsi que sur les résultats obtenus en termes de séries de chiffres. Lobkowitz opte finalement plutôt pour la série des nombres entiers que pour celle des nombres impairs proposée par Galilée. Il suffit en effet d'une petite erreur sur le moment de départ de la chute pour fausser le résultat.

Galilée avait pu observer en tout cas un résultat très utile dont il fait état dans ses écrits : un boulet dix fois plus lourd qu'une balle de mousquet ne tombe pas dix fois plus vite que celle-ci ; il parvient seulement peu de temps avant celle-ci au pied de la tour.

L'expérience, à défaut de lui fournir une loi, invalide clairement l'ancienne. Alors on peut raisonner sur de nouvelles bases.

- Un premier raisonnement persuade Galilée que la vitesse de chute ne saurait dépendre de la quantité de matière du corps : considérons deux boules faites de la même matière. Une boule est quatre fois plus grosse que l'autre et supposons, selon Aristote, qu'elle tomberait quatre fois plus vite en l'absence d'un milieu résistant. Attachons-les maintenant l'une à l'autre par la pensée. Le paquet devrait tomber alors logiquement cinq fois plus vite que la petite boule, mais aussi intuitivement à une vitesse intermédiaire entre celles qu'avaient les boules séparées, la plus lente freinant la plus rapide. Mes étudiants étaient généralement déroutés par ce raisonnement que les anciens pouvaient comprendre en termes de grandeur extensive (le poids ou le volume de matière) et intensive (la vitesse) ; Galilée n'emploie pas de telles notions mais insiste, pour persuader son interlocuteur, sur le fait que la petite boule, plus lente, ne saurait augmenter la vitesse de l'autre puisqu'elle est censée traîner derrière, selon la loi ; elle ne peut que freiner. La loi supposée se contredit elle-même et doit être abandonnée.

- Un second raisonnement compare des corps faits de différentes matières caractérisées par leur poids, dans différents milieux caractérisés par leur densité, pour montrer que l'on ne peut établir aucune égalité de rapports : si on suppose un certain rapport entre les vitesses de chute d'une boule de fer et d'une boule de bois dans l'air, il est clair que ce rapport ne sera pas le même dans l'eau puisque la boule de bois remonte pour flotter. On peut alors soustraire au poids du corps le poids du même volume du milieu ambiant, comme l'enseigne Archimède que l'on redécouvre justement à cette époque ; mais bien que cela explique l'inversion du sens de la vitesse pour le bois entre l'air et l'eau, cela ne suffit pas à rendre compte des rapports observés, même qualitativement. Le rapport entre les vitesses d'un même corps dans l'air et dans l'eau ne peut pas non plus être le même pour le fer et le bois, ou le marbre ou autre chose. Il n'y a donc pas de proportion déterminée qui soit compatible avec les observations.

A ce stade, c'est l'expérience qui parle, qui dit « non » à l'idée simple et traditionnelle des proportions faisant intervenir les poids et les résistances ou densités des milieux. Cet exemple montre d'ailleurs, s'il en était besoin, que l'on recherchait des proportions bien avant Galilée et chez Aristote même, mais que l'écheveau des paramètres était trop difficile à démêler.

La suite du raisonnement témoigne de l'audace du savant : étant donné que le rapport des vitesses de deux corps est toujours plus proche de l'unité dans l'air que dans l'eau, Galilée pose qu'il pourrait bien être égal à un dans le vide [VILAIN, 2009]. Ce qui précède montre à merveille le fonctionnement de la pensée scientifique de Galilée à ce moment-là, dès sa jeunesse : plusieurs observations combinées en vue d'un raisonnement qui est à la fois une extrapolation et une synthèse.

Dernière publication : une œuvre majeure

Ce qu'a proposé Galilée dans son œuvre de 1638 - il avait alors 74 ans - est d'une nature bien différente de celle de ses écrits astronomiques. Il est vrai que Galilée a alors perdu sa position de philosophe de cour influent et bien payé, après le dur procès qui a fait suite à la publication de son *Dialogue sur les deux systèmes du Monde : le ptoléméen et le copernicien*, [GALILÉE, 1632]. Cette aventure bien connue renforce pour tous l'image du savant luttant contre l'obscurantisme religieux, mais celui qui se trouve ensuite assigné à résidence et condamné au silence a déjà soixante-dix ans. Que le lecteur se rassure, il ne s'agit pas de sénilité ! Ce que Galilée, vieux et aveugle, expose en 1638 n'est d'ailleurs pas une nouvelle fantaisie ; il s'agit d'une compilation d'études étalées tout au long de sa vie, d'une sorte de synthèse. Il parviendra à publier son ouvrage en dépit de la censure qui le frappe, en le faisant passer en Hollande.

Que contient cette dernière œuvre : *Discours et démonstrations mathématiques concernant deux sciences nouvelles* ? Après y avoir longuement traité de la résistance des corps à la rupture et de la pesanteur dans deux premières « Journées », Galilée semble s'éloigner provisoirement de toute observation concrète pour théoriser le mouvement uniforme, puis le mouvement uniformément accéléré, dont il dit :

« Au cas où les propriétés établies par la suite s'appliqueraient aux graves animés d'un mouvement de chute naturellement accéléré, nous pouvons admettre que la définition [du mouvement uniformément accéléré] vaut aussi pour ce mouvement. »

L'attitude de Galilée est ambiguë : il a clairement annoncé des démonstrations concernant le « mouvement naturel des graves » ou des « projectiles » (boulets de canon), et c'est bien ce qui l'intéresse. La précaution prise par Galilée peut être due au fait que l'on ne peut éliminer complètement la résistance de l'air des observations et donc jamais obtenir le mouvement idéal dont il veut parler. Mais elle peut

DISCORSI
E
DIMOSTRAZIONI
MATEMATICHE,
intorno à due nuove scienze
Attenenti alla
MECANICA & i MOVIMENTI LOCALI,
del Signor
GALILEO GALILEI LINCEO,
Filosofo e Matematico primario del Serenissimo
Grand Duca di Toscana.
Con una Appendice del centro di gravità d'alcuni Solidi.

IN LEIDA,
Appresso gli Elsevirii. M. D. C. XXXVIII.

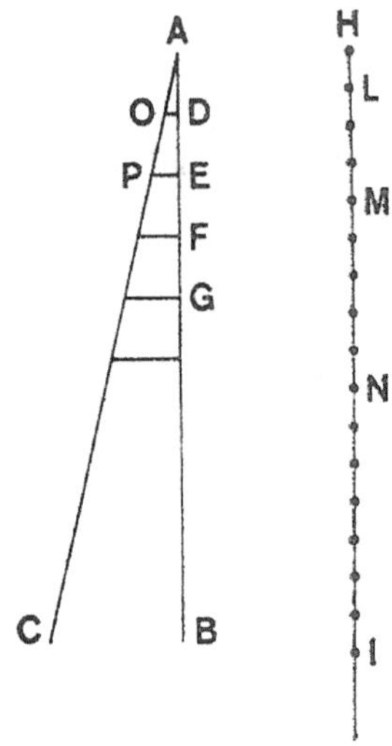

Troisième Journée, Théorème II

être due également à l'impossibilité de toute démonstration générale certaine à partir de l'expérience, impossibilité qui était bien connue des anciens et donc aussi des savants ayant fait des études universitaires classiques.

Mouvement uniforme et définition de la vitesse

Le travail de Galilée à ce sujet comporte quatre axiomes, que l'on peut qualifier d'axiomes d'ordre, par exemple :

« Au cours d'un même mouvement uniforme, l'espace franchi pendant un temps plus long est supérieur à l'espace franchi pendant un temps plus court. »

Le fait de poser des axiomes renvoie au modèle – omniprésent à cette époque - des *Eléments* de géométrie d'Euclide. Les physiciens anciens étant alors déconsidérés, d'une certaine façon caduques, incompris et inutiles, on se tourne vers ce qui semble l'exemple même de la réussite : la géométrie euclidienne. A partir de définitions et d'axiomes (ou postulats) qui possèdent à première vue un caractère d'évidence, on aboutit à des démonstrations certaines de propositions beaucoup moins évidentes. A y regarder de plus près, la définition de la ligne droite n'est pas si limpide que ça, ni le cinquième postulat (celui des parallèles). Mais l'ensemble est remarquable au milieu du chaos des traditions entremêlées telles qu'on les a retrouvées à la Renaissance, étonnamment « moderne ». Revenons à l'étude du mouvement uniforme que Galilée a défini comme «...celui où les espaces parcourus par un mobile en des temps égaux quelconques, sont égaux entre eux. »

A l'aide de cette définition et de ses quatre axiomes d'ordre, Galilée démontre six théorèmes, dont nous donnons le dernier :
« Si deux mobiles sont animés d'un mouvement uniforme, le rapport de leurs vitesses sera composé du rapport des espaces parcourus et du rapport inverse des temps. »

Le lecteur d'aujourd'hui peut se demander pourquoi il a fallu cinq pages et six théorèmes pour en arriver à ce que sait tout lycéen normalement constitué. A ceci près que ce lycéen dira plutôt que la vitesse d'un véhicule se calcule en divisant l'espace parcouru par le temps mis à le parcourir, ce qui, pour un géomètre euclidien tout aussi normalement constitué, n'a aucun sens. Un minimum de réflexion nous en convainc aisément, en dépit de nos habitudes : nous ne savons diviser que des nombres. Le géomètre euclidien peut, à la rigueur diviser un espace par un espace ou un temps par un temps, car la méthode est donnée pour cela dans les *Eléments*, pour deux grandeurs de même nature. Il sera possible ou non de leur trouver une « commune mesure », sans quoi elles seront dites « incommensurables » ; mais ce n'est pas notre sujet, toutes les grandeurs sont commensurables pour le physicien qui ne fait jamais de mesures infiniment précises.

Que faut-il donc pour que le rapport d'un espace à un temps devienne le rapport de deux nombres ? Il faut des unités. Or les géomètres anciens, théoriciens, n'en utilisaient pas car leur géométrie se devait d'être universelle, et les unités utilisées par les marchands, architectes ou paysans ne pouvaient être uniformisées. La relative uniformisation des unités telle que nous la connaissons aujourd'hui ne peut être le fait que d'un état central fort ou d'institutions permettant la mise au point d'étalons universels ; or il n'y aura rien de tel avant le travail des académies des sciences au 18e siècle en Europe. Voilà pourquoi Galilée doit rapporter une vitesse à une autre et établir que ce rapport est un composé de deux rapports de grandeurs de même nature. Ses prédécesseurs se contentaient de comparer deux mouvements ayant lieu sur le même espace (le plus rapide arrive avant) ou pendant le même temps (le plus rapide va plus loin), ce qui n'exigeait aucune théorie et n'en permettait pas moins d'avoir une notion quantitative de la vitesse d'un corps.

En conclusion, des objets conceptuels peuvent nous paraître évidents, « naturels », avec la seule force de l'habitude et avoir cependant été élaborés soigneusement à partir de phénomènes qui résistaient à la mathématisation et s'appelaient : "qualités", non mesurables. Galilée en fait entrer une dans le domaine des proportions, et il en sera de même plus tard d'autres comme la densité d'un corps (Newton), ou bien plus tard, la température.

Le mouvement uniformément accéléré

Galilée vise en fait le mouvement uniformément accéléré, en pensant à la chute des corps. Il n'est pas le premier à supposer une loi régulière pour l'augmentation de la vitesse au cours de la chute. Son apport original est celui-ci : poser l'hypothèse d'une vitesse proportionnelle au temps et en déduire la proportionnalité des espaces parcourus envers les carrés des temps, sans plus se préoccuper de corps ni de chutes. Les espaces parcourus pendant des intervalles de temps égaux, à partir du repos, sont alors proportionnels à la série des nombres impairs à partir de l'unité. Cela se constate aisément sur la figure ci-dessous, reconstruite en simplifiant la figure originale présentée ci-dessus, p.36.

Le lecteur se demande déjà comment Galilée a pu effectuer une intégration sans aucun dispositif intégro-différentiel ? Il a géométrisé le problème et utilisé le rapport que l'on peut établir (dangereusement) entre une surface et les lignes qui la composent.

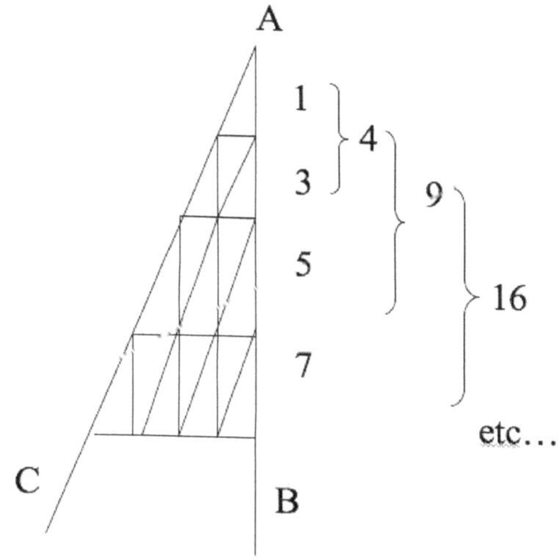

Le mobile part de A au repos, AB est la ligne du temps.
Les lignes horizontales représentent la vitesse, proportionnelle au temps par hypothèse ; AC est donc une sorte d'hodographe...
Les distances parcourues sont représentées par les surfaces des triangles compris entre AB et AC

Bien entendu, Euclide avait bien précisé que l'on ne pouvait obtenir une surface à partir d'une somme – même infinie - de lignes, ni une ligne à partir d'une somme infinie de points, procédés qui aboutiraient à des paradoxes, des égalités visiblement absurdes ; Galilée connaît comme tous ses contemporains ces paradoxes. Il n'est pas question d'entrer davantage ici dans la technique que nous ne l'avons fait précédemment, d'autant moins que Galilée ruse avec celle-ci afin d'atteindre son objectif : rendre compte du phénomène observé, le représenter.

Une figure géométrique, dans laquelle le temps est représenté par une ligne verticale, la vitesse par des lignes horizontales, lui permet donc de conclure à propos des proportions des espaces parcourus au cours du temps, dans la « Troisième Journée » de ses *Discours*... de 1638. Les espaces parcourus sont au cours du temps, comme les carrés de ces temps. A défaut d'une démonstration parfaitement rigoureuse, Galilée offre ainsi une relation parfois mentionnée à titre de supposition, que personne ne mettra plus en doute, pour le mouvement le plus régulier des mouvements non uniformes. Cette relation sera amplement utilisée dans la seconde partie du siècle par Christian

Huygens lorsqu'il traite de la force centrifuge en 1659, puis par Isaac Newton en 1687 à propos du mouvement des planètes, à chaque fois qu'un mouvement uniformément accéléré à partir du repos peut être envisagé dans un modèle approché de ce qui se passe.

Vérification expérimentale ?

On ne trouvera aucune vérification expérimentale dans les écrits de Galilée, rien qu'une accumulation d'expériences à visée plus ou moins démonstrative, qui ont pu faire dire à Alexandre Koyré autrefois [KOYRÉ, 1959] qu'il ne s'agissait que d'expériences de pensée. Après étude des brouillons de Galilée, leurs analyse par Stillman Drake [DRAKE, 1978] et leur publication en ligne par Jurgen Renn, nous savons que Galilée avait conçu des mesures lui permettant de confronter ses prévisions théoriques obtenues à partir de la loi précédemment établie et l'expérience ; c'est en particulier ce qui se passe dans le fameux Folio 116, où il fait rouler des boules sur des plans inclinés de diverses hauteurs et trouve un moyen d'évaluer la vitesse acquise en bas du plan.

A côté de chaque mesure de la distance parcouru par la boule après avoir quitté horizontalement le plan incliné, Galilée a noté soigneusement deux nombres : celui de la distance mesurée et celui de la distance prévue en utilisant la loi qu'il vient d'établir pour la vitesse acquise en fonction de la hauteur de chute, quel que soit la façon de parcourir cette chute ; à côté de cette prévision, il a noté : « devrait être… ». Mais Galilée ne peut utiliser ses mesures dans sa publication, il ne saurait comment les présenter ni convaincre le lecteur de leur pertinence ; on ne trouve pas exactement ce qui était prévu et cela ne prouve donc rien.

Quelque chose se conserve

A partir de proportions établies à partir de sa loi de la chute des corps sur divers plans inclinés, Galilée avait montré que la vitesse acquise ne dépendant que de la hauteur verticale de chute. Il s'était intéressé aussi à la « force » acquise par le mobile qui tombe et c'était même le moyen le plus sûr de montrer l'augmentation de vitesse au cours de la chute : un corps qui vient de plus haut creuse davantage le support mou sur lequel il atterrit. La force, comme la vitesse, doit être entendue au départ comme une notion qualitative, une intensité. Mais il ne fait pas sur la force le même travail que sur la vitesse et ses variations ; il laisse cela à ses successeurs, sans savoir qu'il délègue ce travail à Huygens et Newton en particulier.

Galilée se contente de persuader son interlocuteur qu'un boulet de canon acquiert en tombant une « force » qui lui permettrait de remonter à la même hauteur. Curieuse idée qui ne correspond à aucun dispositif pratique pouvant intéresser les artilleurs ! Aucun dispositif pratique d'artilleur, mais un dispositif quand même : celui du pendule. Galilée observe des pendules constitués de différentes matières : plomb et liège ; ce n'est pas difficile à fabriquer. Il raconte en détail ce qu'il observe : l'amplitude des oscillations diminue au cours du temps, plus rapidement pour le liège, mais la période d'oscillation semble constante, et égale pour l'un et l'autre corps. Galilée croit à l'isochronisme des oscillations du pendule circulaire, ce qui n'est pas étonnant étant donné les moyens dont il dispose. Ses observations du pendule de plomb et du pendule de liège parlent en faveur du principe énoncé plus haut : tous les corps tomberaient à la même vitesse dans le vide.

Le corps suspendu remonte, en outre, presque à la hauteur dont il est parti, presque en ce qui concerne le plomb, moins pour le liège que l'air freine davantage. On peut donc supposer que dans le vide, tout pendule remonterait indéfiniment à la même hauteur. Rien n'est prouvé et Galilée le sait parfaitement. Il n'a pas non plus prouvé que la Terre tournait sur elle-même et autour du Soleil, mais seulement que c'était possible sans qu'on le sente, sans que l'on soit éjecté vers l'arrière ni vers l'espace. C'est ce qui est admirable chez Galilée : les principes ne sont pas énoncés comme tels, mais suggérés comme limites aux observations, non prouvés mais raisonnables.

On pourrait s'arrêter là, mais Galilée va un peu plus loin, au cours de sa Troisième Journée de 1638, dans l'analyse du phénomène.

Considérons la figure ci-dessous : AC représente le fil auquel est suspendu le pendule C. On le lâche, il descend en B et remonte en D. Au cours d'une seconde expérience, au lieu de le laisser remonter tranquillement en D, Galilée a planté un clou en E qui arrête la portion AE du fil. Après être descendu en B, le corps C remonte alors en G. Si le clou est maintenant en F, le pendule remonte en I. Or D, G et I sont sur la même horizontale. Lorsque le pendule remonte à la même hauteur, c'est donc bien la hauteur qui compte et non la symétrie par rapport au point de départ. Ce qui est conservé est l'altitude uniquement.

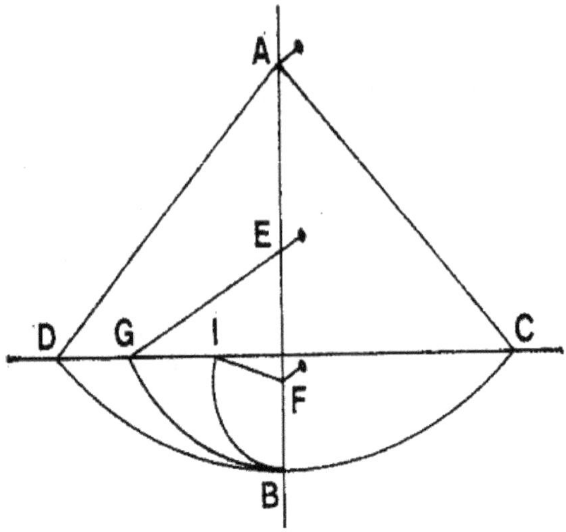

Voilà ; Galilée n'en dira pas plus à ce sujet et c'est bien suffisant. Lorsqu'il avait voulu, ailleurs, mesurer la « force de percussion », en lui trouvant un équivalent en poids, c'est-à-dire un poids qui fasse le même effet, il avait échoué et dû conclure que la force de percussion mesurée ainsi serait considérée comme infinie.

Conclusion

Il est facile au physicien contemporain familier de l'énergie cinétique et de l'énergie potentielle de voir quels outils manquent à Galilée ; mais ce n'est pas ce que j'ai voulu montrer ici. Galilée avance prudemment et raisonnablement, pose des jalons comme s'il avait conscience de la lente élaboration d'un édifice qui doit durer, pouvoir être utilisé par ses successeurs ; même s'il travaille seul dans une pièce, il n'en est pas moins relié à quantité de ses contemporains que j'ai négligés ici par souci de limpidité, inspirés par des écrits mécaniques, à commencer par celui du "pseudo-Aristote" (expression qui indique que le traité est peut-être d'Aristote mais sans certitude). Les traités mécaniques dont je parle concernent les "machines simples", instruments destinés à lever des poids avec peu de forces, ruses de l'homme au travail. Ce sont ces machines qui ont permis à Galilée d'utiliser des dispositifs comme des plans inclinés et des pendules pour en tirer des renseignements sur le mouvement naturel.

Mouvement contraint et mouvement naturel doivent obéir aux mêmes principes en ce sens qu'ils sont soumis à la même pesanteur, qui ne réside pas dans les corps mais ailleurs.

Galilée redécoupe dans la réalité phénoménale d'autres objets qui ne dépendent plus de l'activité ou de la passivité de l'homme, comme c'était le cas de la dichotomie mouvement naturel - mouvement violent, car ses objets supposent tous une recherche active nouvelle, laquelle perturbe la nature pour mieux la découvrir ; rêve platonicien de l'être sous les apparences ? On pourrait le penser comme si la résistance de l'air constituait l'obstacle à la vérité même du phénomène de chute libre ; la méthode est donnée pour sortir de la caverne, aller de l'ombre vers la lumière. Mais la chute libre dans l'air n'est pas considérée comme une apparence trompeuse ; elle est pour le savant la première réalité, à étudier, analyser, déplier par tous les moyens possibles. Les phénomènes étudiés par Galilée n'en sont pas moins fabriqués, tout au moins manipulés ; ils produisent des « faits scientifiques » à la place des phénomènes bruts.

Ne croyons pas à l'œuvre d'un génie solitaire ; ce que réalise Galilée est la cristallisation d'un courant que l'on nomme à cette époque « moderne » par opposition aux « anciens », un courant auquel participent de nombreux humanistes et ingénieurs dont Galilée n'est que l'emblème. Ces derniers réagissaient aux besoins d'un monde en mutation : aménagement des villes, bâtiments et fontaines, ouvrages militaires : compétences nouvelles situées en dehors des universités. La mécanisation de la science de la nature s'effectue à travers des objets théoriques comme la vitesse et sa variation uniforme, comme la force et des invariants, en symbiose avec la pratique du travail urbain, des fontaines, ponts et bâtiments pour lesquels il faut des poulies, palans ou plans inclinés. Seul le pendule ne sert à rien, jusqu'à ce qu'on en fasse une horloge, ce que Galilée a tenté également, avant Huygens.

Il ne s'agit donc pas seulement de mieux « observer », même si la lunette permet effectivement de mieux voir ; il s'agit de prendre la main, de se constituer en sujet actif qui construit des méthodes d'investigation avant de proposer des résultats, des concepts.

Chapitre 2

L'espace et le temps

Ces deux notions associées dans mon titre n'avaient pourtant autrefois rien à voir l'un avec l'autre, avant que Newton ne les traite d'une même façon, avec des phrases similaires, dans son fameux "Scholie" de 1687. Les physiciens en ont fait ensuite des axes verticaux et horizontaux sur le papier, puis des coordonnées dans des équations différentielles. Encore jusque-là ces deux grandeurs étaient-elles bien distinctes, jusqu'à ce qu'Einstein réunisse les quatre coordonnées dans une représentation géométrique unique, pour créer un « espace-temps » dont je parlerai plus loin, dans la troisième partie de cet ouvrage.

Dans quelle mesure l'homme, puis le savant, peut-il choisir son espace et son temps ? C'est l'ambitieuse question posée – tout au moins ébauchée – dans ce chapitre en introduction aux espace-temps des théories de la Relativité restreinte et générale.

La vie courante nous montre à quel point cette construction théorique d'un espace-temps est étrangère à notre expérience des lieux et du passage du temps en ces lieux, car ce temps qui passe nous maltraite autrement que l'espace qui nous entoure ! L'espace semble représenter en effet la liberté d'aller et venir, au contraire de ce que nous fait subir le temps « qui jamais ne retourne », comme le disait si bien déjà Guillaume de Lorris au 13e siècle. C'est ce que l'on appelle l' « irréversibilité du temps » ; il ne s'agit d'abord en fait que de nous-mêmes, qui ne pouvons retourner… et sommes prisonniers dans un flux que l'on ne peut ni inverser, ni même arrêter. J'aime imaginer sous le mot « espace » au contraire une étendue infinie, ou tout au moins indéterminée, dans laquelle il est possible de s'arrêter, de séjourner puis retourner ; bref, de se déplacer si librement que le temps y est oublié, annulé… Et pourtant, il peut m'arriver de retourner à un endroit que j'avais bien connu et de le trouver très différent : le temps a passé et je me rends compte que mon espace est modifié et que cette liberté d'aller et retour n'est en fait qu'une illusion ; c'est ainsi que l'on fait l'expérience de l'espace-temps, comme Monsieur Jourdain faisait l'expérience de la prose, sans le savoir !

Nous verrons plus tard quelles contraintes empiriques ont orienté les physiciens vers une dépendance mutuelle de l'espace et du temps au 20e siècle, mais nous n'en sommes pas là et n'allons décrire dans ce chapitre que la façon dont les savants que nous considérons comme classiques (bien qu'ils se désignent eux-mêmes comme modernes) ont choisi de traiter le temps comme une ligne d'espace que l'on peut voir de l'extérieur, dont on peut considérer les instants successifs ensemble, que l'on maîtrise en quelque sorte. Ce n'est pas sans réticences et ne s'impose pas pour tous, ni définitivement.

Autrefois : le mystère du temps

Les anciens, d'Aristote à Augustin d'Hippone ont affronté le mystère du temps, de son passage sans retour possible, ainsi que celui de l'instant fugitif, de l'insaisissable présent. L'espace ne contient pas de tels vertiges, puisqu'on peut s'y promener à loisir et revenir d'où l'on est parti, comme je viens de le remarquer. Le point d'espace n'a d'étonnant que sa singularité, qui n'inquiète guère le physicien. Les philosophes et physiciens de l'antiquité et du Moyen-Âge traitent donc espace et temps de façons bien différentes.

Les problématiques anciennes de l'espace font intervenir deux conceptions opposées : d'un côté celle d'un espace vide, pur contenant des atomes de Leucippe et Démocrite, puis de Lucrèce au 2e siècle, repris au 17e siècle par Pierre Gassendi, et d'autre part le simple rejet de ce contenant au profit d'un milieu toujours plein de quelque chose, l'éther d'Aristote et bien plus tard au 17e siècle, les matières subtiles de Descartes. Chez ceux qui refusent l'idée – car il s'agit bien d'une idée - d'un espace vide qui soit pur contenant, se développent les délicates problématiques du "lieu". Car les objets sont bien quelque part, et lorsqu'on dit « là où il y avait… ceci, il y a maintenant … cela », que veut-on dire ?

Aristote répond par une longue analyse de la notion de lieu dans le quatrième Livre de sa *Physique*, pour aboutir à le définir comme un « vase immobile ». Reste à savoir ce que signifie « immobile », car si le mouvement est repéré par rapport au lieu, on craint le cercle vicieux ; mais le mouvement est repéré par rapport aux corps environnants et ce vase que l'on ne peut mouvoir n'est là que pour rendre compte du langage courant, sans poser pour autant un espace vide qui serait pur contenant. Aristote n'admet pas le vide : le domaine sublunaire est plein d'air et les planètes baignent au delà dans un "éther " dont la propriété principale est de les entraîner dans sa rotation. Au contraire de l'air, l'éther n'offre aucune résistance au mouvement, ce qui permet aux mouvements des planètes de persister indéfiniment.

Puisque le mouvement est repéré par rapport aux corps environnants, il est relatif comme le sera le mouvement cartésien. Mais Aristote limite cette relativité à la sphère sur laquelle se meut la Lune, sphère qu'il déclare immuable, c'est-à-dire sans modifications possibles ni mouvement.

Le temps est traité également dans le Livre IV de *La Physique* d'Aristote, après le lieu. Le temps ne semble pas exister en dehors de l'instant, puisque le passé n'est plus et le futur pas encore, remarque Aristote ; l'instant lui-même est bien mystérieux : on ne sait s'il est toujours le même ou toujours changeant ; en un sens il sera le même et en un autre sens, non. Finalement, le temps est « le nombre du mouvement selon l'antérieur et le postérieur » conclut-il. Sans mouvement, pas de temps, pas de passage de temps ni de quantité mesurable par un nombre. Hors de la boule du Monde fini d'Aristote, il n'y a ni lieu ni temps.

L'espace n'existe pas sans corps et le temps n'existe pas sans changement ; en conséquence, hors du monde il n'y a ni espace ni temps. Et c'est bien cela qui sera remis en question dès le Moyen-Âge, paradoxalement au sein même de la théologie chrétienne. C'est en effet au cours de la condamnation des thèses de l'aristotélicien Averroès, philosophe andalou de la ville de Cordoue, que l'évêque parisien Etienne Tempier affirme la possibilité du vide. On ne peut en effet refuser à Dieu la possibilité d'annihiler soudainement une partie du contenu du monde ; on ne peut non plus lui refuser le droit de mouvoir l'univers dans son ensemble. Cette dernière affirmation montre à quel point l'outil et le mode de représentation a changé : pour parler du mouvement de l'univers entier, il faut se le représenter dans un espace extérieur vide. Espace et temps existent maintenant antérieurement à ce qui se trouve dedans, en tout cas pour cet évêque qui n'est sûrement pas un original isolé! Ces paroles symbolisaient pour Pierre Duhem la fin de la physique aristotélicienne et les prémisses de l'époque moderne ; ce à quoi Alexandre Koyré répondait qu'il était étrange de représenter ce passage à l'époque moderne par deux bêtises!

Pour moi, ces affirmations sont emblématiques d'une conception plus visuelle, moins strictement inscrite dans le langage, que celle d'Aristote et des aristotéliciens de langue grecque, arabe ou latine. Les images peintes du Monde comme une sphère, baignant dans le vide de la page du manuscrit, sont encore rares au 13e siècle. On peut les rencontrer dans les commentaires au livre *Du Ciel et du Monde* d'Aristote, comme celui que rédige Nicole Oresme, en français, au 14e siècle. Oresme est, lui par contre, un original ! Ecrire en français est peu courant, et ne sera pas pratiqué avant le 17e siècle. Il est un novateur et représente à l'occasion le temps par une ligne, mais dans un contexte trop scolastique pour être pris en compte ici.

L'époque "moderne" et la géométrisation du temps

Bien qu'Aristote ait parlé d'espace-lieu et de temps dans le même livre, on se demande encore comment il peut se faire que ces deux notions aient pu être ensuite jointes et rangées sous un même discours, être l'objet de traitements similaires, chez Newton ou Leibniz. Ce traitement parallèle était déjà à l'œuvre en fait depuis un certain temps, accompagné de rares mais significatives représentations du temps par une ligne tracée sur le papier. Nous en avons vu une chez Galilée dans notre précédent chapitre.

Les physiciens ont « spatialisé » le temps dit-on couramment, en le représentant par une ligne et en le réduisant à une coordonnée comme une autre, qui peut même disparaître totalement des équations (en mécanique hamiltonienne). Le passage ininterrompu du temps et son irréversibilité disparaissent sans discours ; on les oublie. Est-ce encore du temps ? Selon les philosophes contemporains préoccupés par le passage du temps, celui-ci "est" irréversible par nature[2], mais les physiciens vont l'oublier, au point que la résurgence de l'irréversibilité en thermodynamique apparaîtra comme un défaut de la théorie, un mystère dont on se demande s'il réside dans la nature ou dans nos esprits ; mais ce n'est pas encore notre sujet ici.

Galilée avait eu du mal à se résoudre à tracer la ligne de temps qui lui a permis d'obtenir la loi juste de la chute des corps. Il avait constaté en 1604 que son procédé d'intégration à partir d'une ligne d'espace ne le rapprochait pas du résultat observé. Nous le comprenons aisément aujourd'hui à partir de l'équation différentielle

[2] Voir par exemple Wladimir Jankélévitch dans son livre intitulé : L'irréversibilité et la nostalgie .

de la chute des corps : il faut intégrer sur le temps et non sur l'espace. Pourtant, au cours d'un mouvement donné, temps et espace semblent bien indissociables : à chaque position correspond un temps, et Galilée continua à représenter la trajectoire de chute du corps, comme étant celle le long de laquelle se déroule le temps. Mais comme le mouvement est accéléré, cette trajectoire ne peut représenter la mesure du temps ; il le comprit enfin.

Les représentations du temps semblables à celle que nous avons vues dans les *Discours*... de Galilée restent cependant exceptionnelles (voir Ch.1 sur la figure de droite, la ligne AB représentant le temps pour la trajectoire spatiale HI) ; on trouve une seule représentation d'une ligne de temps dans le premier Livre des *Principes Mathématiques de Philosophie naturelle* de Newton[3] ; il n'y en a pas d'autre dans les six-cents pages de l'œuvre. Newton en effet, comme Huygens avant lui, préfère représenter dans ses figures un mouvement rectiligne uniforme le long de la tangente en un point quelconque de la trajectoire ; c'est alors cette droite qui leur sert à repérer le temps et à l'inclure dans leurs démonstrations. C'est d'ailleurs le principe de toute horloge : un mouvement régulier[4] - nous disons aujourd'hui "uniforme" - sert à représenter le temps. On ne retrouvera la ligne de temps en tant que telle que dans des représentations fonctionnelles au 19e siècle, dans un contexte plus mathématique et donc symbolique.

Revenons un moment, pour conclure cette importante section, à ces réfutations de l'évêque de Paris en 1277. De cette étonnante histoire, amusante pour nous aujourd'hui, on peut tirer quelques leçons :

- Elle peut d'abord suggérer que la subtile construction sémantique d'Aristote était devenue difficile à entendre, soit en raison de problèmes de traductions, soit parce que la représentation mentale visualisable était devenue plus importante que la logique, la dialectique et la sémantique. Les deux phénomènes peuvent d'ailleurs être liés : à force de passer du grec à l'arabe, puis au latin et parfois au français comme le tente Oresme, la langue en elle-même perd de son importance ; elle devient pur intermédiaire entre la pensée des uns et celle des autres, et non plus outil d'investigation et de compréhension des phénomènes. J'en parlerai au Chapitre 5. On ne peut se

---

[3] Il s'agit de la ligne ADE de la fig.11 illustrant le Lemme X de la partie intitulée : « Du mouvement des corps », dans le premier Livre des *Principia*...

[4] Comment savoir si le mouvement est régulier ? On ne peut que le supposer par rapport à d'autres mouvements à peu près réguliers : les astres, le pendule simple, en raison d'un accord entre eux. C'est évidemment encore une notion relative.

représenter alors le monde fini que comme une boule dans un espace extérieur, tandis que le langage permettait autre chose.

- Précisons en outre que l'absence d'espace vide comme pur contenant dans la physique aristotélicienne n'est en rien une faiblesse du système, une difficulté à concevoir un tel espace. Les géomètres et les atomistes sont déjà là pour nous assurer du contraire, ainsi que l'épistémologie génétique contemporaine qui sait montrer comment nos activités les plus courantes engendrent un tel espace vide indifférencié [PIAGET 1950]. Le refus de cette notion provient en fait d'une précaution volontaire contre des représentations plus ou moins spontanées, habituelles parce que sans doute utiles à nos activités et une partie même de nos perceptions, mais sans rapport certain au monde extérieur en tant que tel.

C'est la leçon profonde de la physique d'Aristote, si difficile à appréhender aujourd'hui par les physiciens que ceux qui un jour l'ont apprécié, comme Pierre Duhem au début du 20e siècle ou plus tard Thomas Kuhn, ont abandonné les sciences pour l'histoire et l'épistémologie… pour notre plus grand bien, et sans doute aussi le leur, si l'on en juge par la passion qui les animait dans leurs écrits. Mais à la Renaissance, on ne comprend plus Aristote ; Galilée et Descartes proposent, chacun à leur manière, autre chose.

Invariance galiléenne et relativité cartésienne

Un aspect de la mécanique galiléenne a été négligé au chapitre précédent, car elle ne pouvait être exposée sans les préalables historiques qui ont été schématisés ci-dessus. Concevoir le mouvement dans un espace vide n'est pas une audace nouvelle de Galilée, je l'ai dit, c'est seulement la façon dont il en use qui lui est personnelle. Cela se passe dans la Deuxième Journée du *Dialogue sur les deux grands Systèmes du Monde…* [GALILÉE, 1634] à propos de la possibilité du mouvement de la Terre. Cela est bien connu et j'en rappelle seulement les grandes lignes, qui peuvent nous éclairer sur la conception que Galilée avait de l'espace, s'il en avait une. Il veut montrer qu'il est normal que l'on ne sente pas la rotation de la Terre, même si elle nous entraîne à une vitesse très grande (plus de 1000 km/heures en Toscane, davantage encore à l'équateur!), à condition de considérer ce déplacement comme ayant lieu à vitesse uniforme, rectiligne en raison du grand rayon de la Terre (6000 km). Il considère un navire animé d'un tel mouvement à la surface de la Terre, et démontre que « le mouvement est comme rien ».

Cette démonstration ne peut se faire sans principes préalables, axiomes ou hypothèses au départ de la déduction :

- Le mouvement imprimé à un corps par le mouvement du navire persiste dans ce corps, même lorsque le contact avec le navire cesse.
- Ce mouvement horizontal se compose à chaque instant avec le mouvement vertical de chute, sans le gêner ni l'empêcher.

Alors une pierre lâchée du haut du mât d'un navire tombera au pied de celui-ci, quelle que soit la vitesse du navire, à condition qu'elle soit uniforme.

On ne peut donc, de l'intérieur du navire, sentir son mouvement par aucun effet mécanique ; on peut jouer à la balle, lancer des boulets, regarder des animaux voler, comme sur la berge ; de même le mouvement de la Terre sera-t-il sans conséquences sur nos mouvements à sa surface.

Evidemment, il est difficile de proposer une vérification expérimentale, car il faut que le mouvement soit très régulier, mais Pierre Gassendi la fera réaliser sur une galère marseillaise, après la mort de Galilée malheureusement. Tycho-Brahé avait pour sa part fait tirer des boulets vers l'Est et l'Ouest pour détecter le mouvement éventuel de la Terre, et conclu à son immobilité, par manque des principes préalables avancés par Galilée.

Descartes tentera de débarrasser la physique de toute notion générale jugée par lui superflue comme celle de « force ». L'identification qu'il propose de la "substance"[5] et de l'étendue, identification qui rejette ainsi autant l'espace vide que la notion une et indivisible des anciens, qui devient dans son système mouvements internes, chocs mécaniques.

Bien que Descartes soit un très grand géomètre, sa physique n'était pas géométrique, même si les philosophes lui attribuent souvent l'initiative de la géométrisation du mouvement des corps en raison de son assimilation de la substance et de l'étendue précisément ; mais cette identification demeure conceptuelle, sans conséquences pratiques. S'il a refusé de fonder ses principes physiques sur une géométrisation concrète, c'est sans doute parce qu'il estimait qu'elle n'avait pas permis à Galilée de bâtir sur un système : « ... il a raisonné

---

[5] La "substance" est une catégorie aristotélicienne qui s'oppose à celle d' "accident", comme le sujet et l'attribut dans la phrase, pour désigner ce qui est permanent dans un corps par rapport aux diverses transformations possibles.

mieux que le vulgaire mais [...] il a bâti sans fondement ». Les mouvements sont chez Descartes repérés par rapport aux corps environnants dans un univers plein (sans vide et donc sans espace), comme chez Aristote : ainsi le mouvement des rouages d'une montre peut être repéré par rapport à l'ensemble de la montre, ou bien par rapport au marinier qui la porte, ou encore par rapport au bateau, puis par rapport au fleuve, à ses berges, à la Terre et à l'air, aux planètes prises dans les matières subtiles qui les environnent... [DESCARTES 1944, deuxième Partie]. Le mouvement est alors totalement relatif, ce qui, logiquement, ne permet même pas de définir le mouvement rectiligne uniforme. Descartes considère cependant un tel mouvement dans le cadre d'un principe d'inertie généralisé à tout "état" des corps, la vitesse uniforme étant alors considérée comme un "état", à la place du repos en un lieu qui constituait son état précédent. Dans cette affirmation un peu sibylline pour nous aujourd'hui, Descartes est bien évidemment inspiré par les résultats galiléens concernant le mouvement uniforme et ce mouvement, qui était chez Galilée sans effets, devient dans sa formulation sans causes ; mais la généralisation cartésienne demeure purement formelle, en raison de l'absence de tout repère spatial ou temporel.

Descartes et Henri More

Henri More est un philosophe platonicien de Cambridge, né en 1614, donc 18 ans après Descartes, qui écrit en 1656 contre l'athéisme et contre les conceptions immanentes de la divinité. Des conceptions immanentistes existaient donc déjà au début du 17e siècle, avant Spinoza dont il sera question à la prochaine section.

Très favorable au départ à la philosophie cartésienne, Henri More prend ensuite ses distances pour la critiquer officiellement, en particulier dans son *Enchyridion Metaphysicum* de 1671[6]. Mais Descartes est mort en 1650, à la suite de son séjour chez Christine de Suède, et ne peut plus répondre. Il avait en fait déjà répondu, trois fois, à des lettres envoyées par Henri More en 1648-49.

Dans ces lettres More s'insurge contre l'assimilation cartésienne de la substance et de l'étendue, en disant que « tout ce qui est étendu

---

[6] Je laisse le titre latin, à défaut de traduction française. Il n'existe que des traductions anglaises d'extraits des œuvres de Henri More.

n'est pas forcément corps »[7]. C'est l'occasion de rappeler que la notion de "substance", aristotélicienne et scolastique ne doit pas être confondue avec la matière, qui pour nous est divisible, tangible et limitée, tandis que la substance est indivisible et infinie comme l'essence platonicienne ou, avec Leibniz, la "monade". Descartes avait simplement, par cette assimilation, éliminé un concept qu'il jugeait inutile, les différentes substances étant pour lui distinguées par la forme et les mouvements des composants des corps. More défend en outre l'existence du vide et des atomes, qu'il juge compatible avec une représentation mécanique des phénomènes, même si celle de Descartes diffère de celle d'Epicure, Démocrite et Lucrèce. Or Descartes conçoit une matière indéfiniment divisible comme est indéfinie l'étendue du Monde, que More voudrait soit infinie, soit finie, dans un espace vide infini :
« En effet, nous ne pouvons pas concevoir une matière finie si ce n'est comme entourée d'une certaine étendue infinie.
Nous ne pouvons pas ne pas concevoir qu'une certaine extension immobile qui pénètre tout à l'infini, a toujours existé et existera éventuellement et qu'elle est réellement distincte de la matière mobile. »

C'est encore l'occasion de préciser cet indéfini cartésien comme un infini après quoi il y a encore toujours quelque chose et non pas celui auquel les mathématiques nous ont habitués aujourd'hui : un infini déjà là en entier, après quoi il n'y a rien, irreprésentable mais logiquement bien défini. L'infini d'un processus qui se poursuit indéfiniment dans le temps n'est en revanche jamais réalisé ; c'est un infini "en puissance" selon Aristote, et non "en acte".

L'ensemble de leurs échanges est bien trop scolastique (théologique) pour être retranscrit ici, mais contient aussi un refus de la nature purement mécanique de tout phénomène par More, une foule d'objections concrètes auxquelles Descartes, malheureusement, ne répond pas. L'opposition d'Henri More est en fait conforme à une représentation de l'espace qui est celle dont il a été question à la première section pour le Moyen-Âge. Descartes la refuse pour reconstruire volontairement un ensemble polymorphe de lieux, mais

---

[7] Cette citation et ce qui suit au sujet de la correspondance More-Descartes est emprunté à un article de Alan Gabbey : « Henri More lecteur de Descartes : philosophie naturelle et apologétique », Archives de Philosophie, 1995.

sans aucune des catégories qui les accompagnaient dans la physique d'Aristote.

Autres réactions au Monde cartésien : John Locke et Baruch Spinoza.

John Locke[8] tente l'impossible pari d'un empirisme des notions - qu'il nomme "idées" - simples ou composées, le temps et l'espace étant des idées simples [LOCKE, 1690]. Notons que le mot "idée" n'a pas le même sens que chez Descartes[9], qui n'y rangerait pas l'espace et le temps. L'expérience la plus courante permet à Locke de rejeter le système cartésien, par le fait que deux corps peuvent avoir entre eux un "espace", qu'il estime vide, puis se rejoindre et s'éloigner à nouveau ; l'étendue ne saurait donc selon lui être confondue avec la substance des corps : elle peut exister sans corps. John Locke a pu connaître les pompes à vide, fabriquées et manipulées par Robert Boyle, tandis que Descartes ne connaît que le tube à mercure de Torricelli et Pascal ; mais il est clair que l'expérimentation n'apporte rien à ce sujet puisque Descartes affirmait l'existence de matières subtiles dans le haut du tube de mercure, et aurait dit la même chose de la pompe à vide : vide d'air, mais non de toute substance possible. Locke ne fait d'ailleurs appel qu'à l'expérience courante, celle qui engendre selon lui ces notions premières dans nos esprits.

Mais John Locke lutte d'abord contre les idées "innées" cartésiennes, dont je n'ai pas encore parlé. Il me semble que la seule véritable certitude cartésienne après son expérience d'un doute radical, est celle du *cogito* : moi qui doute de tout, pour douter, je dois bien exister ; même si la métaphysique de Descartes n'est pas une psychologie, pas même au sens de celle que propose Locke de la recherche d'une genèse des notions, il faut bien avoir éprouvé soi-même ce *cogito*, refait ce mouvement vers un doute total de nos perceptions et de tout apprentissage, pour le comprendre.

La suite, à partir de la simple existence des corps autour de nous, n'est assurée que par le fait que Dieu ne veut pas nous tromper ; c'est alors le refuge métaphysique adopté par Descartes contre le danger d'un scepticisme stérile. Les preuves de l'existence de Dieu

[8] John Locke (1632-1704) est un philosophe anglais qui tente – contre Descartes - de construire une théorie empiriste de la connaissance. Il écrit en 1690 son *Essai sur l'entendement humain* (*An Essay Concerning Human Uunderstanding*) dont je tire les quelques informations données ici sur sa philosophie.

[9] Et pas non plus celui qu'il aura chez Kant.

développées par notre philosophe dans la 3e et la 5e méditation, peuvent nous convaincre de sa sincérité, de sa croyance en cet être parfait, sans que la démonstration apporte davantage que les tentatives médiévales à ce sujet.

Il est clair que la perception n'apporte rien de certain à Descartes : il se peut que l'on soit en train de rêver, que les idées acquises par l'apprentissage ou l'habitude faussent par ailleurs notre appréhension du monde. La conscience d'être soi-même en train de douter est donc la plus certaine, le fondement ténu sur lequel on va tenter difficilement de rebâtir un édifice.

Les "idées" qui étaient par ailleurs considérées comme "innées", chez Blaise Pascal [PASCAL, 1657] puis dans la Logique de Port-Royal par exemple [ARNAUD et NICOLLE, 1662] concernaient davantage la logique et la géométrie que la physique. Ce sont celles que l'on tire des "notions communes" d'Euclide, comme : « Le tout est plus grand que la partie » ou encore : « Si l'on ajoute à deux quantités égales une même quantité, on obtient deux quantités égales ». L'évidence de ces affirmations, une fois que les termes en ont été définis, les rend aussi incontournables que la logique aristotélicienne, et en font des exemples à imiter au milieu du 17e siècle dans les sciences de la nature afin de produire une construction aussi admirable que celle des *Éléments* d'Euclide.

Locke adopte cinquante ans après le point de vue contraire, comme dans une sorte de défi, avec cependant beaucoup de précautions et de modestie, pour une tentative empiriste qu'il sait difficile. Il est le premier à s'intéresser à la genèse des idées chez les enfants, mais il lui manque les méthodes d'investigation qui ne seront possibles qu'un siècle plus tard au moins, en épistémologie génétique. Il énonce quant à lui comme exemple d'évidences indubitables les premiers principes logiques : « Tout ce qui est, est » et « Il est impossible qu'une chose soit et ne soit pas », mais en refuse l'innéisme. Les idées nous viennent pour lui des sens et de notre réflexion sur ces sensations, mais jamais directement de l'esprit (de l'"âme"). La phrase « Le tout est plus grand que la partie » ne saurait être innée puisque ni l'étendue ni le nombre ne le sont, les rapports et relations étant pour lui postérieurs aux entités sous-jacentes provenant selon lui de l'expérience[10].

---

[10] C'est sans doute là ce que rejetterait en bloc tout phénoménologue ou positiviste contemporain : cette séparation entre les entités et leurs relations, cette recherche

De même Locke rejette-t-il l'idée cartésienne selon laquelle le monde est plein de matières subtiles, plus subtiles que l'air, invisibles, intangibles et sans résistance, qui lui servent à rendre compte de la propagation de la lumière ainsi que de la gravité, comme nous le verrons au prochain chapitre. Locke reste fidèle à Descartes en ce qui concerne le caractère relatif des mouvements, repérables uniquement par rapport à d'autres corps ; s'il admet en revanche l'existence d'un vide, comme une évidence sensorielle, il n'est pas question en effet d'en faire un repère comme le fait Newton, et le lieu reste l'expression de la position relative à autre chose. Alors le monde n'est pas dans un lieu :
« Car dire « le monde est quelque part » ne signifie rien de plus que « il existe effectivement ».»

Locke n'étant pas du tout géomètre, il n'a jamais été question dans sa recherche de spatialiser le temps, et autant les modes de l'espace provenaient chez lui des sensations provenant des choses extérieures, autant la notion de "durée" ne provient d'abord que des phénomènes intérieurs, c'est-à-dire de la succession des idées dans l'entendement. La distance qui sépare deux idées engendre celle de durée. En dépit de l'emploi du mot "distance", le temps de Locke n'est pas du tout géométrisé, évoque davantage celui de Bergson plus tard que celui de la physique classique ou contemporaine.

Il est difficile de quitter ce chapitre sans envisager rapidement un philosophe qui est né la même année que John Locke, est beaucoup plus célèbre que celui-ci, et qui se trouve en outre assez à la mode aujourd'hui : Baruch Spinoza.

Très influencé lui aussi par Descartes, Spinoza proposa d'abord sa propre mise en forme des *Principes de la Philosophie* de Descartes : *Principia philosophiae Cartesianum*, qu'il publia en 1663, à 31 ans. Il s'agit déjà, bien avant son ouvrage le plus célèbre : *L'Éthique*, publié en 1677 après sa mort, d'une formulation axiomatique comprenant des définitions, postulats et propositions ; Descartes lui aurait-il semblé un peu confus ?

---

d'un degré zéro du rapport entre le mot et la chose. Je pense à Edmund Husserl, à la philosophie analytique du Cercle de Vienne et à son échec, à Willard V. O. Quine enfin.

Mais son insatisfaction ne porte pas seulement sur la structure de l'écrit cartésien, dont il redéfinit soigneusement les concepts. L'étendue « est ce qui comprend trois dimensions » et n'est qu'une « quantité » qui n'est pas confondue au départ avec la substance. Ce sont les mots « espace » et « étendue » qui sont en revanche assimilés par Spinoza, comme attributs équivalents de la substance matérielle que l'on a appelée « corps ». Ce rapprochement redonne sans doute à l'espace médiéval une pertinence dans le discours, sans en faire cependant le repère du mouvement que Spinoza définit relativement aux corps environnants, fidèle en ceci à Descartes [SPINOZA 1663, p.279]. L'indéfini cartésien reste bien chez lui concrètement l'infini en puissance d'Aristote, par extension ou division, même si ce mot est redéfini comme : « ce dont les limites ne peuvent être explorées par l'entendement humain ».

Spinoza avait fréquenté l'université de Leyde où la méthode et le système cartésiens étaient déjà enseignés. Puis il avait été durement exclu de sa communauté juive d'Amsterdam et vivait parmi des intellectuels protestants, qu'il n'avait pas de raison de convertir au cartésianisme. Il avait fait siennes les démonstrations cartésiennes de l'existence de Dieu, afin de contrer l'accusation d'athéisme qui le poursuivait, à l'extérieur même de son ancienne communauté. Descartes était donc important pour lui, un appui dans son relatif isolement.

Les définitions, axiomes et théorèmes mis par Spinoza à la place des “articles” de Descartes sont sans doute paradoxalement plus éclairants pour les érudits encore imprégnés de scolastique tardive ; cette forme n'est pas révolutionnaire, elle est celle d'Euclide et d'Archimède. Mais Descartes prétendait s'adresser à un public plus large, dans les universités et en dehors, et faisait davantage appel à l'intuition de son lecteur qu'à sa logique géométrique ; même s'il se méfie de l'expérience sensible qui peut bien n'être qu'une sorte de rêve éveillé, la physique est pour lui davantage liée à l'imagination[11] que la géométrie qu'il a pratiquée avant. Il attendait alors naturellement que ce soit l'emploi des mots de son système dans leur relation les uns aux autres qui leur donne un sens, comme dans la langue usuelle qui se passe de définitions. Spinoza a-t-il voulu

[11] Il faut entendre sous ce mot la faculté de construire des images, de représenter à partir de l'expérience, et non l'imaginaire pur.

aménager l'audace cartésienne ? A-t-il souhaité l'apprivoiser pour lui-même ou pour son entourage ?

L'espace et le temps absolus de Newton

Ce n'est pas parce qu'un texte est très souvent cité qu'on le connaît bien ; cela peut être le contraire en raison des déformations induites par l'habitude ou l'anachronisme. Les déclarations de Newton dans premier Scholie du Livre I de son ouvrage de 1687 [NEWTON 1687, pp.7-16], au sujet de l'espace et du temps absolu, ont fait couler beaucoup d'encre. Ces affirmations, qui viennent juste après les définitions sont considérées à la fois comme des dogmes quasiment religieux et comme des nécessités pratiques induites de l'expérience de la force centrifuge, en ce qui concerne l'espace en tout cas. Les effets physiques tangibles de la rotation semblent indiquer que ce mouvement ne peut être vu comme relatif, tandis que la relativité du mouvement rectiligne uniforme est acquise depuis Galilée, et jusqu'à aujourd'hui.

La force centrifuge - et les forces d'inertie en général - posent en revanche un problème non résolu à ce jour pour obtenir ce qui serait une relativité totale du mouvement, comme l'a tenté plus tard Ernst Mach à la fin du 19e siècle.

Newton vient de définir de façon précise et quantitative les termes vagues de : quantités de matière et de mouvement, force imprimée et force centripète...

« quant à ceux de *temps*, d'*espace*, de *lieu* et de *mouvement*, ils sont connus de tout le monde, mais il faut remarquer que pour n'avoir considéré ces quantités que par leurs relations à des choses sensibles, on est tombé dans plusieurs erreurs.

Pour les éviter, il faut distinguer le temps, l'espace, le lieu & le mouvement, en *absolus & relatifs*, *vrais & apparents*, *mathématiques & vulgaires*. »

On s'étonne, à la relecture, de ces trois oppositions qui identifient l'"absolu" au "vrai" et mathématique, tandis que le "relatif" n'est qu'"apparent" et – pire – vulgaire (c'est-à-dire commun, ordinaire).

Le temps absolu, vrai et mathématique est appelé "durée" ; il ne s'agit pas de la durée mise en avant bien plus tard par Bergson contre Lorentz et Einstein (voir le Chapitre 9), mais d'une durée qui échappe à toute subjectivité et qui est définie par l'uniformité de son écoulement. Elle est la « persévérance des choses » déclare-t-il un peu plus loin.

L'espace absolu, qui « demeure toujours similaire et immobile » est défini par son immobilité, « l'ordre des parties de l'espace est aussi immuable que celui des parties du temps » lit-on encore. On peut donc parler d'immutabilité, qui rappelle celle de la sphère lunaire chez Aristote ou de la quantité de mouvement totale chez Descartes. Cette dernière étant liée à l'immutabilité de Dieu, on peut penser qu'il en est de même de l'espace absolu newtonien, mais ce n'est pas évoqué dans le Scholie qui se poursuit par l'évocation précise des rapports entre les différentes sortes de temps et d'espace.

On distingue en astronomie le temps absolu du temps relatif par l' « équation du temps » qui corrige l'inégalité de la durée des jours au cours de l'année (due à l'obliquité de l'axe de la Terre sur le plan de l'écliptique) ; pour s'être rendu compte de cette inégalité, il a fallu remplacer la régularité astrale par la régularité mécanique terrestre des horloges, mais avant cela déjà par le mouvement des satellites de Jupiter. Newton s'en rend parfaitement compte lorsqu'il indique qu'il pourrait très bien ne pas y avoir d'horloge parfaite, sans que cela n'empêche l'écoulement uniforme d'exister, support de l'ordre de la succession.

Symétriquement, tout est dans l'espace, « quant à l'ordre de la situation », et « il serait absurde que les lieux primordiaux se mussent. ». Mais pourquoi parler de « lieux » et non pas simplement d'espace ? Là encore, il s'agit de répondre à Descartes et, à travers lui, au repérage aristotélicien du mouvement qui ne se faisait que par rapport aux corps environnants et non par rapport à un espace vide. Un tel espace était déjà concevable, bien sûr, dans l'imaginaire des atomistes ou autrement dans celui des géomètres, mais non dans la réalité observée. Qu'est-ce que le lieu d'une chose, notion qui apparaît dans le langage courant pour pouvoir dire qu'un objet change de lieu, que là où il y avait de l'eau, il y a maintenant de l'air ? Le lieu est comme un vase, disait Aristote, mais un vase “immobile”, c'est-à-dire que l'on ne peut mouvoir, au sens propre du mot “immobile”. Il en est ainsi maintenant de l'espace vide de Newton qui doit être conçu comme immobile en tant qu'ensemble des lieux et repérage de tout mouvement.

Ce dogmatisme ne suffirait pas à convaincre le lecteur si Newton n'avait pris la peine de préciser comment on devait forcément

distinguer le mouvement absolu du mouvement relatif ; car tout commence en fait bien sûr par le mouvement. Après avoir tourné au maximum un vase (seau) attaché à une corde, on le remplit d'eau et on laisse la corde se détortiller, ce qui peut prendre assez longtemps (si elle est assez longue), et l'eau monte sur les bords.
« L'ascension de l'eau marque l'effort qu'elle fait pour s'éloigner du centre de son mouvement, & on peut connaître & mesurer par cet effort le mouvement circulaire vrai & absolu de cette eau, lequel est entièrement contraire à son mouvement relatif [au seau] »

Au début l'eau n'est pas entraînée par le seau et est donc en effet en mouvement relatif par rapport à celui-ci, qui est son milieu "ambiant", et sa surface reste plane ; puis l'eau est entraînée progressivement par la paroi du seau et la surface de l'eau va se déformer, l'eau montant sur les bords. La déformation est maximum lorsque l'eau est au repos par rapport au seau, donc sans mouvement relatif.
« L'effort que faisait l'eau pour s'éloigner de l'axe de son mouvement de dépendait donc point de la translation du voisinage des [déplacement par rapport aux] corps ambiants, & par conséquent le mouvement circulaire vrai ne peut se déterminer par rapport à de telles translations. »

Je ne sais pas dans quelle mesure Newton connaissait les tentatives non publiées de Huygens pour analyser le mouvement de rotation comme mouvement relatif des parties les unes par rapport aux autres ; son expérience de pensée semble en tout cas constituer une réponse à ces tentatives et balayer pour longtemps le relativisme cartésien. Remarquons qu'il ne s'est pas contenté de mettre un seau plein d'eau en rotation et de constater la déformation de la surface, mais que le processus de son expérience distingue soigneusement le mouvement et le repos de l'eau par rapport au seau, et non par rapport à l'extérieur, ce qui supposerait déjà ce que l'on veut démontrer.

Huygens est très choqué, à la lecture du livre en 1687, par ces espace et mouvement absolus, ainsi que par l'action à distance, bien qu'il admette la loi en inverse carré ($1/R^2$) pour la gravité, mais à partir de la force centrifuge et non d'une attraction centripète. Newton écrit à Huygens en Août 1689 ; la lettre ne comporte rien de personnel mais un exposé en latin de quelques démonstrations, à propos de mouvements dans des milieux résistants qui sont traités au Livre II des

Principia… de Newton. On trouve dans le T.IX des *Œuvres complètes de Huygens*, après les deux lettres de Newton, des éléments de réactions de Huygens qui ne semblent pas avoir été envoyés. Il ne semble donc pas y avoir de débat sur les sujets qui nous intéressent ici. Huygens rencontrera par ailleurs Newton à la Royal Society de Londres et chacun y fera son exposé : Newton sur l'optique et Huygens sur la pesanteur, sans que l'on puisse savoir s'il y a eu davantage d'échanges entre eux.

Huygens a eu cependant l'occasion de s'exprimer lors de sa correspondance avec Leibniz des années 1690-93 ; celui-ci chercha en effet l'appui de son ancien maître contre Newton.

Leibniz écrivant à son ancien maître Huygens, puis au newtonien Samuel Clarke.

Pas plus que Huygens, Leibniz n'adhéra au système newtonien ; il en rejetait les principes, que nous qualifions aujourd'hui de métaphysique. Après avoir dit ce qu'il appréciait dans le livre de Newton, Leibniz écrivit ainsi à Huygens, qui venait de lui envoyer son propre *Discours de la cause de la pesanteur* :

« Cependant, je ne comprends pas comment il [Newton] conçoit la pesanteur ou attraction. Il semble que selon lui ce n'est qu'une certaine vertu incorporelle et inexplicable, au lieu que vous l'expliquez très plausiblement par les lois de la mécanique. »

Huygens est bien d'accord au sujet de :

« […] son principe d'attraction, qui me paraît absurde […] Et je me suis souvent étonné comment il s'est pu donner la peine de faire tant de recherches et de calculs difficiles, qui n'ont pour fondement que ce même principe. »

Ces deux critiques de Newton ne vont cependant pas s'accorder sur la pesanteur, Leibniz recherchant un système inspiré des tourbillons de Descartes mais aussi général que le système newtonien, tandis que Huygens en reste à sa force centrifuge dans un éther extérieur aux planètes.

Huygens tentait par ailleurs de se mettre au « nouveau calcul » de Leibniz. Mais ce grand géomètre avait eu bien du mal face à ces signes dans lesquels il ne « voyait rien ». Les géomètres – c'est-à-dire les mécaniciens qui ont précédé Leibniz – avaient en effet du fait de leur pratique une imagination visuelle ; ils “voyaient” dans l'espace, et concevaient facilement les choses dans un espace vide, comme les atomistes remis au goût du jour par Pierre Gassendi. Descartes avait soigneusement échappé à la règle, en proposant une physique indépendante de sa géométrie, sans espace vide ni absolu, ni infini ; ne l'ayant pas suivi dans ces subtilités, le mécanicien-géomètre Huygens était naturellement revenu à des particules séparées par un espace vide et infini.

En1692, Leibniz reproche à Huygens d'être « pour le vide et les atomes », amorçant ainsi entre eux un nouveau débat. Huygens tarde cependant à répondre, en dépit d'une relance de Leibniz en Octobre 1993, et revient pour sa part sur la nature relative du mouvement qui le préoccupe sans doute bien davantage. Mais pour Leibniz :
« Je crois que si le mouvement, ou plutôt la force mouvante des corps, est quelque chose de réel, comme il semble qu'on doit le reconnaître, il faudra bien qu'elle ait un *subjectum.* »

La force mouvante des corps ne peut être relative ; tout en admettant la relativité du mouvement, Leibniz ne peut admettre celle de la force qu'il associe à ce mouvement, force inertielle (la "*vis insita*" de Newton) qui s'appellera bientôt "force vive". Leibniz quitte donc le mécanisme cartésien strict par un recours à une autre métaphysique : celle de la force inhérente aux corps. C'est encore le mouvement circulaire qui montre la réalité d'une telle force, alors que - faute d'expériences – les mouvements rectilignes semblaient compatibles avec une totale relativité. Et Leibniz ajoute :
« Il me semble que vous-même, Monsieur, étiez autrefois du sentiment de Mr. Newton à l'égard du mouvement circulaire. »

Huygens le félicite de sa mémoire, et précise qu'il n'a changé de « sentiment » que depuis deux ou trois ans ; il pense que Leibniz n'est pas très éloigné de son point de vue sinon en voulant que chaque corps « ait un degré de mouvement ou de force véritable, en quoi je ne suis point de votre avis. ». Cet échange qui portait également sur des sujets plus techniques de calculs de courbes, n'est interrompue que par la maladie et la mort de Huygens en 1695. Leibniz ne s'était pas avoué vaincu et tentait encore un rapprochement avec son ancien maître contre l'anglais.

Une correspondance plus célèbre que celle que More tentait d'avoir avec Descartes, a opposé Leibniz au newtonien Samuel Clarke en

1715. Leibniz avait déjà exprimé longuement son point de vue en 1704 dans ses *Nouveaux Essais sur l'Entendement Humain*, en réponse à John Locke plutôt qu'à Newton. L'étendue n'est qu'une abstraction de l'"étendu" et l'espace :
« …un rapport, un ordre, non seulement entre les existants, mais encore entre les possibles comme s'ils existaient »

Il répond ainsi à Clarke, une dizaine d'années plus tard :
« Ces messieurs soutiennent que l'espace est un être réel absolu, mais cela les mène à de grandes difficultés. Car il paraît que cet être doit être éternel et infini. C'est pourquoi il y en a qui ont cru que c'était Dieu lui-même, ou bien son attribut, son immensité. Mais comme il a des parties, ce n'est pas une chose qui puisse convenir à Dieu. »

C'est encore assez scolastique, mais la suite est différente :
« Pour moi, j'ai marqué plusieurs fois que je tenais l'espace pour quelque chose de purement relatif, comme le temps ; pour un ordre des coexistences comme le temps est un ordre des successions. Car l'espace marque en termes de possibilité un ordre des choses qui existent en même temps, en tant qu'elles existent ensemble, sans entrer dans leur manière d'exister. »

Mentionnons enfin la justification donnée par Leibniz, à partir du principe de raison suffisante : si l'espace était quelque chose en soi, indépendamment de son contenu, il faudrait pouvoir expliquer pourquoi les choses dans leur totalité se trouvent là et non un peu plus loin, ou encore dans l'ordre inverse. De même faudrait-il expliquer pourquoi Dieu n'a pas créé le Monde un an plus tôt. S'il n'y a pas de raison à cela, c'est que ce sont des états identiques, non distinguables.

Remarquons chez Leibniz également, comme chez Newton, la façon dont le discours sur le temps vient accompagner celui de l'espace, comme en parallèle, d'une façon plus accessoire encore puisque l'espace est traité en premier, comme s'il prévoyait que le temps ne serait plus que de l'espace dans la physique du 18e siècle.

Espace, étendue, substance et corps tissent un ensemble de relations dans lesquelles, à cette période de la seconde moitié du 17e siècle, l'espace comme contenu vide et indifférencié, nous dirions aujourd'hui homogène et isotrope, n'existe pas réellement ; il n'existe que dans l'imaginaire du géomètre ou d'une autre façon chez les atomistes. Or l'imaginaire n'a rien à faire – sauf pour imaginer d'autres "mondes" – dans la philosophie naturelle pour laquelle Galilée et les galiléens ont posé un nouveau socle ; ce socle est solidement étayé par des expériences, elles-mêmes construites à l'aide de dispositifs simples et transparents, que tout le monde peut en principe refaire avec un peu de patience.

Le débat exposé ici montre qu'un traitement parallèle de l'espace et du temps s'impose maintenant dans la science physique et portera sur le statut de ces deux notions comme prises ensemble : le temps et l'espace sont-ils des entités indépendantes de ce qu'ils contiennent ou bien ne font-ils que traduire les relations entre leurs contenus ? Notions absolues ou relationnelles ? On rencontrera plutôt le terme « relatif » que « relationnel » et ce n'est pas la même chose, mais nous verrons mieux à travers leurs propos ce qu'ils affirment.

Le temps devient en fait le grand absent des discours savants de la Renaissance au 20e siècle, chez les physiciens en tout cas. L'engouement pour la géométrie y est pour quelque chose, et lorsqu'on parle du temps, on lui adjoint l'espace. Il n'est présent seul qu'à travers les contingences de fabrications d'horloges, mais encore assuré en lui-même par la rotation régulière de la Terre, et donc des étoiles pour l'observateur terrestre. Comment vérifie-t-on en effet l'isochronisme d'un pendule ? Dans la pratique par rapport à la durée du jour comme le font encore Jean Richer et Dominique Cassini dans les années 1670, mais aussi par les calculs de Huygens qui avait démontré l'isochronisme approché du pendule simple circulaire et l'isochronisme exact du pendule cycloïdal (voir mon Chapitre 4) et publié ceci en 1673. Le perfectionnement de ces machines va permettre de constater l'irrégularité du jour au cours de l'année – irrégularité mentionnée par Newton dans son Scholie - et la référence change, comme elle changera plus tard grâce aux horloges atomiques.

Quoi qu'il en soit, le caractère absolu attribué par Newton à l'espace au même titre qu'au temps choque ses contemporains, cartésiens ou non. Ce coup de force est immédiatement critiqué en faveur de l'espace relatif, par Huygens puis Leibniz, et il s'agit d'abord de l'espace comme condition d'une relativité galiléenne du mouvement.

L'objectif de Newton était sans doute de rendre compte de façon causale des forces d'inertie liées à toute accélération, rectiligne ou centrifuge ; il lui fallait restaurer une causalité autre que celle des tourbillons cartésiens, jugés chimériques, et distinguer à nouveau la force gravitationnelle attractive de la force centrifuge d'inertie. Sans tourbillons cartésiens, la cause n'est plus mécanique[12], redevient principe premier, métaphysique, nous allons le voir en premier lieu dans le texte newtonien, tel que l'a merveilleusement traduit en français Emilie du Chatelet au milieu du 18e siècle.

[12] Il est vrai que le rebond au cours du choc n'était pas expliqué ; la cause du rebond demeurait mystérieuse (voir Chapitres 3 et 4)

Chapitre 3

Mondes et fictions : Du projet cartésien à l'attraction newtonienne

> « Permettez donc pour un temps à votre pensée de sortir hors de ce Monde pour en venir voir un autre tout nouveau que je ferai naître en sa présence dans les espaces imaginaires. »
> René Descartes, entre 1629 et 1633.

J'ai déjà fait allusion à la « fable » cartésienne, sans me demander si l'auteur proposait un scénario auquel il croyait peu lui-même ou si parler de fable constituait une précaution oratoire, une stratégie. L'enjeu d'une telle question est important si l'on considère que Descartes, comme Galilée, est un élément dominant de la charnière qui relie l'ancien monde de la connaissance et le nouveau.

Plus précisément, les "modernes" croient-ils en la possibilité pour l'homme de connaître vraiment la réalité extérieure, ou non ? Si c'est non, soit ils restent prudents comme Galilée, soit ils extrapolent hardiment comme Descartes pour construire un système qui ne peut alors qu'être qualifié de "métaphysique" ; on peut en effet parler à juste titre d'un projet métaphysique de Descartes, qui rend les physiciens d'aujourd'hui généralement assez négatifs vis-à-vis de notre philosophe national. Mais j'aimerais parler ici plutôt d'un « projet épistémologique» de celui-ci, c'est-à-dire d'une recherche de méthode, inachevée mais néanmoins élaborée, parce que je suis convaincue que la première quête de Descartes n'est pas celle d'un système complet bien bouclé et fini. Un tel système existe bien chez lui, indispensable sans doute à un remplacement définitif de la physique aristotélicienne par la sienne dans les universités, mais je veux porter mon attention sur ce qui se trouve chez lui en amont de cette clôture métaphysique et qui relève de la construction dont je veux parler ici.

Il me semble en effet que Descartes est d'abord à la recherche d'une intelligibilité des phénomènes, par la visualisation de ceux-ci ou encore par l'invention de modèles visualisables de mécanismes internes, et avant tout à la recherche d'une méthode pour bien conduire sa raison, comme il le dit explicitement dans son *Discours de la méthode* de 1637.

Ecoutons Christian Huygens, parlant tardivement en 1693 de la physique cartésienne qu'il connaît bien :
« Ce qui a fort plu dans le commencement quand cette philosophie a commencé de paraître, c'est qu'on entendait [comprenait] ce que disait M. des Cartes, au lieu que les autres philosophes nous donnaient des paroles qui nous faisaient rien comprendre, comme ces qualités, formes substantielles[13], espèces intentionnelles, etc… Il a rejeté plus universellement que les autres cet impertinent fatras. Mais ce qui a surtout recommandé sa philosophie, c'est qu'il n'est pas demeuré à donner du dégoût pour l'ancienne, mais qu'il a osé substituer des causes qu'on peut comprendre de tout ce qu'il y a dans la nature. »

Puis ensuite, un peu amer :
« Il devait nous proposer son système de physique comme un essai de ce qu'on pouvait dire de vraisemblable dans cette science en n'admettant que les principes de mécanique et inviter les bons esprits à chercher de leur côté ; cela eut été fort louable. Mais en voulant faire croire qu'il a trouvé la vérité, comme il le fait partout, il a fait une chose qui est de grand préjudice au progrès de la philosophie [de la nature]…

Car ceux qui le croient sont devenus ses sectateurs… ainsi ils perdent souvent le temps à pénétrer les raisons véritables de ce grand nombre de phénomènes naturels, dont des Cartes n'a débité que des chimères.»

Mais Descartes les donnait-il vraiment comme des vérités, ces matières subtiles et tourbillonnantes qui s'entrechoquaient en permanence ? Pas dans son *Traité du Monde* en tout cas, où il proposait sa « fable », une histoire suggestive de la genèse des divers

[13] Ce sont des catégories de la scolastique, c'est-à-dire de l'enseignement universitaire inspiré d'Aristote et de ses nombreux commentateurs.

éléments composant notre entourage visible et invisible. Il est vrai que ce texte n'a pas été publié du vivant de Descartes et n'est donc pas connu comme tel par Huygens.

N'oublions pas en effet que Descartes interrompt son grand projet de publication d'un *Traité du monde*, lorsqu'il apprend en 1634 les circonstances du procès de Galilée. Son texte sera en partie détruit et l'historien donnerait cher pour connaître le contenu de ce que Descartes a lui-même détruit. Le reste a été enfermé dans un tiroir et en partie seulement utilisé ultérieurement. Ce qui a été retrouvé plus tard a été publié après sa mort sous le titre qu'il lui avait donné : *le Monde*, lorsqu'il en parlait dans sa correspondance à Constantin Huygens, père de Christian et personnage important des Etats de Hollande, passionné d'arts et de sciences. Ni le père ni le fils n'ont cependant eu accès aux premiers écrits, et Christian ne réagit dans les extraits ci-dessus qu'à sa lecture ancienne des *Principes de la philosophie,* publiés par Descartes en 1642, livre dans lequel il n'est plus question de « fable » mais de vérités. Ce dernier livre met en effet un point final aux intérêts de Descartes pour la philosophie de la nature, comme sa *Géométrie* de 1337 avait clos son œuvre mathématique. Il s'oriente ensuite d'avantage vers l' « homme », sa santé morale et physique, puis meurt en 1650 chez la reine Christine de Suède, où il a pris froid ! Comprendre la physique de Descartes exige donc de revenir au début de sa quête.

Ordonner et classer

Un premier écrit non publié va nous retenir un moment : les *Règles pour la direction de l'esprit*, texte inachevé de 1626-27. Descartes a trente ans et n'est encore connu que pour son habileté à résoudre des défis mathématiques, qui commencent déjà à l'ennuyer. Cet écrit montre cependant à quel point, bien au delà de la pratique, les mathématiques sont pour lui au départ d'une profonde réflexion sur la puissance et les limites de la raison. Si notre philosophe est considéré comme le « rationaliste » par excellence, presque le fondateur de ce courant moderne que l'on oppose un peu trop facilement à l' « empirisme », sa recherche peut nous aider à mieux comprendre qu'aucune de ces positions ne convient à une véritable quête, forcément dynamique, de la vérité. Ce premier texte de Descartes est difficile et a été l'objet de nombreuses interprétations. Nous allons donc nous comporter très librement et n'y prendre que ce qui peut nous être utile.

La Règle V enseigne que :
« Toute la méthode consiste dans l'ordre et l'arrangement des objets sur lesquels il faut faire porter la pénétration de l'intelligence pour découvrir quelque vérité. [...] et cette règle ne doit pas être moins gardée par celui qui cherche à connaître les choses, que le fil de Thésée par celui qui voudrait pénétrer dans un labyrinthe. [...] ».

Voilà le rationalisme du jeune René : un équilibre et une discipline après avoir fait table rase de tout ce qui a été proposé auparavant, déroule un nouveau fil.
« [...] la nature ayant déposé dans les esprits humains quelques premières semences de vérités, que la lecture ou l'audition quotidienne de tant d'erreurs diverses étouffent en nous [...] »

Ces « semences » de vérité étaient accessibles aux premiers mathématiciens, comme Pappus et Diophante. Elles sont aussi les « idées innées » tant critiquées par la suite, mais on pourrait penser aussi à ce stade aux simples fondements d'une logique qui nous semble universelle : la non contradiction, la déduction à partir de prémisses - axiomes ou d'hypothèses - générales, selon des règles qui assurent qu'à partir du vrai on ne puisse tirer que du vrai, parce que l'on va du général au particulier : ce qui est vrai d'un ensemble est vrai de chaque élément de l'ensemble.

Descartes ne revient pas sur ces propriétés que connaissait tout universitaire, considérant, comme tout savant du 17e siècle, que le syllogisme et la logique aristotélicienne en général sont stériles, en tout cas insuffisants. Cet outil qu'est l'*Organon* - la logique n'est aussi qu'un instrument - ne fournit en effet pas les prémisses du raisonnement et ce sont celles-ci que le vrai philosophe doit découvrir.

Il ne s'inspire pas non plus d'Euclide, estimant sans doute que cet ouvrage ne donne rien sur la méthode d'acquisition de ses principes de départ. Il est facile de remarquer que le jeune mathématicien s'astreint d'abord à classer, dans sa Règle suivante, les concepts en « absolus » et « relatifs » : sont absolus la cause, l'égal, l'universel, le droit, et sont relatifs l'effet, le particulier, l'oblique... Descartes prend bien soin de préciser qu'il ne s'agit toujours que d'assignations relatives ; ainsi l'universel peut être dit absolu parce qu'il est plus simple que le particulier, mais relatif « parce qu'il tire son existence des individus ». Cela indique qu'il ne s'agit plus d' "ontologie" - c'est-à-dire de la réponse à la question « qu'est-ce que c'est ? » - mais de fonctionnalité, d'une sorte de syntaxe qui permet de mettre les concepts en relation pour une communication des idées, la même pour tout le monde. Nous sommes loin de la démarche hypothético-déductive qui caractérisera la science moderne dès le siècle suivant sur le modèle euclidien.

Tout se passe comme si Descartes voulait refonder la première démarche cognitive, celle qui consiste à nommer et donc à reconnaître la permanence de certains objets, puis à faire des distinctions entre ces multiples objets, à les regrouper en classes, etc… La géométrie euclidienne est bien alors une œuvre trop achevée pour lui servir de modèle. Les anciens ont simplement oublié d'expliquer comment ils avaient trouvé leurs axiomes ! Il faut donc refaire ce qu'a fait Aristote, en mieux, après avoir oublié tout apprentissage scolastique, s'être débarrassé de tout préjugé anthropomorphique, des habitudes.

La méthode

Il s'agit d'aider l'esprit à mieux fonctionner :

« Pour l'achèvement de la science, il faut passer en revue une à une toutes les choses qui se rattachent à notre but par un mouvement de pensée continu et sans interruption, et il faut les embrasser dans une énumération suffisante et méthodique »,

dit Descartes dans la règle suivante. Cette énumération ou « induction » donne plus de certitude que n'importe quelle méthode, sauf l'« intuition » lorsqu'elle apparaît comme « pure et simple » et qui se passe alors de justification puisqu'elle relève de la « lumière naturelle ».

Nous venons d'extraire deux termes de la méthode cartésienne : l'« induction » laborieuse ne faisant que compléter l'« intuition », faculté naturelle retrouvée dès que l'on se débarrasse des obscurités liées à l'apprentissage. C'est là où le physicien d'aujourd'hui commence à se méfier, car l'intuition n'est pour lui au contraire que ce qui suit un travail laborieux mais ne le précède pas, pour survenir comme une synthèse des divers éléments d'analyse, comme le résultat incontrôlé d'une mémoire longue, d'une accumulation de données inconscientes. L'intuition n'est perçue comme immédiate qu'en raison de ce caractère inconscient du travail sous-jacent, d'un fonctionnement complexe, non linéaire de notre cerveau. Mais nous savons bien qu'en dépit de son évidence au moment où elle surgit, l'intuition n'est pas plus certaine que nos rêves, quoique que toute aussi chargée de sens, et que la déduction seule est certaine qui permettra de confronter les données intuitives à des faits particuliers.

Le mot vient du latin et est fait de « *in* » qui veut dire dedans, intérieur, et de « *tueor* » qui signifie regarder. L'intuition, ce regard intérieur, est une propriété de l'âme pour Platon, du corps pour Epicure, et est à l'origine de l'expérience du *cogito* cartésien. Après avoir fait l'expérience d'un doute total qu'il raconte dans son *Discours de la méthode* dix ans plus tard, Descartes ne se rétablit dans un processus de connaissance qu'à partir de la seule certitude élémentaire de son existence en tant que sujet qui doute : *cogito ergo sum* (je pense donc je suis). C'est là, pour nous qui entrons si difficilement dans la philosophie en général et dans la physique cartésienne en particulier, la clé du mystère : une intuition est venue interrompre chez le jeune Descartes une chute vertigineuse qui aurait pu le laisser totalement démuni.

La déduction se rencontre aussi dans la méthode cartésienne, avec sa certitude évoquée dans les quatre premières Règles à propos de l'Arithmétique et de la Géométrie, disciplines plus faciles et plus simples que l'étude de la nature. Mais seule l'intuition accompagnée de la déduction peut nous guider « sans aucune crainte de nous tromper », avait-il proclamé. Descartes rappelle ensuite la forme la plus élémentaire du syllogisme aristotélicien : « Tout A est B, tout B est C, donc tout A est C », en prévenant néanmoins son lecteur que cela « ne nous aide en rien à percevoir la vérité des choses ». Les syllogismes, comme les mathématiques, sont formateurs pour la raison sans rien nous faire connaître, dit-il… raisonnablement !

Pour aider l'intuition intellectuelle à mieux fonctionner, il faut éliminer les notions inutiles, comme celles qui nous font distinguer le corps de son étendue et le nombre des choses comptées. Ces abstractions sont vaines, dit Descartes, qui ne veut garder des corps que leur étendue, figures et mouvements.

La fable du monde

Supposons que la matière répandue (par Dieu) « qui s'étend de tous côtés jusqu'à une distance indéfinie », n'a encore aucune des qualités que nous connaissons à celles qui nous entourent, et « compose un chaos le plus confus et le plus embrouillé que les poètes puissent décrire ». Les « lois » divines vont alors suffire à démêler ce chaos pour aboutir à un « monde très parfait » dans lequel on pourra voir de la lumière et tout ce que nous voyons « dans ce vrai monde ».

Ce monde imaginaire doit être à la fois assez simple pour être compris par « les plus grossiers esprits » et envisageable comme création. Dieu peut créer tout ce que nous pouvons imaginer, dit Descartes, même s'il ne l'a pas fait dans ce monde que nous connaissons. Il semble cependant qu'il y ait de l'impossible, même pour Dieu, qui ne pourrait créer ce qui demeure obscur pour nous, hors de notre imagination.

Une première "règle" énoncée par Descartes en guise de loi, est que chaque partie de matière demeure « dans le même état, tant que rien ne le change ». J'aimais beaucoup présenter à mes étudiants physiciens cet énoncé cartésien du "principe d'inertie" car cela les laissait extrêmement perplexes, muets, les yeux ronds, et n'entamait guère leur préjugé négatif envers Descartes. Je précisais alors que l'état de cette partie de matière, qui pouvait être la forme, la couleur ou la position, pouvait être aussi pour Descartes l'état de mouvement, implicitement de direction et de vitesse données, et que c'est ce dernier point qui constituait alors une audacieuse nouveauté.

Le philosophe avait ainsi, discrètement mais fermement, transformé la relation entre cause et changement, puisque le mouvement uniforme n'a plus besoin pour persister de cause extérieure. Galilée avait montré qu'un tel mouvement était sans effets, « comme rien », Descartes le déclare sans cause. C'est bien à dessein qu'il énonce une phrase aussi banale, car tous sont bien d'accord pour penser que rien ne change sans cause ; pourquoi alors en avoir « excepté le mouvement ? », demande Descartes avec une fausse naïveté. L'évidence ne vient en effet ici que des expériences et réflexions déroulées depuis le Moyen-Âge à ce sujet, renouvelées par Galilée ; s'il s'agissait d'évidence intellectuelle, elle pourrait concerner l'accélération aussi bien que la vitesse, ou encore la position comme le pensaient les anciens, mais Descartes ne s'appesantit pas sur le sujet.

Sa seconde règle est que, si un corps en pousse un autre, « il ne saurait lui donner aucun mouvement qu'il n'en perde autant du sien ». On dirait que Descartes abandonne quelque peu sa « fable » de genèse d'un monde, car il reprend certains arguments traditionnels à propos de la persistance du mouvement, comme le fait pratiquement en même temps Galilée dans son *Dialogue*... de 1632, beaucoup plus longuement il est vrai. Bien que nous voyons la plupart des mouvements débuter et cesser, Dieu, de par son immutabilité personnelle, en conserve toujours la même quantité dans le monde et de façon plus générale, agit toujours de la même manière.

Une troisième règle privilégie le mouvement en ligne droite, comme une tendance, souvent contrariée par la présence des autres corps. Là encore, la fable prend un air de sérieux lorsque Descartes explique, schéma à l'appui, que la tendance centrifuge d'un corps lâché sur une roue en rotation n'est, vue de l'extérieur, que la tendance à prendre la tangente dans un mouvement rectiligne. Un changement de repère, repris en détail par Huygens, répond à l'apparente contradiction entre la tendance centrifuge radiale et le caractère tangentiel de la trajectoire qui en résulte si on lâche le corps.

On revient alors seulement au scénario promis par Descartes pour l'évolution de son monde imaginaire à partir du chaos originaire… Bien qu'il n'y ait pas de vide, la matière est répartie en parties distinctes de tailles différentes qui s'entrechoquent constamment, s'arrondissent et s'usent, pour aboutir à trois éléments, les plus petits remplissant les intervalles laissés par le plus gros. Les plus gros composent les planètes du système solaire, tandis que des plus fins tourbillonnent autour, poussés vers l'extérieur par leur tendance centrifuge, mais empêchés par la présence des autres.

Ce mouvement contrarié, que nous pourrions qualifier de pression, servira à Descartes pour traduire la lumière et sa propagation instantanée ou tout au moins très rapide. La pesanteur des corps plus gros en découle également, car, n'étant pas entraînés par les tourbillons de matière subtile, ils seront repoussés vers le centre par cette même matière qui tend à s'éloigner. Dans son effort centrifuge, les petites particules passent au dessus des corps plus grossiers qui ne sont pas en rotation, et les pressent donc vers le bas.

Arrêtons ici cette histoire, souvent racontée mais trop souvent ridiculisée, pour affirmer qu'en dépit des nombreuses objections qui sont faites à Descartes après la publication de ses *Principes de la Philosophie*… en 1644, son système a eu une énorme influence, y compris sur le jeune Isaac Newton né en 1642, l'année même de la mort de Galilée.

Les *Principes*… newtoniens, quarante ans plus tard.

Si le livre de Newton porte un titre proche de celui de Descartes, ce n'est en effet pas par hasard. Mais il s'agit cette fois de « Principes mathématiques de la philosophie naturelle». La « philosophie naturelle » est la philosophie de la nature, donc la physique, et Newton répond ainsi à Descartes : les principes de la nature doivent être mathématiques et non métaphysiques. Ce ne sont pas non plus des hypothèses, qui auraient été fabriquées comme par jeu ; si Descartes s'amusait un peu, Newton est on ne peut plus sérieux.

Mais comment la nature peut-elle obéir sérieusement à des principes mathématiques ?

Newton propose des « Définitions », suivies de trois « Lois » qui jouent le rôle des postulats de la géométrie euclidienne. Parmi les définitions, retenons celles de la masse et de la densité, qui n'étaient auparavant que des notions qualitatives. Puis viennent les forces centripète et inertielle, le « mouvement » qui est notre "quantité de mouvement", donc le produit de la masse par la vitesse. Les trois lois sont connues : un énoncé du principe d'inertie assez proche du nôtre, un énoncé sur la proportionnalité entre la force et le changement du « mouvement » (tel qu'il vient d'être défini), et enfin le principe d'action et de réaction.

C'est donc en effet une œuvre mathématique dans sa forme, comme si Newton s'inscrivait dans le projet cartésien d'une *Mathesis universalis*, d'une « *mathématique universelle* » débordant du cadre étroit des disciplines existantes. Descartes souhaitait cependant retrouver sous cette expression une méthode générale d'appréhension des phénomènes et des concepts, celle que nous avons tenté de décrire, plutôt qu'une forme. Il faut donc entrer un peu dans le contenu des trois gros livres proposés par Newton sous ce titre, en nous recentrant sur la question posée en titre de ce chapitre.

Newton, c'est bien connu, commence par donner à l'espace et au temps, « vrais, mathématiques et absolus » un statut fondamental, nous l'avons vu précédemment. Il s'agit bien encore d'une métaphysique, car la présentation axiomatique n'y est possible qu'à partir de prémisses qui ne sont pas données comme des hypothèses, mais comme des vérités. Elles permettent à Newton de démontrer un théorème aussi remarquable que celui de Pythagore dans la géométrie euclidienne. Il démontre en effet dans son premier Livre que si un corps se meut sur une ellipse et si la force qui le retient à chaque instant sur cette courbe (si la force n'était pas là le corps prendrait la tangente) est toujours dirigée vers le foyer de l'ellipse, alors cette force - mesurée par la déviation entre la courbe et sa tangente sur cette direction - est inversement proportionnelle au carré de la distance du corps au foyer, c.q.f.d.

Newton met fin ainsi à un débat qui avait été ouvert en 1669 à l'Académie Royale des Sciences de Paris, entre Gilles Personne de Roberval, Edme Mariotte et Huygens, et se poursuivait depuis lors. Seuls les cartésiens d'obédience stricte rejetteront ce résultat qu'admettent Huygens, les Bernoulli et tous les mécaniciens célestes du 18e siècle.

Le système du monde

Abordons maintenant au Livre troisième de l'ouvrage de Newton : « Du système du Monde », moins souvent commenté que le premier. Après les mathématiques, on en vient à la physique, aux phénomènes célestes. Maintenant seulement Newton énonce des « Règles qu'il faut suivre dans l'étude de la Physique », les éléments d'une méthode qui peut être confrontée à la recherche cartésienne :

« Règle I : Il ne faut admettre de causes, que celles qui sont nécessaires pour expliquer les Phénomènes.

La nature ne fait rien en vain, et il serait vain d'opérer par un plus grand nombre de causes ce qui peut se faire par un plus petit.

Règle II : Les effets du même genre doivent toujours être attribués, autant qu'il est possible, à la même cause.

Règle III : Les qualités des corps… qui appartiennent à tous les corps sur lesquels on peut faire des expériences, doivent être regardés comme appartenant à tous les corps en général.

Règle IV : Dans la Philosophie expérimentale, les propositions tirées par induction des phénomènes doivent être regardées malgré les hypothèses contraires, comme exactement à peu près vraies, jusqu'à ce que quelques autres phénomènes les confirment entièrement ou fassent voir qu'elles sont sujettes à des exceptions. ».

L' "induction" invoquée par Newton est le procédé qui consiste à généraliser à partir de faits particuliers pour en tirer des principes généraux, qui ne sont pas "déduits" mais seulement "induits", donc sans certitude mais d'une façon raisonnable. C'est ce à quoi Descartes semblait avoir renoncé, bien que sa pertinence pour l'époque et ses avantages en aient été soigneusement exposés dans le *Nouvel Organon* du chancelier Bacon en 1620.

Newton aborde ensuite les caractéristiques des trajectoires de la Lune et des planètes, à partir des données d'observation, précisant ainsi périodes et distances. Il est clair qu'il a, le premier, su tirer les enseignements des écrits de Kepler, donc des observations

minutieuses de Tycho-Brahé. D'autres données sont venues les préciser puisque des lunettes sont maintenant disponibles, Newton ayant lui-même proposé un modèle de télescope.
A la fin du Livre III, on peut encore lire ceci :
« La gravité vers le Soleil est composée des gravités vers chacune de ses particules, et elle décroît exactement, en s'éloignant du Soleil, en raison doublée des distances [...]
Je n'ai pu encore parvenir à déduire des phénomènes la raison de ces propriétés de la gravité, et je n'imagine point d'hypothèses. Car tout ce qui ne se déduit point des phénomènes est une hypothèse : et les hypothèses, soit métaphysiques, soit physiques, soit mécaniques, soit celles des qualités occultes, ne doivent pas être reçues dans la philosophie expérimentale.
Dans cette philosophie, on tire les propositions des phénomènes, et on les rend ensuite générales par induction. C'est ainsi que l'impénétrabilité, la mobilité, la force des corps, les lois du mouvement, et celles de la gravité ont été connues. »

Voilà notre Newton devenu empiriste. Mais ce passage, dont le petit bout de phrase : « *hypothesis non fingo* » est répété partout, appartient à la seconde édition publiée en 1713, dans un Scholie Général ajouté comme par remord à la fin du troisième Livre. Je dis : comme par remord, car on a peine à imaginer le scandale que pouvait représenter l'espace absolu, et plus encore l'action à distance pour la gravité, vis-à-vis de l'entreprise cartésienne nommée bien plus tard "mécanisme". Le système cartésien a été très critiqué, je l'ai dit, mais l'élimination de toute explication par des qualités occultes au profit d'une action tangible des corps les uns sur les autres, comme dans une machine, avait été largement adoptée par un ensemble plus large que celui des atomistes. Descartes était mort depuis longtemps lorsque Newton publia son œuvre, mais Huygens était bien vivant et était resté, après avoir rejeté les chimères cartésiennes, le plus ardent défenseur de ce qu'il appelait la « philosophie mécanique ».

Bien que l'œuvre newtonienne se présente comme une énorme construction, impressionnante par ses performances et sa cohérence techniques, il ne faudrait pas exagérer sa cohérence épistémologique. La confrontation de ce dernier Scholie avec celui - encore plus célèbre - qui suit les Définitions au début du Livre I est à cet égard instructive.

Fables et Chimères…

Newton était revenu d'ailleurs dans ce Scholie Général sur l'hypothèse des tourbillons cartésiens, qu'il déclarait « sujette à beaucoup de difficultés ». Huygens, qui admire l'œuvre de Newton mais n'accepte pas son espace absolu ni l'action à distance, parvient à concilier l'hypothèse des tourbillons avec la loi en inverse carré de la distance pour la force qui retient les planètes sur leurs ellipses.

Mais ce qui nous importait ici était de mettre en lumière les méthodes et les choix opérés par nos auteurs, la présence chez l'un comme chez l'autre d'une métaphysique résiduelle à côté d'une esquisse de la méthode que nous connaissons aujourd'hui :

Phénomènes et expériences → induction → hypothèses théoriques → déductions →vérifications expérimentales → retour à la théorie

Chez Newton comme chez Descartes, un besoin de certitude intervient peut-être trop tôt dans le déroulement de la recherche. L'espace absolu, « vrai », de Newton rassure ceux auxquels les incessants mouvements cartésiens avaient tourné la tête ; ce n'en est pas moins une « chimère » au même titre que les fantaisies cartésiennes. Ce n'est d'ailleurs pas cet « espace vrai » qui permet de prévoir le retour de la Comète de Halley ni les éclipses de Lune et de Soleil, ni la forme de la Terre, mais seulement la reconnaissance de la loi en $1/R^2$ pour la gravitation, laquelle est le résultat d'un calcul géométrique astucieux[14].

On ne saurait cependant leur reprocher d'avoir eu besoin d'une image du Monde, d'une représentation plus globale de notre habitat. Nous verrons qu'il en est encore de même aujourd'hui.

---

[14] Je l'ai exposé dans mon livre de 2009 et ne le refait pas ici, car il n'est pas vraiment nécessaire à l'argumentation.

Chapitre 4

Le premier “mécanisme”

> « …ici les principes se vérifient par les conclusions qu’on en tire ; la nature des choses ne souffrant pas que cela se passe autrement. Il est possible toutefois d’y arriver à un degré de vraisemblance… »
> Christian Huygens, 1690, Traité sur la lumière

Christian Huygens est l’un des premiers à avoir appris la physique cartésienne à l’université, en Hollande vers 1636-37. Sa formation antérieure était classique, mais il a montré très tôt un goût personnel pour la géométrie d’Euclide et d’Archimède, ainsi que pour les écrits de Galilée. C’est donc un « moderne », par sa formation déjà, et ce sera maintenant le cas des savants de la seconde moitié du 17e siècle.

Je n’ai pas beaucoup parlé du contexte historique jusqu’à présent, puisque j’ai privilégié une mise en perspective philosophique de mes auteurs préférés, mais il est peut-être temps de le faire rapidement. Un personnage important de cette aventure scientifique est le « père Mersenne », religieux de l’ordre des Minimes, amis de Descartes et correspondant de Galilée, de l’atomiste Gassendi, de Roberval, Fermat ou encore Torricelli, puis du jeune Blaise Pascal et de bien d’autres moins connus, qu’il met en relation. Mersenne avait un don pour susciter les échanges et les rivalités ; il était donc en lui-même une institution. Mais d’autres institutions plus officielles voient le jour dans la seconde partie du siècle, en raison du renforcement des états : la construction de l’observatoire de Greenwich succède rapidement celle de celui de Paris ; à la fondation de la Royal Society de 1660, Colbert répond en créant l’Académie des sciences de Paris en 1666. Huygens y est convié comme mathématicien-astronome, avec une bonne pension ; il y restera quinze ans. La famille des Cassini originaires de Bologne s'installera en revanche définitivement à Paris, Jean-Dominique1 devenant le directeur officiel de l'Observatoire vers 1690, remplacé ensuite par trois autres Cassini ! L'Académie royale de Prusse n'est fondée qu'en 1700, et l'Italie n'existe pas encore comme état unifié.

Au delà de cette histoire factuelle, il est important de saisir quels changements dans les modes de fonctionnements correspondent à ces créations, pour le monde savant. Les académies ont des programmes explicites et ne vont pas tarder à envoyer des assistants astronomes en mission : Cassini envoie en effet Jean Richer observer à Cayenne en 1672 la planète Mars, afin de mesurer sa parallaxe terrestre (diurne) et de donner enfin au système solaire sa vraie dimension ; sans cette mesure qui a permis une bonne connaissance de la distance de la Terre au Soleil, Olaf Rœmer n'aurait pas pu connaître le bon ordre de grandeur de la vitesse de la lumière, dans les années 1675 à Paris.

Les recherches deviennent donc plus collectives et des journaux savants, des comptes rendus des Académies, remplacent les correspondances ou tout au moins les complètent largement. C'est le début des publications de *Mémoires* (présentés à l'Académie) à la place des *Traités* du 17e siècle. Le programme académique français est orienté vers l'amélioration de la vie publique, vers des buts pratiques : moulins, détermination des longitudes pour favoriser la navigation en haute mer. Ces objectifs n'empêcheront jamais les académiciens de proposer des études purement théoriques, à commencer par celles qui prétendent résoudre la "quadrature du cercle". Cela indique que la géométrie est extrêmement importante à la fin du 17e siècle, comme instrument nouveau de recherche pour la physique, mais aussi bien encore pour elle-même. Les grands géomètres que sont Fermat, Huygens, Torricelli, Pascal puis Newton enfin, rivalisent d'habileté pour opérer des "quadratures" (mesure de surfaces sous des courbes) et des "rectifications" (mesure de longueur des courbes) qui donnent lieu en fait à une algèbre des surfaces et des lignes, trouver les normales et les tangentes, pour des courbes connues depuis l'antiquité mais aussi de nouvelles comme la "roulette" que nous appelons aujourd'hui "cycloïde". Ceci jusqu'à ce que Leibniz vienne interrompre ces jeux avec son « nouveau calcul », que Huygens déjà âgé aura bien du mal à entendre.

Les mémoires de quadrature du cercle vont être remplacés par ceux qui proposent au 18e siècle de nouvelles solutions de "mouvement perpétuel", jusqu'à ce que l'Académie de Paris les interdise tout simplement ! Cela signifie que la mécanique a pris le pas sur la géométrie ancienne ou moderne, mécanique céleste mais aussi terrestre, de la chute des corps à la pesanteur. On s'intéresse également à la lumière, dont on sait maintenant qu'elle met huit minutes à nous parvenir du Soleil. On ne saura toujours rien de la distance des étoiles les plus brillantes jusqu'au 19e siècle avec William Herschell. Cela ne préoccupe d'ailleurs guère nos astronomes, qui aimeraient cependant bien trouver des parallaxes orbitales (annuelles) pour assurer définitivement la validité du système copernicien. On les cherche donc, mais on observe aussi les planètes, les comètes et les éclipses. Huygens se spécialise dans les études de Saturne, de ses anneaux et de ses satellites ; ce sont ces observations et son travail sur l'horloge à pendule qui avaient établi sa notoriété et incité Colbert à le faire venir à Paris. Moins connu du grand public que Galilée ou Descartes qui le précèdent, Huygens est cependant pratiquement le seul grand sur la scène savante européenne entre 1960 et 1970, avant que Leibniz et Newton ne s'y imposent à leur tour.

Chute des corps et principe d'inertie

Bien qu'il n'ait jamais été transformé en icône de l'hagiographie scientifique, Huygens est emblématique d'une époque qui prend au sérieux les résultats galiléens et adopte le "mécanisme" cartésien. Cela semble difficile à concilier : continuité des phénomènes d'un côté, discrétisation particulaire de l'autre, mouvement dans le vide chez le premier, monde plein de matières subtiles chez le second. Même la nature relative du mouvement ne les rapproche pas puisqu'il s'agit chez Galilée d'une invariance précise par rapport à tout mouvement rectiligne uniforme tandis que Descartes est revenu à des considérations globales plutôt qualitatives quand au repérage du mouvement dans le milieu ambiant.

Huygens adopte sans états d'âme la loi de la chute des corps galiléenne, quelle que soit la cause de la pesanteur. Il en démontre la nécessité, à partir du principe d'inertie assurant le mouvement rectiligne uniforme des corps libres de toute action extérieure. Il est clair en effet que ce principe suffit à imposer que tout corps soumis à une force voie sa vitesse changer : augmenter, diminuer ou changer de direction. Dans le cas de la chute libre c'est une augmentation, mais selon quelle loi ? Un raisonnement un peu déroutant permet à Huygens de montrer que l'accélération uniforme est la seule loi qui permette une représentation indépendante de l'intervalle élémentaire de temps choisi[15]. Tout cela ne prouve rien de nouveau mais donne un éclairage sur cette loi.

Mouvement relatif

Huygens étend également à tous les phénomènes l'invariance galiléenne, pour laquelle il remet en question la notion même de position, en conformité avec l'état d'esprit du monde plein de Descartes. Mais il propose alors, lorsque nécessaire, de se donner trois corps « considérés comme en repos » pour repérer les mouvements des autres corps et peut définir ainsi la ligne droite et le mouvement uniforme, condition à laquelle le principe d'inertie peut enfin être formulé de façon consistante.

Huygens tentera plus tard, jusqu'à la fin de sa vie en 1695, de construire une mécanique dans laquelle tous les mouvements soient relatifs, puisque l'absolu de la position est détruit par l'invariance galiléenne. Mais c'est alors la force centrifuge qui pose problème, puisqu'elle est le signe d'un mouvement de rotation ; or la roue qui tourne, par rapport à quoi tourne-t-elle ? Huygens essaie d'analyser le mouvement de rotation comme un mouvement relatif intrinsèque, des parties de la roues les unes par rapport aux autres, mouvement relatif lié aux contraintes qui empêchent les particules de prendre la tangente… Il s'embrouille dans une sorte de cercle vicieux, et n'aboutit pas.

Chocs et invariances

Le fond du mécanisme cartésien consiste à ne supposer comme actions entre les corps que des chocs, impliquant que le mouvement ne soit transféré que par contact. Descartes avait lui-même proposé des « Règles des chocs » dans ces *Principes de la philosophie* de 1642, fondées sur la conservation de la quantité arithmétique (non algébrique ni vectorielle) de la quantité de mouvement (proportionnelle au poids du corps et à sa vitesse). Ces règles sont immédiatement critiquées, par Mersenne et par le jeune Huygens en particulier, plus tard par Leibniz. Huygens, là encore, reconstruit dès 1656 une nécessité, à partir des principes d'inertie et d'invariance galiléenne.

---

[15] Je l'ai décrit en détail dans mon livre de 1996 (VILAIN, 1996).

La seule règle cartésienne pour les chocs qui ait été acceptée par ses contemporains est celle du “choc symétrique”, à savoir que si deux corps égaux se rencontrent à même vitesse (sur une même droite), ils repartiront chacun en sens inverse avec la même valeur arithmétique de vitesse. Cette hypothèse est acceptée en raison de sa symétrie justement, d'un certain accord avec l'expérience, à condition que les corps qui se rencontrent soient « très durs » (nous dirions aujourd'hui : que le choc soit élastique, à énergie conservée). Huygens a l'idée d'effectuer ce choc symétrique sur un bateau animé d'une vitesse uniforme et de regarder ce qui se passe depuis la berge, comme ci-dessous où l'homme situé en G regarde le choc des boules D et E en C.

Pour cet homme situé en G, s'il fait maintenant abstraction du bateau, les boules D et E se sont rapprochées avec des vitesses différentes, et repartent avec des vitesses différentes également. Comme cette modification correspond simplement à l'addition de la vitesse du bateau aux deux vitesses avant le choc et aux vitesses après, on connaît la solution d'un choc qui n'est plus symétrique : tout se passe comme si les vitesses des deux boules étaient échangées au cours de la rencontre. Huygens a mis au point sa méthode dès 1656 et la propose en réponse au concours ouvert par la Royal Society en 1669. John Wallis et Christopher Wren ont également répondu, le premier proposant un traitement peu clair de chocs qui ne sont pas forcément élastiques et le second proposant pour les mêmes résultats que Huygens un procédé fondé sur le principe de la balance.

Les deux dessins suivants sont de la main de Huygens, reproduits dans ses Œuvres Complètes (HUYGENS, O.C., T.XVI).

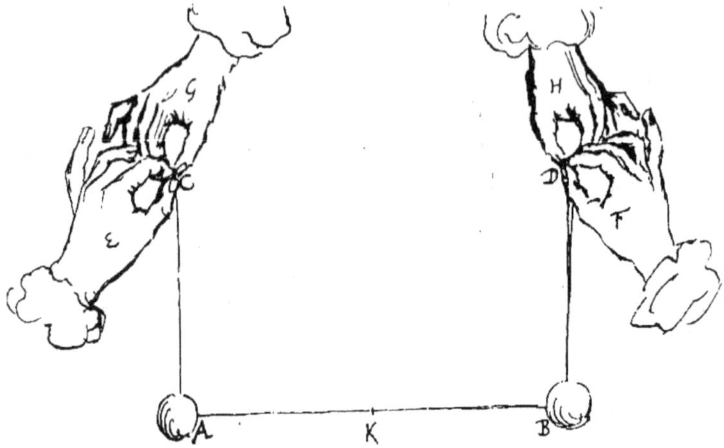

Un autre type de choc symétrique est évoqué pour des boules de tailles et poids différents, et on lui applique également ce que l'on appelle alors « la méthode du bateau ». Le seul problème qui va tracasser Huygens par la suite, et sans doute l'empêcher de publier sa méthode, que tout le monde savant connaît cependant dès 1669, est que ce qui est vu depuis la berge peut sembler moins réel qu'un choc vu par celui qui l'effectue, en tenant lui-même les boules accrochées à deux fils.

Alors Huygens imagine l'expérience de pensée suivante : un homme sur le bateau et un homme sur la berge joignent leurs mains pour effectuer un choc, le même, selon son propre dessin reproduit ci-dessus. Mais leurs mouvements de bras ne sont pas identiques puisqu'ils sont en mouvement l'un par rapport à l'autre. EF effectue un choc symétrique, tandis que GH effectue un choc qui correspond à d'autres conditions initiales, et d'autres vitesses finales.

Huygens a ainsi ajouté à l'invariance galiléenne, l'équivalence des deux repères. Mais il ne sait pas le dire, et ne publiera jamais un véritable traité des chocs.

Ses conclusions pour l'ensemble des chocs élastiques seront cependant, comme les résultats galiléens, admis définitivement par la communauté. Il a ajouté aux résultats en termes de vitesses finales, des lois comme la conservation du mouvement du centre de gravité au cours du choc, et la conservation de la somme, avant et après, des produits des poids par le carré des vitesses. On sait que Leibniz proposera comme méthode pour trouver les vitesses finales, l'application de ces deux lois de conservation qu'il saura écrire avec des signes positif et négatif, pour obtenir une loi enfin juste de la conservation de la quantité de mouvement. C'est aussi à la fin du siècle, la résolution de la « querelle des forces vives », qui opposait ceux qui défendaient la conservation de la vitesse à ceux qui conservaient le carré de cette vitesse alors que les deux sont nécessaires.

Qu'est-ce que la pesanteur ?

Huygens adopte le modèle "tourbillonnaire" de Descartes, modèle difficile à expliquer à des physiciens d'aujourd'hui qui trouvent cela peu convaincant, voire ridicule. C'est pourtant une très bonne idée à mon avis, la seule qui puisse éliminer la magie d'une action à distance de type magnétique telle que la propose Kepler, magie que refusent alors la plupart des savants qui se disent "modernes". Le modernisme n'a pas seulement consisté à se débarrasser de la scolastique aristotélicienne, mais aussi des ésotérismes revenus à la mode à la Renaissance, des "qualités occultes" comme causes des phénomènes visibles. Le mécanisme comme l'atomisme exige la transparence et l'intelligibilité des causes, et cette intelligibilité se fonde sur des mécanismes connus. S'agit-il de simples analogies ou de propos sur la réalité des choses ? Il me semble que Huygens croit en la réalité de l'explication par « figures et mouvements » proposée par Descartes.

Lors d'un débat à l'Académie de paris en 1669, qui oppose Huygens à Edme Mariotte et à Roberval, ceux-ci remarquent :
« D'abord il exclut de la nature sans preuve les qualités attractives et expulsives et il veut introduire sans fondements les seules grandeurs, les figures et le mouvement. Ce postulat que rien n'oblige à lui accorder est de grande conséquence comme on le verra par la suite. »

Huygens leur répond :
« ...j'exclus de la matière les qualités attractives et expulsives parce que je cherche une cause intelligible de la pesanteur, car il me semble que ce serait dire autant que rien d'attribuer la cause pourquoi les corps pesants descendent vers la terre à quelque qualité attractive de la terre ou de ces corps mêmes, mais pour le mouvement, la figure et le grandeurs des corps, je ne vois pas comment on peut dire que je les introduis sans fondement puisque les sens nous font connaître que ces choses sont dans la nature. »

On comprend par cette réponse l'attitude de Huygens, pris dans une sorte d'évidence, dans une conviction de la réalité phénoménale du mécanisme cartésien, soutenant ainsi sa volonté personnelle de clarté, de rationalité.

Plus tard, dans son *Discours de la cause de la Pesanteur* de 1690, Huygens parvient à concilier le modèle cartésien avec la loi en $1/R^2$ établie par Newton en 1687.

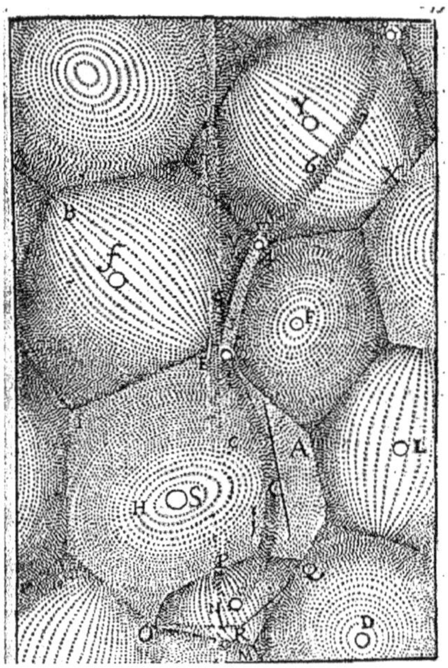

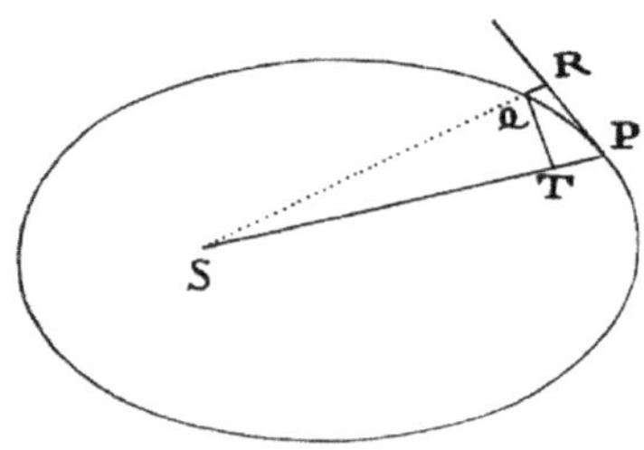

Descartes, 1644, *Principes…*

Newton, 1687, *Principes…*

Comparons ces deux approches.

Le modèle tourbillonnaire entoure chaque astre : Soleil, Terre et planètes, de matières subtiles qui tournent rapidement dans tous les sens ; ce faisant, ils sont soumis à la force centrifuge, seule "force" admise par les mécanistes cartésiens. Les corps plus gros que ces minuscules particules invisibles ne sont pas entraînés dans les tourbillons et sont alors poussés vers le centre, repoussés par la matière subtile qui tend vers l'extérieur. Bien sûr, il est un peu difficile de faire se rejoindre les tourbillons qui entourent chacun son astre, et c'est ce qui donne son charme et sa fantaisie à l'illustration proposée par Descartes.

Huygens n'a eu qu'à imposer au tourbillon qui entoure la Terre une vitesse telle que l'accélération centrifuge soit égale en module à celle de notre pesanteur terrestre ; il suffit également de supposer que cette vitesse décrit en $1/R^2$ lorsqu'on s'éloigne de la surface.

Le travail de Newton n'a rien à voir avec ce schéma. Il prétend ne pas faire d' "hypothèse" sur la cause de la pesanteur, et étudie le cas où un corps se meut selon une ellipse, sous l'action d'une force centrée sur son foyer S. Il parvient à démontrer que la déviation RQ par rapport à la trajectoire tangentielle que prendrait le corps s'il était libre, est proportionnelle à $1/SP^2$. Cette démonstration utilise uniquement la loi des aires – préalablement démontrée – pour toute force centrale, et les propriétés géométriques des coniques. Signalons que Newton a résolu d'autres cas, supposant que le centre de force puisse être le centre de la conique ou l'un de ces sommets, qui donnent lieu à d'autres lois de force. Mais il connaît les lois empiriques que Kepler a déduites des observations de Tycho-Brahé, et est en mesure de proposer la loi de force que d'autres avaient déjà supposée.

La mécanique de Newton est généralement rangée sous l'étiquette "mécaniste" au même titre et même davantage que celles de Descartes et Huygens, en dépit de l'action à distance et du rôle métaphysique attribué à l'espace et au temps. La raison en est la géométrisation visible sur la figure ci-dessus et l'adoption des principes mécaniques de conservation et d'invariance galiléenne, même si celui-ci n'est pas fondamental chez Newton. A la force centrifuge des cartésiens, il oppose sa force centripète, et cela ne fait pour nous qu'une différence de repère et non un clivage philosophique. Il n'en était pas de même au 17e siècle où certains savants, malgré leur admiration pour l'œuvre monumentale de Newton, ont crié au retour de l'obscurantisme, y ont vu une trahison de la rationalité nouvelle, d'un rêve de transparence des causes et du monde.

Deux modèles pour la réfraction

Newton et Huygens se sont rencontrés à Londres à la Royal Society, newton y présentant sa théorie de la lumière tandis que Huygens présentait la sienne pour la pesanteur. Les historiens remarquent alors qu'il aurait mieux valu que ce soit le contraire, puisque nous avons retenu la gravitation de Newton et l'optique de Huygens, en tout cas depuis le début du 19e siècle !

Newton propose que la lumière soit un transport de matière, de petits "corpuscules" très rapides, tandis que Huygens se sert de ses résultats sur les chocs élastiques pour proposer que la lumière soit un transport de mouvement, par chocs, dans une matière "éthérée" faite de petits corpuscules très durs ; leur dureté est nécessaire pour assurer le transport du mouvement sans déperdition, ainsi que la rapidité de la transmission. Présentons ici encore en parallèle les deux modèles proposés.

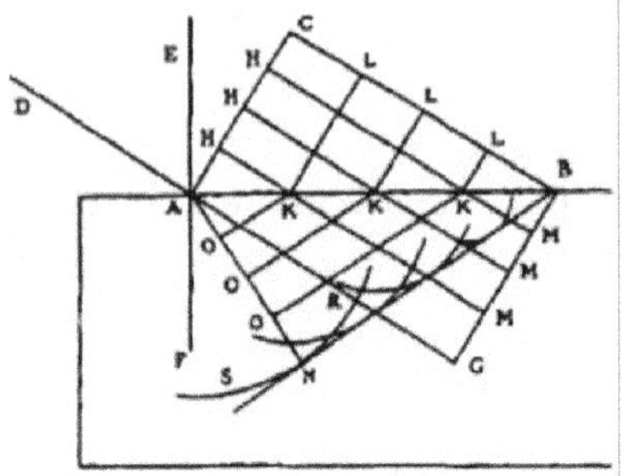

Huygens, 1690

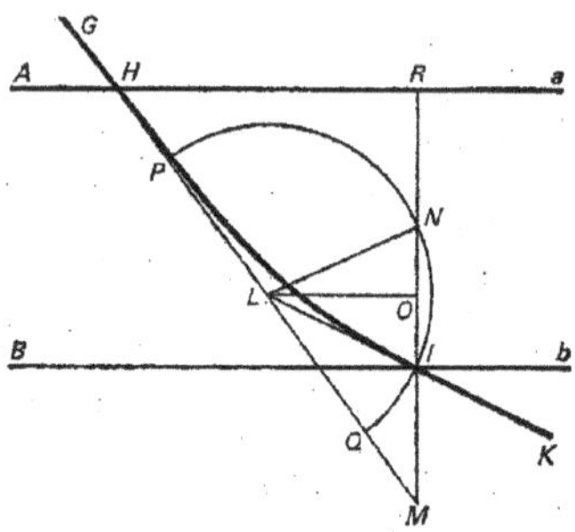

Newton, 1687

La construction de Huygens est celle que l'on peut encore trouver dans des livres scolaires d'optique. Le plan de séparation entre les deux milieux est l'horizontale AB. On suppose simplement que la lumière va moins vite dans le milieu du bas, dans une proportion donnée, ici 2/3. Les rayons incidents sont représentés par HK et les rayons réfractés par KM. Ils sont définis comme les perpendiculaires aux fronts d'onde, supposés plans ici parce que l'on est loin de la source. Les fronts d'onde KL sont représentés pour des intervalles de temps réguliers, et deviennent OK dans le second milieu, plus horizontaux parce que la lumière va plus lentement. Huygens retrouve sans peine la "loi des sinus", sous la forme : $\sin(i_1) / \sin(i_2) = v_1 / v_2$. L'expérience de la réfraction implique alors que la lumière aille plus vite dans l'air que dans l'eau.

La construction de droite, que l'on trouve dans la quatorzième section du livre I des *Principia,* est le modèle newtonien pour la réfraction. Il a donné une épaisseur schématisée par l'espace entre les plans Aa et Bb à la séparation entre les deux milieux. Le corpuscule lumineux parvenant en G en ligne droite, est attiré à partir de H par une force constante perpendiculaire à la séparation. Il s'ensuit une portion de parabole, jusqu'à I ; puis le corpuscule reprend une trajectoire rectiligne. Newton n'a pas de mal non plus à retrouver la loi des sinus, mais sous la forme : $\sin(i_1) / \sin(i_2) = v_2 / v_1$. On doit en déduire que la lumière va plus vite dans l'eau que dans l'air.

Il suffira donc pour choisir entre les deux conceptions de la lumière de mesurer sa vitesse dans les différents milieux, ce qui sera fait au 19e siècle par François Arago et Hippolyte Fizeau, donnant définitivement raison à Huygens et à Augustin Fresnel.

Ces deux conceptions de la lumière présentées très schématiquement ici ne sont évidemment pas neuves : la lumière peut être un transport de matière ou un transport de mouvement. On ne pouvait à cette époque observer des interférences, mais le phénomène de diffraction était connu et déjà vers 1660 le père jésuite Francesco Maria Grimaldi avait expérimenté sérieusement ce phénomène et l'avait théorisé par le mouvement rapide ondulatoire d'un fluide lumineux. Huygens a pu en avoir connaissance par Honoré Fabri, autre père jésuite, avec lequel il correspond à propos des anneaux de Saturne. Quand à Newton, qui a lui-même observé les "anneaux" produits par réfractions et interférences entre une plaque de verre et un morceau de verre en forme de calotte sphérique, il tente une théorie des "accès" de facile transmission ou de réflexion de la lumière, qui complique sérieusement son modèle corpusculaire. Comme pour la gravité, il se garde bien de prétendre connaître la vraie nature du phénomène.

Qu'est-ce que le "mécanisme" ?

Les deux théories de la réfraction, donc de la lumière présentées rapidement peuvent être dites "mécanistes" au même titre : simplicité et visualisation aisée des modèles, matière et mouvement suffisent à rendre compte des phénomènes lumineux, et la force attractive invoquée par Newton entre les deux milieux n'est pas choquante, ni pour nous ni pour ses contemporains. Elle l'est moins que l'attraction gravitationnelle qui agit à travers le vide, sur de grandes distances. Newton prétend ne pas se demander en quoi consiste vraiment la lumière, ni quelle est la cause de la pesanteur. Cette attitude que nous rangeons aujourd'hui sous l'étiquette positiviste, permet de considérer Newton comme fidèle à l'esprit du siècle, en dépit de son espace et temps absolus.

Signalons tout de même que le mot "mécanisme" n'existait pas au 17e siècle, n'est pas utilisé. Tout au plus Huygens évoque-t-il dans ses brouillons la « vraie philosophie mécanique », et c'est celle à laquelle il a été fidèle toute sa vie, inspiré par la physique cartésienne. Le mot lui-même n'a été introduit en histoire des sciences qu'au 20e siècle par Robert Lenoble dans son livre *Mersenne ou le mécanisme* de 1943.

Mais je me permets beaucoup d'anachronismes dans cet ouvrage, délibérément, car je ne pense pas que l'intérêt des études historiques consiste en une immersion totale dans le contexte du passé ; cela peut être fascinant et attirant, mais peu utile à une meilleure compréhension de ce qui se passe aujourd'hui si l'on ne fait aucun rapprochement, aucune traduction d'un univers culturel à l'autre. Je ne pense pas qu'aucun historien ait d'ailleurs fonctionné de cette façon radicale, pas même Steven Shapin et Simon Schaffer dans leur célèbre *Léviathan et la pompe à air* ; Bruno Latour remarque à juste titre qu'ils ont pris soin de relativiser les propos scientifiques de leurs héros, de les réduire à leurs contextes, mais pas les contenus politiques et sociaux qui sont pris à la lettre, tels quels. Ce qui me paraît nécessaire afin d'éviter de grosses erreurs est évidemment de prendre le temps de se plonger dans les textes originaux, de se passionner, voire de s'y perdre, mais seulement temporairement. C'est bien d'ailleurs ce qu'ont fait tous les historiens récents, depuis Pierre Duhem et Alexandre Koyré, Thomas Kuhn, jusqu'à Shapin et Schaffer ; après quoi il faut bien rejoindre nos préoccupations contemporaines, traiter l'information pour nous aujourd'hui.

Après cette parenthèse méthodologique, je reviens à mon Huygens, pour tenter de comprendre ce qu'il garde de la philosophie cartésienne et ce qu'il en rejette. Il est clair qu'il n'entre pas dans la métaphysique avec laquelle Descartes résout le doute total qui l'a saisi au sujet de nos possibilités de connaissance. Ce doute, Huygens ne l'éprouve d'ailleurs pas, admiratif de la méthode galiléenne qui lui suffit ; les propos de lui que j'ai cités plus haut au sujet de la pesanteur montrent par ailleurs sa confiance dans les concepts cartésiens de figure et d'étendue ; que ce soit parce qu'il est d'abord géomètre ou peu philosophe, il n'y a pas pour lui de distance entre ces abstractions et la réalité sensible. Il n'adhère d'autre part à l'atomisme que dans une discussion tardive avec Leibniz après 1690 ; ce système ancien repris par Pierre Gassendi - système qu'il faut bien qualifier de métaphysique également - ne lui est pas non plus vraiment nécessaire. C'est peut-être à cause de cela que je considère Huygens comme l'emblème du mécanisme de son époque, de la recherche d'une simplicité et d'une intelligibilité, suffisamment proche de l'expérience ou tout au moins de la pratique. De même que Galilée utilisait les machines simples, des dispositifs mécaniques comme le plan incliné et le pendule, les règles des chocs sont celles du jeu de billard que tout le monde peut pratiquer.

Le choc est une nouvelle “machine” simple, même s’il ne sert pas – non plus que le pendule – à lever des poids. Le choc comme première cause de transmission de mouvement obéit à l’objectif de transparence et de simplicité des causes. Il est vrai que le rebond lui-même demeure mystérieux : on laisse de côté la raison pour laquelle plus un corps est “dur”, plus la transmission de mouvement est rapide et efficace ; une analogie avec un ressort très “prompt” est suggérée par Huygens, nous dirions aujourd’hui très “dur”, justement. A la suite de Descartes, Huygens dans le domaine de l’explication par analogie, proposée comme une hypothèse, satisfaisante mais améliorable. Ce qui illustrait simplement chez Descartes une « méthode » pour bien conduire sa raison, est devenu le meilleur produit de cette raison combinée à l’expérience, la meilleure représentation du monde, pour Huygens.

Chapitre 5

Importance et déclin de la langue naturelle

« La nature est écrite en langage mathématique », aurait dit Galilée, d'après de nombreuses citations. Voici ce qu'il dit plus précisément (traduit du toscan):
« La philosophie est écrite dans cet immense livre qui se tient toujours ouvert devant nos yeux, je veux dire l'Univers, mais on ne peut le comprendre si l'on ne s'applique d'abord à en comprendre la langue et à connaître les caractères avec lesquels il est écrit. Il est écrit dans la langue mathématique et ses caractères sont des triangles, des cercles et autres figures géométriques, sans le moyen desquels il est humainement impossible d'en comprendre un seul mot. »

Ce passage se trouve dans son texte intitulé *L'essayeur* (*Il saggiatore*) publié en 1623, et en 1980 pour cette traduction par Christiane Chauviré, p.141. Le texte italien se trouve p.232 de l'Edition Nationale (*Edizione nationale*) des œuvres de Galilée, que l'on peut trouver facilement en ligne. Je donne ces précisions pour que le lecteur attentif et sérieux (par définition) puisse enfin connaître le contexte de cette trop célèbre phrase, s'il a le temps et le courage de se plonger dans un écrit qui porte essentiellement sur la controverse à propos de la nature des comètes : extra-lunaires ou infra-lunaires. Galilée soutient la seconde hypothèse, donc il se trompe.

Mais ce n'est pas ce qui m'intéresse ici, que Galilée se trompe ou non. Si je mentionne une dernière fois la méthode galiléenne, ce n'est que pour aborder, à travers ses propos, la question du langage.

La méthode géométrique et ses conséquences

Galilée, ne propose aucun système semblable à celui qui régit nos sciences aujourd'hui depuis le 19e siècle, ni même aussi explicite que ceux que nous venons de décrire au précédent chapitre chez René Descartes ou Isaac Newton. C'est bien d'ailleurs pourquoi on a pu l'invoquer au secours de conceptions matérialistes de la science au début du 20e siècle, puis idéaliste avec Alexandre Koyré, puis expérimentale à nouveau, mais aussi anarchiste par Paul Feyerabend dans son célèbre ouvrage intitulé « *Contre la méthode (Against method)* » de 1975.

Remarquons donc qu'il s'agit d'abord, dans l'affirmation galiléenne, de la philosophie écrite dans le livre de l'univers c'est-à-dire de quelque chose à lire dans un langage que nous connaissons déjà, que nous choisissons en quelque sorte parmi ceux dont nous disposons. Que les caractères qui ont servi à écrire ce livre soient faits de cercles et de triangles peut bien vouloir dire quelque chose de la Nature ou de l'Univers en eux-mêmes, j'en conviens ; cependant je ne pense pas que Galilée cherche à savoir ce que "sont" vraiment ces choses, mais comment on peut les connaître.

Ce ne sont pas les préoccupations causales qui sont vraiment éliminées par Galilée et ses contemporains ; elles ne le sont que temporairement et sont bien présentes dans toute la physique ultérieure jusqu'à aujourd'hui, mais la question de l'être des choses, de leur essence, est caduque.

Si Galilée ne s'interroge pas vraiment sur le langage de la nature, alors que dit-il ? Il dit, il me semble, que l'on doit faire ce que l'on peut avec ce que l'on a. L'homme a un langage naturel, avec lequel il avait depuis toujours tenté d'expliquer ce qu'il voyait autour de lui par des contes et des mythes. La physique aristotélicienne représentait, à la suite de Platon, la première rationalisation de cette explication du monde par le langage naturel. Les docteurs du Moyen-Âge y ont appris la logique et un usage structuré du langage, structuré en catégories rationnelles distribuées en couples opposés comme « la quantité et la qualité » que nous comprenons encore aujourd'hui, mais aussi : « la substance et l'accident », « l'acte et la puissance » plus déroutants, et encore « le lourd et le léger », « le droit et le courbe ».

Oui, mais au 17e siècle cela ne fonctionne plus ; les catégories scolastiques, issues du travail universitaire des médiévaux de langue latine sur les subtilités de la langue grecque, ne représentent plus rien pour des gens qui se remettent à observer les phénomènes avec de nouveaux outils, hors de ces mêmes universités trop conservatrices. Descartes s'est moqué ouvertement de la définition aristotélicienne du mouvement : « l'acte de la puissance en tant qu'elle est en puissance » ! Qu'est-ce que cela peut bien vouloir dire ? Et Huygens lui rendra hommage de nous avoir débarrassés de « cet impertinent fatras » … des « formes substantielles » et des « espèces intentionnelles ». Quant à Galilée, il établit une continuité définitive entre « mouvement naturel et mouvement violent », mouvements qui ne pouvaient chez Aristote que se substituer l'un à l'autre : si je jette une pierre en l'air c'est violent, mais lorsqu'elle retombe c'est naturel ; or c'est le même mouvement, dit Galilée et je vais pouvoir en composer, additionner les éléments. À partir de quel langage le dit-il ? Qu'est-ce qui lui permet d'être aussi affirmatif? L'observation visuelle du mouvement ne nous dit rien du tout à ce sujet.

Ce sont bien les mathématiques en effet, apprises avec son ami Ostilio Ricci, qui lui donnent un regard nouveau sur ce phénomène tellement banal. On voit qu'il ne s'agit pas de cercles ni de triangles, mais d'une propriété plus générale de la géométrisation des phénomènes : la continuité, propriété qui ne peut être que supposée, posée, et non démontrée. La pratique de la géométrie "fait voir" les choses autrement, transforme l'intuition et donc la lecture du « livre de l'univers ».

Là encore, le lecteur est en droit de me demander pourquoi Euclide, Archimède ou Apollonius, bien plus habiles en géométrie que Galilée, n'avaient pas déjà transformé l'étude de la chute libre ; sans doute parce que cela ne les intéressait pas et que les anciens avaient pris soin, à juste titre, de distinguer les mathématiques de l'étude des phénomènes naturels. Il ne fallait pas confondre ces constructions, somme toute humaines, avec ce qui se produisait sans aucune intervention de l'homme. Aristote adopta également cette position, en s'éloignant radicalement de la géométrie et de son espace. Il faut bien reconnaître que c'était sage, quoiqu'un peu illusoire, hélas.

Il est vrai que Galilée mentionne ensuite les figures géométriques : triangles et cercles, comme si les éléments naturels devaient "être" vraiment constitués de telles figures, comme les atomes de Démocrite, mais il n'en reparle jamais dans la suite de son œuvre et je pense qu'il s'agit d'une métaphore, tout au plus d'une analogie. Son usage de la parabole pour l'étude de la chute des corps montre bien à quel point la géométrie est pour lui un outil d'investigation plutôt que l'élément constituant la nature.

Car si le langage naturel échoue, tout au moins s'il a atteint ses limites, il faut d'ailleurs bien en trouver un autre. Or les ingénieurs de la Renaissance se sont rendus compte déjà de l'existence d'un langage inventé par les géomètres que nous venons de citer, dans lequel la structure déductive transcende le langage dans lequel elle est exprimée. On pouvait, certes, traduire Aristote en arabe puis en latin, mais je pense que ce n'est pas sans perte. Il n'y a aucun inconvénient (moindre en tout cas) par contre à traduire Euclide ou Archimède en n'importe quelle langue, car le langage naturel n'y est plus qu'un intermédiaire, véhicule de la pensée déductive.

La nature parle bien en langage mathématique aujourd'hui, mais seulement dans la mesure où l'homme fait partie de cette nature, avec son cerveau et ses méthodes de raisonnement façonnés au cours de l'évolution pour une meilleure adaptation, méthodes dont les mathématiques (beaucoup plus vastes que la géométrie ancienne) font partie.

La diversification des langues

A la Renaissance, presque plus personne ne lit le grec ancien et peu de personnes lisent l'arabe. Galilée ne lit pas le grec ni l'arabe. Descartes lit le grec mais non l'arabe, et ne peut avoir accès aux textes de langue arabe que grâce à son ami Golius, orientaliste séjournant en Hollande. Les universitaires ne connaissent que le latin et non le grec ; mais surtout, il n'est plus question vraiment des universitaires car beaucoup de recherches ont lieu en dehors des universités. Le développement des villes exige des travaux hydrauliques à des échelles plus importantes que dans l'antiquité, l'artillerie se développe et donne lieu à des traités pratiques et théorique. Les ingénieurs ne lisent pas le latin et ne parlent pas tous la même langue.

L'Italie n'est pas unifiée ; chaque république ou province a son dialecte officiel. Les humanistes de la Renaissance italienne s'intéressent au progrès dans les villes, aux machines destinées à monter des poids, monter l'eau et la faire circuler. Treuils, palans et fontaines. Or il existe des traités anciens sur ces machines, des traités qui exhibent des principes fondamentaux. Il faut donc les traduire, les remanier, les commenter, d'abord en latin, puis en italien, puis en français et un peu plus tard en anglais. Galilée est connu pour avoir publié son *Dialogue* de 1632 en langue toscane, ce qui constituerait une partie du scandale ayant motivé son procès, car trop de gens de la

République de Florence pouvaient alors le lire. C'est vrai, mais Galilée n'est pas vraiment à la tête de ce mouvement.

Prenons quelques exemples : Marin Mersenne, ami et correspondant de presque tous les savants de son époque, écrit en latin jusqu'en 1625, date à laquelle il publie en français *La vérité des sciences contre les sceptiques,* puis en 1627 son *Traité de l'Harmonie universelle,* suivi des *Questions inouïes et questions harmoniques, Questions morales, théologiques et mathématiques,* et en 1634 une traduction importante d'un texte de Galilée : *Les Méchaniques,* c'est-à-dire le texte sur les machines simples. Il publiera ensuite en 1636 son ouvrage le plus connu *L'Harmonie universelle,* et enfin une *Optique et Catoptrique* à la fin de sa vie. Il écrira encore en latin bien sûr, selon le public auquel il désire s'adresser. Descartes publie son *Discours de la Méthode* en français en 1636, car il voulait que « même les femmes » puissent y entendre quelque chose, mais écrira ses *Méditationes de prima philosophia* en latin, car il s'adresse aux érudits, aux jésuites, à ceux qui ont critiqué son travail précédent.

Bien plus tôt encore Nicole Oresme avait écrit un *Traité du ciel et du monde* au 14e siècle dans le français de l'époque, difficilement lisible pour nous aujourd'hui. Son argument était que le latin était devenu la langue technique officielle des universitaires uniquement parce que ceux-ci ne lisaient plus le grec ; on avait alors inventé les mots qui manquaient et il n'y avait pas de raison de ne pas faire de même en français. Il faut tout « translater » disait-il ! Mais cela ne s'est pas passé ainsi et heureusement, car le latin a permis une circulation des idées à travers les frontières, indépendamment des conflits politiques durant plusieurs siècles, comme le fait l'anglais aujourd'hui.

Plus généralement…

Au tout début de son triptyque intitulé : *La philosophie des formes symboliques*, publié en 1923, Ernst Cassirer affirme :

« …ce qui caractérise la première réflexion consciente sur la totalité du monde, c'est que précisément pour elle le langage et l'être, le mot et le sens ne sont pas encore séparés l'un de l'autre et qu'au contraire ils lui apparaissent comme une unité indissociable. »

Le premier tome du triptyque est intitulé « Le langage » et retrace d'abord l'histoire du traitement philosophique de ce thème avant de le renouveler à travers l'analyse de la sensibilité, de l'expression intuitive et de l'expression de la pensée conceptuelle. Le second parle des contes et mythes et le troisième tome de la connaissance. Cassirer est habituellement classé comme "néo-kantien" ce qui signifie qu'il est un successeur d'Emmanuel Kant, dans sa façon de prendre en compte l'activité de l'esprit humain à tous les niveaux de la connaissance. Mais il est aussi, un siècle et demi après Kant, sensible aux découvertes de l'anthropologie et de la psychologie générale, donc aux questions qui relèvent de la genèse de nos connaissances, de leur évolution chez l'enfant ou au cours de l'histoire des civilisations.

Cassirer fait remarquer, par la phrase que nous venons de citer et les suivantes, que le langage humain apparaît d'abord à l'homme comme une donnée, une « objectivité » identique à celles avec laquelle le « monde des choses » se présente à lui. J'ajoute que si l'homme de l'Antiquité est confronté à d'autres langages, il ne les reconnaît pas forcément comme étant de même nature que le sien ; ceux que l'on ne comprend pas sont qualifiés de « barbares », composés de borborygmes et non de mots et de phrases ayant un sens.

Le mot n'est pas encore un simple "symbole" (nous disons plutôt "signe") de la réalité qu'il désigne, mais est une réalité en lui-même. Le "*logos*" grec conserve un peu de cette unité et universalité de la parole des mythes anciens, dit Cassirer, comme le "*cosmos*" sur lequel il règne, aucun des deux n'ayant été - selon eux - créé ni fabriqué par l'homme. Je vais reparler plus loin de ce "*logos*" qui échappe à la langue courante.

Les philosophes du langage ont insisté sur le lien indissoluble entre langage et pensée conceptuelle tout en reconnaissant la possibilité d'une connaissance intuitive et perceptive antérieure à cette dernière, dit encore Cassirer. Mais lui-même, s'appuyant sur la psychologie génétique nouvelle, doute au contraire qu'il y ait une connaissance intuitive fondamentale qui ne soit pas affectée par le langage. La perception en effet ne nous donne aucunement l'idée de choses stables, mais changeantes. Chaque impression sensible possède une "tonalité" qui ne se répète jamais ; « il n'y a pas de retour du même ». C'est sans doute pourquoi Cassirer aime parler d'Héraclite - dont je rappelle la phrase la plus célèbre : « On ne se baigne jamais dans le même fleuve » - connu principalement pour avoir mis en doute le fait, admis par tous, que le même soleil nous éclaire chaque matin. Cassirer se plaît à nous renvoyer à cette intuition du changement comme étant la véritable perception sensible et non pas une fantaisie de rusé penseur grec.

Ce sont au contraire les objets permanents qui sont des constructions humaines, constructions pour lesquelles un langage est indispensable. Le phénomène ne devient en effet objet permanent que lorsqu'on le nomme : Soleil, Jupiter, arbre, lumière... plus tard électron, quark et gluon. Le nom donne une identité et une permanence aux choses.

Platon avait lutté contre les sophistes, contre Protagoras, pour trouver difficilement une voie vers la science, vers une connaissance qui ne soit plus soumise à cette subjectivité permise par les contingences du langage. Je pense que l'on voit émerger dans le *Théétête* de Platon l'idée qu'il n'y a de sens que des rapports, même s'il ne s'agit pas encore de rapports quantitatifs mais au moins de relations qui permettraient de s'abstraire de l'arbitraire des termes eux-mêmes. D'autres textes de Platon prennent en compte le fait que le langage est l'outil à partir duquel l'homme doit construire ses concepts, les "essences" platoniciennes donc l'être, dont j'ai parlé au début de ce chapitre. L'être des choses n'émerge pas directement des perceptions - rappelons-nous du fameux mythe de la caverne, raconté par nos enseignants de lycée - mais pas non plus des mots, hélas. Ni le mot "cercle", ni le fait de dessiner ou observer des cercles ne fournissent l'être du cercle. Celui-ci est-il contenu dans la définition de la courbe dont tous les points sont à égale distance d'un même point appelé centre ? Pas non plus, semble-t-il, pour Platon. C'est ce qui rend la démarche platonicienne ardue, difficile à schématiser, d'autant plus qu'elle évolue au cours des Dialogues. Les médiévaux ont traduit et lu le *Timée* dans lequel est décrit l'ordre du « *cosmos* », mais guère plus que cela. De toute évidence, le « *logos* » aristotélicien les séduit davantage et je vais tenter d'expliquer pourquoi.

La nouveauté aristotélicienne résidait d'abord dans l'*Organon*, ensemble extraordinaire d'études logiques dont j'ai déjà parlé, qui contenait à la fois les "catégories" et les diverses formes de "syllogisme". J'ai signalé également déjà que le titre de l'ensemble signifiait « outil », car la logique aristotélicienne n'était en effet qu'un instrument fabriqué à partir du langage naturel pour mettre au point un discours plus rigoureux - inattaquable par les sophistes contre lesquels s'était battu Socrate - et plus pragmatique que la métaphysique platonicienne.

Mais si les médiévaux ont été véritablement émerveillés, comme par un monde nouveau, un espace de liberté, ce n'est pas tant en raison des catégories que de la logique elle-même, du syllogisme et de ses modes, qui ouvrent la porte à la certitude de la déduction d'une façon beaucoup plus générale que celle de la géométrie. Le "syllogisme", traité dans les *Premiers* et *Seconds Analytiques*, ne dépend pas des mots utilisés ; c'est une forme de phrase permettant d'assurer la vérité des conclusions en fonction de la vérité des "prémisses" (ou principes) : c'est la forme la plus générale de la "déduction". Je rappelle l'exemple connu du grand public : « Tous les hommes sont mortels, Socrate est un homme, donc Socrate est mortel », mais ce n'est justement pas cela qui se trouve dans Aristote, chez lequel on lit :

« A étant dit de tout B et B de tout C, alors A peut être dit de tout C ».

Cette phrase s'illustre facilement en termes de propriétés A, B ou C, ou d'appartenance à une espèce ou genre : si C est le fait d'être un philosophe grec, ou une cosmologiste contemporaine (ce n'est pas du tout la même chose mais revient au même ici), B le fait d'être un être humain et A le fait d'être mortel(le), on retrouve la ritournelle connue. Il est évident que si les prémisses sont fausses la conclusion le sera aussi.

Ce à quoi l'on pense moins et qu'Aristote montre très bien, est qu'à partir de prémisses notoirement fausses on peut déduire un résultat juste (les pierres sont mortelles, Socrate est une pierre, donc Socrate est mortel). Ce fait est lié à un autre : le syllogisme n'est pas réversible ; on ne peut remonter de la conclusion à celle des hypothèses de départ. Pourquoi ? Parce que lors de la déduction syllogistique on va du général au particulier, comme dans un emboîtement d'ensembles inclus les uns dans les autres : C dans B et B dans A. C'est l'inclusion qui donne la certitude et Aristote aurait pu nous faire un dessin, pour montrer à quel point la logique ne dépend pas des mots ni d'aucune contingence. Procéder à l'inverse : de C vers A, nécessite de remonter du particulier au général, et c'est l'"induction" dont j'ai déjà parlé, qui n'est jamais certaine.

Cet appareil logique est admirable mais devient inutilisable pour les deux raisons déjà esquissées : la logique n'aide pas à trouver les bonnes prémisses ; elle est sans doute nécessaire, mais pas suffisante pour fonder une science qui devra inventer ses principes. Si certains principes anciens comme « quantité et qualité » fonctionnent encore couramment en latin et dans n'importe quel dialecte, « substance et accident » ne sont plus à la fin du 17e siècle que des jouets pour universitaires attardés (il y en a à toutes les époques). Par ailleurs, ce ne sont pas des principes au sens de ceux qui servent à fonder la géométrie, qui sont des phrases, des affirmations posées comme vraies, au départ de toute démonstration. La logique sert peut-être à éviter des erreurs de raisonnement dans la démonstration, mais pas à en trouver le point de départ, et comme le disait Descartes, à expliquer ce que l'on a déjà trouvé mais non à trouver.

Certains aspects de la "modalité" utilisée dans ces syllogismes vont cependant subsister : le « possible et l'impossible », le « nécessaire et le contingent », cette dernière opposition moins familière pour nous que la première étant très usitée au 17e siècle ; on fera la différence entre « vérité nécessaire » et « vérité contingente », le seconde dépendant trop des circonstances de l'expérience pour être considérée comme universelle.

Mais dans son *Nouvel Organon* (*Novum organum*) de 1620, Francis Bacon ne se contente pas de faire de la logique ; il travaille longuement la question de l'induction, de la méthode qui puisse permettre de trouver les meilleurs principes à partir de l'expérience. Edme Mariotte fait de même dans son *Essai de Logique* de 1678 :
« De la méthode pour trouver les principes des propositions intellectuelles.
De la méthode pour trouver les principes des propositions sensibles. »

L'induction est aussi ce qui préoccupe John Locke à la fin du 17e siècle - bien qu'il n'emploie pas ce mot - dans une tentative pour fonder la connaissance sur l'expérience, les idées sur les sensations et s'opposer ainsi aux "idées innées" cartésiennes. Descartes ne s'était en effet pas embarrassé de scrupules en ce qui concerne la façon de poser les principes premiers pour une philosophie de la nature : permanence, relativité et inertie ont sans doute à voir chez lui avec l'expérience telle qu'on la trouve chez Galilée et ses contemporains, mais sont simplement posées comme des évidences sans avoir à être prouvées. La seule donnée intuitive était celle de nous-même en train de douter, l'existence des corps autour de nous n'étant assurée que par Dieu qui nous les fait voir et sentir et ne veut nous tromper. Locke reprend à Descartes cette certitude intuitive que nous avons de nous-même, mais en ce qui concerne les corps et leur propriété, la certitude doit venir des sens. Il s'intéresse alors à la façon dont nous viennent les "idées", concepts ou principes, qu'il croit pouvoir déduire de l'expérience. On sent bien à la lecture de son ouvrage qu'il a conscience de la difficulté et que le rapport de nos idées les plus simples à l'existence réelle ne peut être démontrée, mais seulement supposée à travers la sensation conforme à ce que le créateur a fait de nous et du reste. Le recours à Dieu, dont il a démontré préalablement l'existence, est sans doute plus discret que chez Descartes, mais indique un échec relatif de sa démarche empiriste. Il ne peut en être autrement et les principes premiers devront toujours être posés.

La langue comme objet : John Locke et les "mots"

La langue étant devenue un simple intermédiaire neutre entre la réalité extérieure et la pensée humaine, elle est généralement oubliée, négligée, sauf par John Locke justement en 1690 dans le Livre III de son *Essai sur l'entendement humain.* À la fin de ce livre, il s'excuse auprès de son lecteur auquel il demande de lui pardonner d'avoir passé tant de temps sur un sujet de si peu d'importance !

Locke affirme déjà l'arbitraire des signes que sont les "mots", mots qui permettent à nos idées de mieux s'inscrire et se fixer dans notre mémoire : c'est la permanence repérée plus tard par Cassirer, qui fixe les sensations mouvantes. Mais surtout, par l'usage des sons (ou de l'écriture), les mots permettent de communiquer aux autres nos idées ; car les idées sont invisibles … Les mots concrets sont arbitraires, sans rapports avec la chose, mais les mots abstraits sont souvent issus de mots relatifs à des idées sensibles, comme le mot "esprit" qui vient de "souffle". Tous les mots ne peuvent être définis et Locke se fait un plaisir de citer les définitions passées qui lui semblent ridicules, dont celle du mouvement déjà stigmatisée par Descartes, et d'autres concernant encore le mouvement, ou bien la lumière par des "globules" chez le même Descartes. Il précise qu'aucune de ces définitions ne pourraient donner l'idée de la chose à quelqu'un qui ignorerait de quoi il s'agit : par exemple de la lumière à un aveugle. Mais c'est plutôt l'idée derrière le mot dont on rappelle ainsi qu'elle ne peut être composée d'autres idées mais directement liée à la sensation, comme le soulignait Locke ailleurs dans son ouvrage. Puis Locke s'étend sur l'imperfection des mots et l'abus qu'en font les hommes, soit parce qu'ils répètent comme des perroquets, soit parce qu'ils font de la rhétorique qui ne vise pas vraiment à la vérité !

Mais le langage n'est pas sa principale préoccupation et il revient dans son Livre IV à son sujet principal qui est celui de la connaissance, c'est-à-dire des idées dans leur rapport à la réalité, question centrale et insoluble de l'empirisme qui n'a que faire des mots et de la langue, tout au moins jusqu'à ce que les membres du cercle de Vienne ne la reposent justement dans le langage même.

Conclusion

Michel Foucault décrit longuement, dans son livre de 1966 : *Les mots et les choses,* le passage d'un connaissance fondée sur la langue à celle des représentations :
« Le langage se retire du milieu des êtres pour entrer dans son âge de transparence et de neutralité. C'est là un phénomène général dans la culture du XVIIe siècle – plus général que la fortune singulière du cartésianisme. »

Les éléments de cette transformation sont, pour Foucault, triples : le « mécanisme », la « mathématisation de l'empirique » et la science universelle de la mesure et de l'ordre nommée "*mathesis*" ; il met en garde l'historien contre le danger de confusion entre ces trois notions. Comme nous les avons déjà abordées dans les deux chapitres précédents, je n'insisterai pas mais rappelle que le mécanisme est bien illustré par la physique (cartésienne corrigée) de Huygens : règles des chocs, lumière et pesanteur, la « mathématisation de l'empirique » par celle de Galilée et que la « *mathesis* » est typiquement cartésienne.

Foucault indique que ce qui change après la Renaissance est :
« …le régime entier des signes, les conditions sous lesquelles ils exercent leur étrange fonction ».

Il est vrai qu'il s'intéresse davantage à la médecine et la botanique qu'à la physique, et décrit le passage d'une représentation fondée sur la « ressemblance » à quelque chose de plus « conventionnel », de construction plus libre. Les signes du langage sont cependant purement conventionnels, presque arbitraires puisque le mot n'a rien à voir avec la chose, et le physicien semble au contraire abandonner ce régime pour d'autres signes qui ressemblent davantage aux phénomènes qu'il veut décrire : la parabole, l'ellipse, les dispositifs géométriques et mécaniques en général. Foucault nous aurait-il embrouillés plutôt qu'éclairés ? Pas tout à fait car il fournit des instruments d'analyse des mutations qui ouvrent des possibilités nouvelles, non figées, remises en question au siècle suivant, puis encore à l'époque contemporaine. La représentation figurée et la représentation symbolique se côtoient en science, hier comme aujourd'hui.

D'une part il ne s'agit pas en physique mathématique de ressemblance extérieure qui serait celle d'une plante avec l'organe qu'elle est censée soigner ; il y a au contraire une véritable "analogie" entre la parabole et le mouvement d'un boulet de canon, c'est-à-dire une "égalité de rapports" entre les parties de l'un et les parties de l'autre ; c'est une ressemblance structurelle résultant d'une analyse. Le mécanisme des chocs pour représenter toute transmission de mouvement est aussi une analogie entre le jeu de billard et ce qui se passe dans la nature. L'action à distance pour la gravité, dont Foucault ne parle pas, rappelle explicitement chez Kepler les actions magnétiques.

Il y a d'autre part langage et langage, celui des concepts étant conçus pour être univoque, sortir de l'équivocité du langage courant au prix d'une construction volontaire qui réduit l'arbitraire du signe utilisé. Le concept est en effet plus général et soutenu par sa fonction dans un ensemble, une structure autre que celle de la langue.

Concepts et figures géométriques ne s'opposent donc pas autant que la langue et l'image, même si les premiers n'acquièrent pas le caractère visuel des secondes. Certains scientifiques fonctionnent par visualisation de leurs problèmes et des solutions que leur propose leur intuition tandis que d'autres préfèrent les concepts et les équations analytiques, autre langage encore. L'informatique utilise un langage binaire complètement opaque (pour moi en tout cas), mais permet des figurations, illustrations, reproductions simulées des phénomènes qui semblent transparentes, au moins pour qui connaît un peu la question, c'est-à-dire à condition d'en connaître les conventions, justement. Ressemblance et conventions se mélangent donc dans les représentations visuelles autant que dans les autres et on peut aujourd'hui parler de langage à propos de toute expression scientifique.

Je ne reviendrai sur la question du langage que le chapitre qui abordera le problème de la "vérité" en sciences, au début de ma troisième et dernière partie. J'en parlerai à travers le courant de la "philosophie analytique" postérieur à Cassirer, d'une façon plus technique qu'ici. Le lecteur peut très bien s'y rendre directement, s'il le souhaite.

PARTIE II

UNE AUTRE PHYSIQUE

Introduction à la Partie II

Si l'on a coutume de dire que physique et philosophie étaient confondues jusqu'au 17e siècle, puis totalement séparées, nous allons voir que les physiciens de la fin du 19e siècle se posent presque tous, à nouveau, des questions philosophiques et élaborent des propositions précises sur la pertinence, les limites provisoires ou définitives de la connaissance scientifique.

Ce n'est pas une raison, me dira-t-on, pour oublier les autres, les savants célèbres du 18e siècle et les progrès de la mécanique céleste, de la mécanique tout court. Or je franchis allègrement un intervalle de temps important, qui ne sera comblé que par de petites incursions à propos des théories de la lumière ou de la gravité. Je ne parlerai donc pas de D'Alembert ou d'Euler, de Laplace ni de Lagrange ou encore de Poisson, qui exigeraient dans cet ouvrage un développement trop technique pour ce que je veux y faire. Cet ouvrage n'est pas un livre d'histoire des sciences, même si cela y ressemble souvent. On remarquera que je me montre ainsi assez peu francophile ! La mécanique céleste – physique mathématique par excellence – semble en effet devenir au 18e siècle une spécialité française, parisienne. Elle se développe avec les outils analytiques nouveaux, en conformité avec les principes newtoniens, et il n'y a aucune raison de remettre en question les certitudes acquises, ni les limites déjà imposées à propos des hypothèses que l'on pourrait faire sur la nature profonde des phénomènes. La culture des lumières dans son ensemble, assez française également, accepte au contraire facilement de renoncer à l'essence des choses, préoccupée davantage du progrès social, donc d'une connaissance pratique efficace. La physique newtonienne paraît pleine de promesses tenues, permet de connaître le système solaire et les comètes, et les interrogations portent maintenant sur la nature profonde de l'homme.

Les philosophes non scientifiques que sont David Hume et Emmanuel Kant jettent cependant – depuis l'Angleterre et la Prusse - une ombre au tableau des lumières scientifiques ; le premier par son scepticisme radical qui détruit la notion même de cause et le second par l'accent mis sur le rôle prépondérant des formes *a priori* de l'esprit humain dans la connaissance. Kant réhabilite cependant ainsi la cause et l'objectivité scientifique, non pas en terme de réalité ni même de vérité, mais de nécessité universelle (pour tout le monde). La causalité est nécessaire *a priori* – dit Kant – comme condition de possibilité d'une connaissance scientifique ; elle n'est pas le fruit de l'expérience, mais permet l'expérience ; en tant que telle elle est donc universelle et objective. Nous verrons Heinrich Hertz et Ludwig Boltzmann réagir beaucoup plus tard à la problématique kantienne de l'*a priori*. L'objectivité scientifique ne semble d'ailleurs être alors contestée par personne, et le sera d'autant moins que les nouvelles sciences du 19e siècle émergeront dans le cadre d'une physique expérimentale qui sait se donner des protocoles de mesure et de comparaison avec une prédiction théorique, des dispositifs soigneusement décrits par les savants et donc reproductibles.

Là encore je vais me montrer assez peu française en ne parlant qu'assez peu le philosophe français le plus important du 19e siècle : Auguste Comte, cependant fondateur du mot "positivisme", dont nous qualifions nombre de personnages ultérieurs. Comte a mauvaise réputation chez les physiciens parce qu'il avait dit qu'il était inutile de se préoccuper de la constitution du Soleil dont nous ne connaîtrions jamais l'intérieur. Les modèles solaires sont cependant nécessaires à l'interprétation des données d'observation de la couronne et des divers rayonnements solaires, ainsi qu'à la prédiction ; personne n'en doute aujourd'hui et Comte leur semble alors aussi borné qu'Aristote lui-même autrefois ! Donnons cependant quelques indications à propos de son « esprit positif », car s'il prescrit de renoncer aux causes anciennes, finales ou autres, il ne doit pas être confondu avec l'empirisme :

« Il importe donc de bien sentir que le véritable esprit positif n'est pas moins éloigné, au fond, de l'empirisme que du mysticisme ; c'est entre ces deux aberrations, également funestes, qu'il doit toujours cheminer [...] C'est dans les lois des phénomènes que consiste réellement la science, à laquelle les faits proprement dits [...] ne fournissent jamais que d'indispensables matériaux. [...] La véritable science, bien loin d'être formée de simples observations, tend toujours à dispenser autant que possible de l'exploration directe en y substituent cette prévision rationnelle qui constitue, à tous égards, le principal caractère de l'esprit positif. »

Ce qui caractérise Comte par rapport aux philosophes critiques du 18e siècle est – entre autres - son approche sociologique de l'évolution de la connaissance scientifique. L'humanité est, selon lui, entrée dans son stade "positif", évidemment meilleur que les précédents. Si Hume et Kant avaient posé des limites définitives à cette connaissance, il est clair néanmoins pour tous en cette fin du siècle des lumières que la science "progresse", est devenue "expérimentale". C'est pourquoi on ne se préoccupe guère plus des délicates questions de la nature de la perception et de la connaissance, de ce qui est possible ou définitivement hors d'atteinte.

L'importance de la « loi » et de la « prévision rationnelle » n'est de toutes façon contestée par personne depuis le 17e siècle. Mais nous allons voir au 19e l'émergence de lois multiples, qui peuvent être qualifiées de "lois empiriques", car assez proches du fait expérimental pour permettre des prévisions avec un minimum d'interprétations, dénuées en tout cas d'interprétations qui invoqueraient des causes et relèveraient alors du « mysticisme » que rejette Comte comme appartenant à un stade révolu de l'humanité. Mais nous allons voir également ces lois diverses être rassemblées en systèmes unificateurs – tels que l'électromagnétisme d'une part et la thermodynamique statistique d'autre part – qui requièrent des interprétations causales. Peut-être ces interprétations ne sont-elles pas indispensables à l'unification élaborée dans chacun de ces deux cas, mais elles contribuent à la compréhension, à l'intelligence des phénomènes. Il semble par ailleurs que la causalité invoquée par les scientifiques – éther ou atomes – ne puisse guère être assimilée aux causes anciennes constituées par l'éther brûlant d'Aristote, support du mouvement des étoiles, ou encore les atomes de Leucippe et Démocrite, de Lucrèce plus tard, de Pierre Gassendi au 17e siècle. Ce sont maintenant des représentations insérées dans des systèmes d'équations et de faits expérimentaux. Il n'y a pas de retour en arrière.

A travers ce nouveau recours à des représentations simples et intelligibles c'est en fait plutôt le statut de l'objet scientifique dont j'ai parlé dans l'introduction qui est de nouveau en question : réalité naturelle ou fabrication de l'esprit humain ? La séparation du sujet et - corrélativement - de l'objet, mise en œuvre par Descartes et ses contemporains, met face à face deux entités qui sont virtuellement séparées mais non définies : le sujet est un sujet idéal qui n'existe pas vraiment et l'objet n'est pas la "chose" réelle ni le phénomène naturel tel qu'il est perçu ; ils ne sont définis que par leur séparation elle-même, par ce face à face, la manipulation du second par le premier. L'objet peut maintenant s'entendre comme le dispositif expérimental clairement construit, mais aussi comme les "images mentales", selon l'expression avancée par Boltzmann, qui en permet l'interprétation, la compréhension par l'esprit humain. Les deux catégories ont à voir avec le phénomène, avec une réalité qui peut à tout moment dire oui ou non à ce que propose le scientifique. Mais la construction humaine ne fait aucun doute pour les physiciens dont il va être question maintenant.

C'est dans cet état d'esprit que survient le retour d'un certain mécanisme, encore présent chez Henri Poincaré au début du 20e siècle. Il est clair qu'il n'y a aucune naïveté dans cette quête d'une physique claire et intelligible ; c'est sans doute pourquoi Hertz, Boltzmann puis Poincaré ont été aussi de profonds philosophes des sciences. C'est ce que nous allons voir maintenant.

Chapitre 6

Thermodynamique et entropie

Les anciens rêvaient au « mouvement perpétuel » et inventaient des machines propres à le produire, jusqu'à ce que l'Académie des sciences ait annoncé qu'elle ne recevrait plus aucun mémoire sur ce sujet. L'impossibilité d'un mouvement qui persisterait indéfiniment, sans apport extérieur d'énergie, avait été admis par les savants dès le 17e siècle et même utilisé à des fins de démonstration de théorèmes de mécanique. L'illusion d'un mouvement perpétuel était née sans doute de la vision du mouvement des planètes, mais on savait bien que les mouvements terrestres sont soumis aux frottements de l'air, les machines aux frottements solides, qui les arrêtent. L'énergie est dissipée en chaleur diffuse, celle des planètes aussi d'ailleurs sur le long terme, et ne peut être récupérée.

L'histoire de l'entropie est liée à cette déperdition, c'est-à-dire à l' "irréversibilité" dont je parlerai au chapitre suivant. Nous savons de plus aujourd'hui que l'Univers évolue avec tout ce qui le constitue : notre soleil et ses planètes, notre Terre avec ses plantes et animaux ; mais ce ne sont pas les organismes vivants qui ont d'abord conduit les physiciens à parler d'irréversibilité, ce sont des outils fabriqués par eux-mêmes à des fins utilitaires : les machines à vapeur au début du 19e siècle.

L'histoire de la thermodynamique elle-même commence un peu plus tôt, par l'étude des fluides continus, c'est-à-dire d'ensembles que l'on ne peut traiter par la mécanique du point exposée par Newton en 1687 ; l'œuvre de Newton contient il est vrai, dans le deuxième Livre des *Principia*, des considérations sur la résistance du milieu ambiant, mais il ne s'agit que d'étendre à la dynamique l'hydrostatique mise au point antérieurement par Simon Stevin, puis Blaise Pascal. Newton, après avoir exposé les « Principes mathématiques » adaptés à la mécanique céleste, veut approcher les mouvements réels terrestres. Mais cette histoire dépend surtout, comme son nom l'indique, des considérations sur la chaleur et la température, des mesures de ces températures, de la "thermométrie" qui débute au 16e siècle déjà.

Ainsi, parallèlement à l'évolution de la mécanique céleste vers des formalismes de plus en plus sophistiqués proposés par Laplace, Lagrange puis Poisson, se développe une autre physique totalement indépendante, aussi neuve par rapport aux acquis que l'est aujourd'hui la physique des milieux granulaires ; la thermodynamique n'utilise en effet aucune des définitions ou relations de la mécanique du solide.

La "puissance motrice du feu" de Sadi Carnot

C'est donc à l'occasion de l'étude théorique du cycle machines à vapeur qu'en 1824 Sadi Carnot publie son mémoire au beau titre :
« Réflexions sur la puissance motrice du feu, et sur les machines propres à développer cette puissance ».
Il y déclare que la chaleur ne peut passer que d'une source chaude à une source froide, qu'il faut fournir un travail extérieur pour la remonter du froid vers le chaud et énonce d'abord ceci :
« Personne n'ignore que la chaleur peut être la cause du mouvement, qu'elle possède même une grande puissance motrice : les machines à vapeur, aujourd'hui si répandues, en sont une preuve parlante à tous les yeux. C'est à la chaleur que doivent être attribués les grands mouvements qui frappent nos regards sur la terre ; c'est à elle que sont dues les agitations de l'atmosphère, l'ascension des nuages, la chute des pluies et autres météores… »

Carnot rend ensuite hommage aux ingénieurs anglais, véritables créateurs de ces machines qui ont permis de ranimer des industries métallurgiques « languissantes ». Mais Carnot, en dépit de son lyrisme, ne dit pas que la chaleur est elle-même du mouvement. Cette idée était pourtant déjà apparue chez les physiciens, mais elle n'était encore qu'une idée, aisément supplantée par celle du "calorique" introduite par le chimiste écossais Joseph Black, puis reprise et popularisée par Antoine Lavoisier. Carnot concevait donc la chaleur comme une sorte de fluide capable de fournir du travail en "tombant" d'une source chaude à une source froide, par analogie avec l'eau d'une cascade. On comprend alors pourquoi notre premier principe de la thermodynamique : celui de la conservation de la somme de la chaleur et du travail, n'y était pas : le calorique lui-même se conservait en passant de la source chaude à la froide et n'avait pas besoin de disparaître pour fournir du travail.

Carnot remarque qu'il manque, à propos de la chaleur, l'équivalent de la théorie mécanique générale que l'on pourrait appliquer en toutes circonstances et c'est ce qu'il cherche à établir :
« La production de la puissance motrice est donc due, dans les machines à vapeur, non à une consommation réelle du calorique mais à son transport d'un corps chaud à un corps froid, c'est-à-dire à son rétablissement d'équilibre, équilibre supposé rompu par quelque cause que ce soit… »

Le lecteur peut se demander ici pourquoi nous citons une phrase qui débute par une erreur et se dire que le second principe de la thermodynamique découle de la pratique des machines plutôt que de sa théorisation par Carnot. Mais l'idée d'un « équilibre rompu » à rétablir est là pour interdire d'extraire simplement du calorique d'une seule source et en obtenir du travail, et c'est cette idée qui demeurera valable même lorsqu'on devra admettre que de la chaleur est « consommée » pour fournir du travail. Le second principe de la thermodynamique est déjà là en germe : on ne peut fournir du travail à partir d'une seule source de chaleur, ni remonter de la chaleur vers la source chaude sans fournir du travail.

On ne peut encore parler de notre notion de l'irréversibilité, mais la chaleur apparaît déjà implicitement comme une énergie dégradée par rapport à celle du travail mécanique. Cette idée ne sera vraiment explicitée que trente ans plus tard, lorsque le physicien allemand Rudolf Clausius proposera une théorie de la chaleur et de l'entropie. Mais Clausius dispose déjà alors des notions thermodynamiques que nous utilisons aujourd'hui : chaleur et travail, énergie interne qu'il est le premier à systématiser.

Relations thermodynamiques.

Des études effectuées depuis longtemps sur la compression des gaz avaient permis à Edme Mariotte au 17e siècle, puis à Gay-Lussac au 18e siècle d'établir une relation approchée, vraie pour un gaz idéal appelé "gaz parfait", entre la pression p, le volume V et la température T du gaz. Soit : $p V = f(T)$, constant pour une température donnée du gaz. Cette relation, appelée par la suite "équation d'état" du milieu, permet de décrire alors toutes les grandeurs en fonction de deux variables seulement : T et p, ou p et V par exemple.

Le contexte change par ailleurs radicalement par rapport à celui dans lequel Carnot avait publié son mémoire en 1824, en raison des expériences que James Prescott Joule, ancien brasseur de bière anglais, a effectuées pour transformer un travail mécanique en chaleur vers 1845 ; celui-ci critiquait déjà la théorie de Carnot et introduisait le concept d'énergie, mais ce sont ses expériences et ses mesures qui sont déterminantes, définitives. En faisant simplement tourner une palette dans de l'eau, il mesure un échauffement.

Le dispositif présenté ci-dessous est l'original utilisé par Joule ; il semble si simple que l'on se demande pourquoi on ne l'avait pas fait plus tôt ? Sans doute parce qu'il fallait disposer de thermomètres suffisamment précis, d'ingéniosité pour mesurer en même temps le travail mécanique (à l'aide d'un poids), et de patience. Il fallait aussi et surtout être déjà plus ou moins convaincu du résultat.

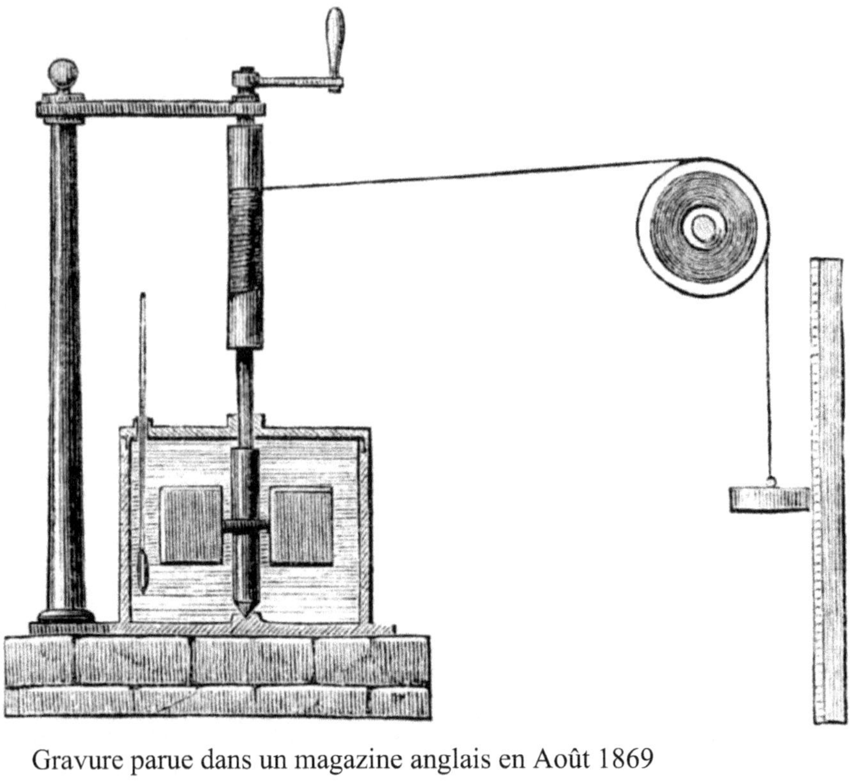

Gravure parue dans un magazine anglais en Août 1869

L'équivalence des énergies mécanique et calorifique s'impose alors, et Clausius peut en proposer une théorie microscopique : par traitement des chocs sur les parois, il obtient une expression de la pression p d'un gaz en fonction de la valeur moyenne du carré de la vitesse v des molécules qui le composent : p est égale à $n.m.(1/3).v^2$, (où n et m sont respectivement la densité du gaz et la masse des molécules) et puis de sa température liée à la pression par les lois empiriques de Mariotte et Gay-Lussac.

On peut écrire pour les échanges de chaleur et de travail au cours d'une transformation quelconque :

dW = p dV où dW est la quantité de travail échangée, p la pression et V le volume du gaz,

dQ = dU + A. p dV

où dQ est la quantité de chaleur échangée et U l'énergie totale interne du gaz, A n'étant que le facteur de conversion des unités mécaniques dans les unités de chaleur, et U une fonction d'"état" du gaz, qui n'est fonction que de la température, introduite par Clausius à partir de la somme d'une "chaleur interne" et d'un "travail interne" difficiles à manier séparément. On l'appelle aujourd'hui fonction d'état parce que ses variations sont indépendantes du chemin suivi dans la transformation – variation de volume ou bien de pression, ou encore les deux, avec apport extérieur de chaleur ou non – et ne dépendent donc que des températures au départ et à l'arrivée.

Au cours d'un "cycle de Carnot", un volume de gaz est contenu dans un piston qui peut être mis en contact avec une "source chaude" : la chaudière, et une "source froide" : l'air extérieur ; il va subir des contractions et détentes. Le gaz est en relation avec l'une ou l'autre des deux sources supposées maintenues à températures constantes, et peut ainsi échanger de l'énergie avec ces sources au cours de détentes ou compressions. Les détentes fournissent du travail ou de la chaleur et les compressions en absorbent.

Je représente, ci-dessous, le diagramme original publié par Emile Clapeyron en 1834 pour le cycle de Carnot et en dessous une retranscription plus explicite de ce même processus.

Le génie des premiers artisans des machines à vapeur est d'avoir su obtenir du travail au cours d'un cycle qui peut recommencer indéfiniment, comme un mouvement perpétuel, à ceci près qu'il faut fournir du combustible pour maintenir à sa température la source chaude. L'illustration ci-dessous montre la représentation de ce cycle – l'une ancienne et l'autre plus récente – et la surface enclose dans les quatre phases qui permet de mesurer idéalement le travail obtenu.

Journal de l'Ecole Polytechnique XXIIIme Cahier, page 190.

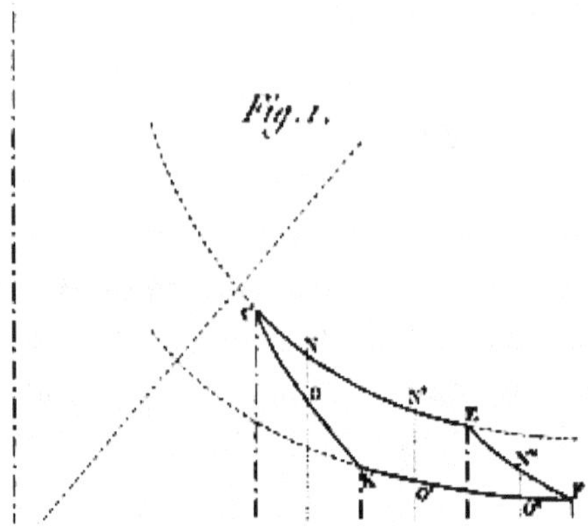

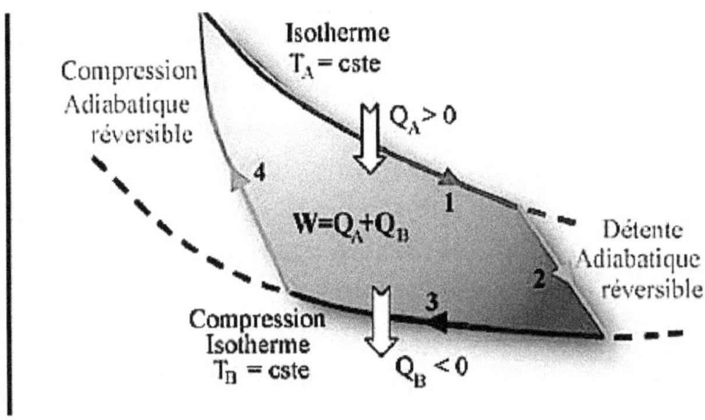

L'énergie interne est la seule quantité, caractéristique de l'état du gaz, dont la variation entre deux états différents ne dépend pas de la transformation particulière choisie. On pourra donc écrire d'après ce qui précède, pour un cycle fermé :

$$\int dU = 0 \quad \text{et donc :} \quad \int dQ = A.\int dW$$

Il existe aujourd'hui d'autres quantités dont les variations au cours d'une transformation ne dépendent pas du chemin suivi et qui, contrairement à U, mettent en jeu les échanges extérieurs. Ainsi en est-il de l'entropie S, fabriquée à partir de dS = dQ/T, où T est la température absolue, fonction linéaire de la température usuelle. Cette fonction S reviendra également à sa valeur initiale après un cycle, mais seulement si les processus du cycle sont effectués de façon "réversibles", c'est-à-dire sans frottements ni solides ni autres, sans pertes d'énergie irrécupérables, de façon à ce que le processus puisse être toujours effectué à chaque étape dans l'autre sens pour revenir au point de départ. D'où nous est venue cette autre fonction ?

Clausius et l'entropie

Les ingénieurs et artisans savent depuis longtemps que du travail mécanique peut être perdu en chaleur par des frottements, et les physiciens ont déterminé au 19e siècle que, même si l'énergie totale était alors conservée, une quantité augmentait alors que l'on a appelée "entropie". Ce mot bizarre n'a été introduit par son "inventeur" Clausius qu'en 1865, formé à partir du mot grec *τροπη* (*trope* en alphabet latin) qui veut dire « transformation », et de façon à ce qu'il ressemble le plus possible au mot "énergie", dit-il lui-même.

Le concept d'entropie qui nous intéresse ici est donc introduit et systématisé, par Clausius. Celui-ci est d'abord inspiré par le mémoire que Carnot publia en 1850 : « Sur la théorie mécanique de la chaleur » dans lequel il affirmait que dans toute transformation de chaleur en travail il y a consommation de chaleur. Il y formula cette fois clairement le second principe : « La chaleur ne peut par elle-même passer d'un corps froid à un plus chaud ». En 1854 Clausius publiait l'article fondateur de la notion d'entropie thermodynamique à partir de la quantité de chaleur échangée à chaque instant divisé par la température, soit dQ/T. En 1857 enfin : « Sur la nature du mouvement que nous appelons chaleur », dans lequel, cette fois, la chaleur n'est que du mouvement de particules à l'intérieur du gaz.

Clausius cherche, en 1854, à généraliser les processus du cycle de Carnot, mais sa démarche est bien difficile à saisir et on comprend pourquoi on ne la trouve guère dans les manuels ! Dans son livre intitulé : *Les atomes existent-ils vraiment ?* écrit en 1997[16], Bernard Diu [DIU, 1997] décrit comment Clausius parvint à l'entropie, en s'appuyant sur un théorème de Carnot selon lequel on doit obtenir la même quantité de travail à partir d'une même quantité de chaleur dans

[16] Il s'agit d'une histoire de la thermodynamique classique et statistique, que je ne peux que recommander à ceux qui s'intéressent particulièrement à ce thème.

tout cycle fonctionnant entre deux températures données ; Clausius en proposa une démonstration par l'absurde (l'abandon du théorème de Carnot permettrait de transporter de la chaleur de la source froide à la chaude sans absorption de travail, ce qui est impossible), et : « Suivant ce raisonnement - que nous ne reproduisons pas ici - et s'appuyant sur la fonction universelle de la température introduite par Carnot [température absolue], Clausius créa une nouvelle fonction d'état. » déclare Bernard Diu. Selon lui encore, cette notion avait été inventée en même temps par Rankine, et Kelvin lui-même en était proche.

Lorsque Clausius parvient enfin à l'écriture d'une quantité[17] : $\int dQ/T$, le physicien d'aujourd'hui plongé dans son écrit demeure perplexe en dépit du soulagement qu'il éprouve à reconnaître une formule familière. Elle représente une somme fabriquée de façon à ce que l'on aboutisse à un bilan nul au cours d'un cycle réversible, ce qui n'est pas le cas de la chaleur seule ni du travail. On disposait pourtant déjà de la fonction U, énergie interne du gaz contenu dans le système, telle que $\int dU = 0$ sur un tel cycle, mais il s'agit maintenant des échanges entre le gaz et l'extérieur pour lesquelles on veut trouver une expression qui soit indépendante de la façon dont on procède à chaque étape, pour que sa variation soit également nulle lorsque l'on revient au point de départ, à la fin d'un cycle idéal.

C'est bien en effet l'usage que fait Clausius de la quantité qu'il vient d'introduire. Quelles que soient les étapes envisagées pour le cycle, s'il est “réversible”, la somme des dQ/T doit être exactement nulle, dit-il. Si elle était négative en effet, cela impliquerait au prix de quelques manipulations réduisant la somme à ses éléments négatifs, que l'on peut fournir du travail à partir d'une seule source, ou encore transférer de la chaleur de la source froide à la chaude, ce qui violerait le second principe (ou tout autre énoncé équivalent comme le théorème de Carnot mentionné ci-dessus). La nouvelle quantité introduite lui permet en effet de combiner les étapes de différents cycles, de les remplacer les unes par les autres comme dans un calcul algébrique, pour démontrer son résultat : cette somme ne pas être négative, elle ne peut donc être que positive ou nulle. Mais si elle était positive, comme le processus est supposé réversible, on pourrait l'inverser et obtenir une transformation dans laquelle la somme serait négative, ce qui vient d'être interdit. La somme doit donc être nulle

---

[17] Le signe $\int$ désigne une somme continue nommée « intégrale ».

dans tout processus réversible ; de même qu'à tout processus irréversible ne peut correspondre qu'une somme positive.

Remarquons bien que cette positivité est conventionnelle ; si Clausius avait choisi de compter positivement la chaleur fournie à l'extérieur du système au lieu de la compter négativement, notre entropie décroîtrait au lieu de croître !

Conclusion

La notion d'entropie est aujourd'hui associée à l'idée de désordre, les mouvements dans un corps chaud étant plus désordonnés que ceux qui sont réglés pour fournir un travail mécanique comme monter un poids ou de l'eau, actionner un piston ou faire tourner des roues. Les physiciens un peu pédants disent alors qu'ils ont du mal à diminuer l'entropie de leur bureau avant de partir en vacances…

Dans ce que nous venons de voir, le désordre était celui de l'irréversibilité du cycle de Carnot, lié à la déperdition d'énergie par frottements, par exemple, puisque l'entropie définie par Clausius augmente au cours d'un processus irréversible. Mais la notion de désordre lié à l'entropie est beaucoup plus générale.

Une façon plus parlante de la considérer consiste à envisager plus simplement la distribution des vitesses d'un gaz en fonction de sa température. Plus le gaz est chaud et plus les vitesses des molécules sont dispersées, en désordre ; son entropie est alors plus grande.

L'entropie semble bien, comme l'énergie, avoir un fort caractère d'objectivité : un système isolé conserve son énergie et évolue spontanément vers un état d'entropie maximum. Cet état est appelé état d'équilibre, que le système atteint au bout d'un temps plus ou moins long, jamais parfaitement bien sûr. Or l'histoire de la physique nous apprend que l'énergie ne se conserve qu'à condition d'en inventer de nouvelles formes lorsque celles que nous connaissions déjà se trouvent en défaut : il a ainsi fallu ajouter l'énergie potentielle à l'énergie cinétique en mécanique puis en électromagnétisme, et combiner ces énergies mécaniques ou électriques à la chaleur, comme nous allons le voir, et plus tard l'énergie nucléaire, etc... Aucune forme seule ne se conserverait, pas même l'énergie la plus "dégradée" qu'est la chaleur.

Nous verrons au chapitre suivant que l'entropie dont nous avons décrit l'apparition historique dans un contexte difficile quoique concret au départ, laborieux comme l'est le monde des machines mais finalement beaucoup plus abstrait que la traditionnelle mécanique, peut être complètement redéfinie à partir de données microscopiques tout à fait générales, bien loin des machines à vapeur, à la fin du 19e siècle par Ludwig Boltzmann. L'entropie sera encore repensée au 20e comme une grandeur qui fait apparaître le point de vue de l'expérimentateur à travers la notion d'information ; j'en parlerai également. L'objectivité de cette notion apparaît dorénavant comme étant celle d'une relation expérimentale entre nous et le monde lointain des molécules plutôt que celle d'une réalité qui se dévoilerait de façon absolue dans l'expérience pratique des machines.

Chapitre 7

Le “mécanisme” de la fin du XIXe siècle

> « Puisque la chaleur consiste en une agitation subtile, qui, pénétrant avec facilité les corps les plus compacts, met en mouvement leurs mobiles circulant ; il est évident que la vitesse de leur mouvement est la mesure du degré de chaleur… »
>
> Jean Bernoulli, 18e siècle.

En 1857, Rudolf Clausius avait publié : « Sur la nature du mouvement que nous appelons chaleur », dans lequel la chaleur n’est que du mouvement de particules à l’intérieur du gaz ; je l’ai mentionné au précédent chapitre et vais maintenant l’aborder autrement, dans le cadre du “mécanisme” dont j’avais parlé précédemment.

Nous allons voir ce qui est commun avec cette façon classique d’envisager l’explication et la cause scientifique au 17e siècle et ce qui en diffère radicalement par l’évolution des méthodes. Les physiciens disposent maintenant d’un vrai protocole expérimental, c’est-à-dire de mesures assorties d’un intervalle de précision permettant de dire si le résultat est en accord ou non avec la prédiction théorique. C’est ce qui manquait à tous nos savants du 17e siècle, de Galilée à Newton, pour utiliser vraiment leurs expérimentations à des fins – non pas de preuves puisque c’est impossible – mais de tests décisifs. On a coutume de parler aujourd’hui de « vérification expérimentale » lorsque la prévision et le résultat concordent, car la théorie s’en trouve consolidée ; gardons néanmoins à l’esprit notre réticence à parler de “vérité” de la théorie ainsi confirmée, jusqu’à mon Chapitre 11 qui traitera de cette question plus précisément. En attendant, en ce qui concerne les théories cinétiques de la chaleur, puis l'atomisme de la fin du 19e siècle, il n'est guère question de vérification expérimentale directe. Nous sommes bien encore dans une volonté de représentation plus simple - analogique - des phénomènes complexes observés, dans la même recherche d'intelligibilité qu'au 17e siècle.

Le contexte philosophique a cependant changé également, avec l'apparition du "positivisme" d'Auguste Comte au début du siècle : certains considèrent dorénavant la science comme une pure compilation des lois empiriques, une description mathématique de faits naturels à l'aide d'équations ; les phrases qui accompagnent ces équations étant secondaires, non nécessaires. Mais alors la thermodynamique classique suffit puisqu'elle permet de mettre en forme et de prédire. Perfectionnée par Willard Gibbs entre 1870 et 1880, cette thermodynamique devient une théorie mathématique sophistiquée des fonctions "potentielles" et de leurs dérivées partielles, mises en relation d'une façon conforme aux expériences, et particulièrement adaptée à la nouvelle science chimique. On sait que Pierre Duhem était resté au début du 20e siècle fidèle à cette description efficace des relations thermodynamique et chimique, qui n'a que faire de l'imaginaire atomiste.

Clausius n'avait cependant pas été le premier à proposer un modèle cinétique de la chaleur puisqu'on en trouve une ébauche chez Daniel Bernoulli au 18e siècle. Et celui-ci ne faisait ainsi que suivre les traces de son père, Jean Bernoulli, que j'ai cité en exergue au début de ce chapitre. Francis Bacon en avait déjà émis l'idée au tout début du 17e siècle, et on en trouverait sûrement d'autres mentions en cherchant dans des textes antérieurs, mentions qui pourraient relever simplement de l'atomisme antique, ou de tout courant cherchant à éviter la diversité des substances, des explications, des causes.

La théorie cinétique de la chaleur mise au point par John Herapath au début du 19e siècle pourrait être plutôt d'inspiration cartésienne, puisqu'il cherchait également une explication mécanique de la gravité, avec agitation de matières subtile, mouvements incessants. Il proposa sa théorie à la Royal Society en 1820 et son article fut rapporté par Sir Humphrey Davy qui semblait lui être favorable, mais le rejeta en raison d'une conséquence : l'existence d'un zéro absolu de la température pour lequel tous les mouvements devaient cesser ! L'article fut cependant publié en 1821 dans les *Annals of Philosophy*, revue anglaise fondée par un chimiste, mais n'attira pas l'attention de la communauté savante.

La théorie en vigueur était en effet, depuis son invention par le chimiste écossais Joseph Black, celle du "calorique". Antoine de Lavoisier l'avait adoptée pour remplacer l'hypothèse du "phlogistique" qu'il avait lui-même expérimentalement réfutée. Joseph Fourier déclarait en 1822 dans sa « Théorie analytique de la chaleur » :
« Cette partie de la philosophie naturelle ne peut se rapporter aux théories dynamiques, elle a des principes qui lui sont propres et elle est fondée sur une méthode semblable à celle des autres sciences exactes. Par exemple, la chaleur solaire qui pénètre à l'intérieur du globe, s'y distribue suivant une loi régulière qui ne dépend point de celle du mouvement, et ne peut être déterminée par les principes de la mécanique. »
Sans prononcer le mot de « calorique », Fourier concevait donc la chaleur, qui se diffuse dans les corps selon l'équation qu'il établit alors, comme un fluide indépendant de la matière du corps dans lequel elle se répand. Il n'est alors pas vraiment étonnant que Sadi Carnot utilise encore ce concept dans son mémoire de 1824 : « *Réflexions sur la puissance motrice du feu.* » ; le fluide calorique tombe de la source chaude à la source froide en produisant au passage du travail comme pourrait le faire l'eau d'une cascade, nous l'avons vu au précédent chapitre. Mais s'il n'était pas mort si rapidement, il aurait sans doute modifié sa position, car dans une note inédite de 1831, peu avant son décès, on peut lire :
« La chaleur n'est autre chose que la puissance motrice, ou plutôt que le mouvement qui a changé de forme. C'est un mouvement dans les particules du corps. Partout où il y a destruction de force motrice, il y a en même temps production de chaleur en quantité précisément proportionnelle à la quantité de puissance motrice détruite. Réciproquement partout où il y a production de chaleur, il y a destruction de puissance motrice [...] l'on peut poser en thèse générale que la puissance motrice est en quantité invariable dans la nature ; qu'elle n'est jamais, à proprement parler, produite ou détruite. A la vérité, elle change de forme, c'est-à-dire qu'elle produit tantôt un genre de mouvement tantôt un autre, mais n'est jamais anéantie. »

Carnot aurait donc pu renoncer à la conservation de la chaleur, du fluide calorique, en la remplaçant par la conservation d'une quantité plus générale, multiforme.

On retrouve la même idée plus tard, avec une interprétation cinétique de la chaleur, dans une publication du physicien écossais John James Waterston en 1843, puis chez Auguste Charles Krönig qui avait lu le travail du précédent.

Mais il ne s'agit plus chez Clausius dans son mémoire de 1857 d'une simple idée ; quoique invérifiable, son hypothèse s'appuie sur des hypothèses suivies de calculs précis. Il suppose que l'espace occupé par les molécules est négligeable par rapport à l'espace du gaz, que le temps de l'impact l'est aussi par rapport à celui du libre parcours moyen (entre deux collisions), ainsi que les forces moléculaires par rapport à la « force vive » des molécules elles-mêmes, nous dirions aujourd'hui leur énergie cinétique. Ces conditions sont pour nous celles du "gaz parfait", le seul qui obéisse parfaitement aux lois de Mariotte et de Gay-Lussac, qu'il appelle lui, « idéal ». La forme du contenant n'importe pas, mais Clausius la choisit telle que l'on puisse ne considérer que les chocs sur deux grandes parois parallèles ; on détermine le nombre moyen par unité de temps en fonction de la densité **n** de molécules et de leur vitesse moyenne **u**, définie à travers la « force vive » moyenne par unité de volume du gaz. Il calcule alors la quantité de mouvement transmise à la paroi par unité de temps, qui a la dimension d'une force et permet de connaître la pression **p** sur les parois : $\mathbf{p} = (1/3)\ \mathbf{m}\ \mathbf{n}\ \mathbf{u}^2$ où **m** est la masse des molécules. Les chocs ont lieu dans toutes les directions et c'est la moyenne de la projection de la vitesse sur la normale à la paroi qui donne le facteur 1/3. Alors, par l'intermédiaire des lois de Mariotte et Gay-Lussac, il peut écrire pour la température de son gaz « idéal » : $\mathbf{T} = \text{constante}.\ \mathbf{m}\ \mathbf{n}\ \mathbf{u}^2$.

Clausius utilise cette formule pour calculer la vitesse moyenne d'agitation de différentes molécules dans des conditions normales de température et de pression, puis approfondit en 1858 sa théorie par le calcul d'un libre parcours moyen des molécules.

Plus précis que ses prédécesseurs, Clausius impose davantage sa conception cinétique de la chaleur, en raison sans doute également du succès de ses autres travaux de thermodynamiques. En dépit d'une opposition déjà explicite de la part de certains détracteurs, cette avancée ouvre une nouvelle voie à des conceptions atomistes de la matière en général, dont Maxwell et Boltzmann.

La théorie cinétique de James Clerk Maxwell

Maxwell, né à Edimbourg en 1831, est sans doute plus connu pour sa théorie de l'électromagnétisme – que j'aborderai au chapitre suivant – que pour sa théorie cinétique des gaz, sauf sous le terme de « distribution de Maxwell » que connaissent bien les physiciens. Il déclare en 1860 que tant de propriétés des gaz peuvent « être déduites de l'hypothèse que leurs composants sont en mouvement rapide, la vitesse augmentant avec la température, que la nature précise de ce mouvement est devenu un sujet de curiosité rationnelle. »

Au cours d'un choc quelconque, les vitesses peuvent donc être modifiées en grandeur et direction.

Maxwell annonce ceci :
« Si un grand nombre de particules sphériques égales étaient en mouvement dans un récipient parfaitement élastique, des collisions auraient lieu entre ces particules et leurs vitesses seraient modifiées à chaque collision ; si bien qu'après un certain temps la "*vis viva*" (force vive ou énergie cinétique) sera répartie entre toutes les particules selon une loi régulière, le nombre moyen de particules dont la vitesse se trouve entre certaines limites étant déterminable, bien que la vitesse de chacune change à chaque collision. »

La façon dont Maxwell parvient à la forme exponentielle finale de cette distribution est d'une élégance qui a de quoi perturber ses contemporains, car elle ne résulte que de l'isotropie, c'est-à-dire de la symétrie pour toutes les directions, supposée pour la répartition des vitesses dans le gaz. Maxwell recherche une distribution des vitesses caractérisée par une fonction f, la même dans les trois directions x, y et z. Il remarque ensuite que si on laisse évoluer un ensemble de molécules à partir d'un centre, leur répartition au cours du temps ne doit dépendre que de la distance au centre $x^2+y^2+z^2$ Cela lui donne une équation fonctionnelle dont la solution ne peut être qu'une exponentielle.

Si Clausius avait été peu bavard sur ce qu'il pensait de la structure réelle de la matière, gardant une séparation nette entre la thermodynamique générale et sa théorie cinétique, Maxwell semble davantage concerné par la structure microscopique réelle de la matière, même s'il demeure prudent dans ses formulations. Ce qui me fait penser ainsi est qu'il adhère plus tard au modèle d'atome proposé d'abord par William von Helmholtz, puis par William Thomson (Lord Kelvin), sous forme de vortex fluides dans l'"éther". L'éther, que nous avons déjà rencontré chez Huygens, joue en effet un très grand rôle dans l'électrodynamique de Maxwell à la suite de l'adoption de la théorie de Fresnel pour la lumière au 19e siècle. Si Maxwell avait au départ proposé un modèle de sphères dures en tant que modèle analogique, permettant de retrouver des résultats expérimentaux à partir de processus élémentaires de chocs de boules de billard - donc faciles à comprendre et à visualiser - sa conception mécaniste personnelle est plus subtile. Les ondes électromagnétiques se propagent en effet dans un éther, dont la structure mécanique doit permettre la propagation d'ondes transversales.

Remarquons enfin que les partisans de la théorie cinétique de la chaleur peuvent rendre compte des phénomènes de "friction" dans un fluide - c'est-à-dire le fait que les parties les plus rapides sont freinées par les plus lentes - ainsi que de la diffusion d'un gaz ou liquide dans un autre, c'est-à-dire l'évolution spontanée vers le mélange. Ces deux phénomènes s'expliquent en effet à partir de la vitesse d'agitation des molécules qui entraîne celles-ci dans d'autres parties de l'ensemble, transportant ainsi soit la vitesse globale de la partie dans laquelle elle se trouvait (friction ou viscosité), soit le fluide lui-même dans un autre (diffusion). Or on ne trouve aucune explication de ces phénomènes dans une conception continue de la matière, et Maxwell prend bien soin dès son article de 1860 de calculer à l'aide de sa distribution un coefficient de friction pour l'air.

Boltzmann s'inscrit, à sa façon, dans la suite de ces recherches de Clausius et Maxwell, domaine que l'on appelle maintenant « thermodynamique statistique ».

La fonction H de Ludwig Boltzmann

Boltzmann n'était pas satisfait de la façon dont Maxwell avait exhibé la forme de la distribution des vitesses pour un gaz à l'équilibre. Elle ne lui paraissait pas assez explicite, trop succincte. Il reprit donc le problème à partir des collisions individuelles des molécules de gaz et décrivit l'évolution de la distribution de leurs vitesses qui en est la conséquence. Pour modéliser ces collisions, il supposait qu'une molécule qui vient en frapper une autre peut rejaillir dans une direction quelconque, au hasard, comme l'avait supposé Maxwell. Il proposa alors une somme, une intégrale, de toutes les interactions pour chaque intervalle d'énergie, dont l'évolution mettait en évidence le transfert d'un intervalle à l'autre. De plus, le nombre des collisions entre deux molécules d'énergies cinétiques données était calculé comme si ces énergies étaient également distribuées au hasard, indépendamment du passé.

Il est clair alors que les collisions envisagées ne sont pas traitées de façon classique, selon la mécanique newtonienne, mais déjà de façon "statistique", c'est-à-dire avec une hypothèse sur l'indépendance mutuelles des grandeurs envisagées, sur lesquelles on pourra faire des moyennes. Boltzmann aboutit à une fonction E, renommée ensuite H, qui a le même comportement que l'entropie en général, au signe près, lequel n'était que pure convention.

Boltzmann a ainsi prolongé, généralisé et renforcé les représentations atomistiques de Clausius et Maxwell. On le considère à juste titre comme le physicien atomiste de la fin du 19e siècle, en opposition aux "énergétistes" qui ne voulaient conserver en physique que la description par des fonctions et renvoyaient les atomes à l'imaginaire et la métaphysique.

Le statut de l'atomisme à la fin du 19e siècle.

Boltzmann présentait prudemment sa théorie atomiste comme une hypothèse. Nous avons constaté cependant son besoin de représenter plus concrètement que Maxwell l'évolution du gaz vers l'équilibre par des collisions qui, au moins à ce moment-là, lui paraissaient plus "réelles", plus concrètes en tout cas, que les symétries invoquées par Maxwell en 1860. Il est certain qu'il a eu, plus que d'autres au cours de cette période, l'envie de savoir ce qu'il en est "vraiment" de la nature de la matière, avec au départ quelques illusions. Mais Boltzmann a tenu cependant à donner ensuite un statut plus rigoureux à l'hypothèse atomiste que ses détracteurs avaient si violemment critiquée.

Dans un article de 1895 publié en anglais dans Nature sous le titre : « *On Certain questions of the Theory of Gases* », Boltzmann se pose en effet les deux questions suivantes :

(1) La Théorie des gaz est-elle une vraie théorie aussi valable que toute autre théorie physique ?

(2) Que peut-on demander à une théorie physique ?

Puis il évoque la théorie atomisme de Boscovich. Celui-ci considérait au siècle précédent la matière et l'éther comme composés de points matériels interagissant entre eux par des forces qui diminuaient avec la distance. En raison des doutes et critiques par rapport à ces images, Boltzmann cite alors, dans son article, Heinrich Rudolf Hertz :
« La rigueur scientifique requiert que nous distinguions entre la figure dénudée de la nature elle-même et le vêtement gaiement coloré dont nous l'habillons à notre guise. »

La question du rapport entre la réalité et le discours scientifique était bien à l'ordre du jour, et Boltzmann ne peut y échapper ; on trouve également dans ses *Leçons sur la théorie des gaz* de 1895 la mention d'une phrase de Gustav Kirchhoff [18]:
« Les théories sont à la nature ce que les signes sont aux choses qu'ils désignent, ce que les lettres sont à la voix ou les notes à la musique ».

Cette affirmation extrême renvoie à de purs signes - pas même des images plus ou moins ressemblantes - les équations et principes des théories. Boltzmann se sert de cette idée pour qualifier lui-même la théorie d' “image mentale”, donc intérieure et non extérieure, ce qui ne comporte pas fatalement l'arbitraire des signes évoqués par Kirchhoff : les signes que j'écris ici pour représenter des mots, et ces mots mêmes par rapport aux choses qu'ils désignent, sont en effet purement conventionnels, donc arbitraires, tandis que l'image mentale ne l'est pas ; elle est selon Boltzmann une “analogie”, qui suppose un rapport de structure avec le phénomène extérieur, lequel se situe à l'intérieur de l'image elle-même alors qu'on ne le trouve pas dans le signe, mais dans les rapports des signes entre eux.

Boltzmann veut seulement dire en fait par là que ceux qui refusent l'atomisme pour se contenter d'une mise en forme mathématique des relations entre les mesures ont également besoin d'images mentales, d'une notion de continuité par exemple, et que l'atomisme en est une autre, ni plus ni moins métaphysique que la leur. Il est vrai qu'il y a également un rapport structurel entre les mots arbitraires du langage dans une phrase, rapport qui renvoie à celui des choses. En ce sens, le propos de Kirchhoff est éclairant : les éléments théoriques ont entre eux des rapports qui sont ceux des éléments de la réalité qu'ils

[18] D'après un article de Robert Locqueneux, Bernard Maitte et Bernard Pourprix, publié en 1983 dans *Fondamenta scientiae*, : « Les statuts épistémologiques des modèles de la théorie des gaz dans les œuvres de Maxwell et Boltzmann ».

représentent, sans que leur rapport à la réalité puisse être considéré isolément.

Boltzmann a été influencé davantage encore par les *Principes de la mécanique* publiés en 1894 par Hertz. Celui-ci s'explique longuement sur ses motivations dans son introduction. A la première page, on lit ceci :
« Nous nous faisons des simulacres ou des symboles intérieurs des objets extérieurs, et nous les faisons d'une espèce telle que les conséquences – nécessaires selon la pensée – des images, sont toujours à leur tour des conséquences – nécessaires selon la nature – des objets reproduits. »

Il doit donc y avoir les mêmes rapports entre les signes et les choses qu'elles désignent, afin de garantir que notre connaissance de la nature permette de prévoir. Le dualisme qui oppose esprit et nature est très clair dans le livre de Hertz qui va jusqu'à séparer son livre en deux : le premier ne faisant pas du tout appel à l'expérience, théorisation *a priori* selon Kant, et le second faisant au contraire appel à l'expérience sensible. Cette distinction peut étonner au 19e siècle alors que l'expérience a été transformée en expérimentation, c'est-à-dire en méthode qui remplace l'expérience sensible et détruit l'éventuelle séparation en esprit et nature en les intriquant étroitement. Ce retour en arrière montre un certain désarroi, le besoin de refonder la connaissance scientifique en deçà de ses résultats indubitables : rappelons que Hertz est celui qui a découvert la propagation des ondes électromagnétiques. Il est donc étonnant que de telles précautions émergent alors que tout marche si bien dans la physique expérimentale et que l'on ne sent pas encore le début d'une crise. Mais c'est précisément la rigueur de l'expérimentation qui induit un regard critique sur les interprétations. Je montrerai plus loin que le développement des études de physiologie, avec les études de Fechner ou Helmholtz sur la perception, joue un rôle prépondérant dans cette forme d'insatisfaction ; mais restons pour l'instant dans le domaine de la physique proprement dite.

L'atomisme a été violemment rejeté par les partisans du courant "énergétiste" fondé par le chimiste Oswald et défendu par le physicien Ernst Mach, comme relevant de la métaphysique puisque non directement testable. C'est cette violente querelle qui suscite un besoin de reconstruction des fondements qui soit en rapport avec les succès expérimentaux, comme s'il y avait un déséquilibre entre ces derniers et les explications sous-jacentes. Hertz déclare d'ailleurs que ce n'est pas le désaccord d'avec l'expérience qui le motive dans sa reformulation de la mécanique, mais l'obscurité, le manque d'intelligibilité. Les termes utilisés en mécanique demeurent mystérieux, sauf lorsqu'ils sont reliés à d'autres par de multiples relations qui nous le rendent familiers, comme celui de vitesse. Il considère par ailleurs que l'expérimentation ne suffit pas à décider de la bonne théorie qui demeure donc sous-déterminée. Celle-ci, considérée comme une image, doit simplement obéir à des critères :

1°) d'admissibilité : logique pour la pensée,

2°) de correction : par rapport aux faits expérimentaux,

3°) d'adéquation : critère plus délicat, pragmatique, de simplicité par exemple.

Boltzmann, lecteur de Hertz, va donc prendre du recul par rapport à ses propres théories. Il réfléchit au bien-fondé de la nouveauté théorique en termes de prédiction et de domaine d'application, ainsi qu'en termes de simplicité et de cohérence. Il se voit attribuer en 1902 la chaire de Philosophie des Sciences de l'Université de Vienne, succédant ainsi à Ernst Mach pour lequel cette chaire avait été créée en 1895. Mach avait proposé d'éliminer des théories tout concept non directement mesurable : masse ou force par exemple, mais aussi toute représentation inutile comme l'espace (j'en parlerai au chapitre 9) et, bien sûr, les masses et les forces newtoniennes. Boltzmann n'adopte évidemment pas les positions de son prédécesseur, jugeant les hypothèses théoriques indispensables, ne serait-ce qu'en tant qu'images mentales que l'on ne peut éliminer. Il s'interroge en revanche sur les facultés de l'esprit humain, celles qui permettraient de trouver des images finalement assez ressemblantes, à la faveur d'une formation progressive au contact du monde extérieur. Cette conception de l'esprit humain dans son évolution au cours de l'histoire ainsi que de son histoire personnelle, l'inscrit dans une démarche plus psychologique que celle des philosophes critiques du siècle précédent dominés par Kant, ou même que celle de Hertz dont je viens de parler, et donc plus proche des recherches d'un Helmholtz ou encore des psycho-philosophes auxquels se référait Mach : Richard Avenarius ou encore Gustav Fechner, tous deux intéressés par l'étude expérimentale de la physiologie des perceptions. Boltzmann restera cependant bien en deçà de ces recherches, car on ne peut pas tout faire, surtout lorsque l'on disparaît brutalement à 60 ans. Il s'est contenté de se référer à Darwin et cela lui suffisait pour affirmer que les formes *a priori* de la pensée humaine ont été modelées par l'expérience et le seront encore par la suite. Cette idée éliminait chez lui tout pessimisme, quoique sa phrase favorite ait consisté – selon Nadine de Courtenay[19] – à dire qu'il n'y a pas de vérité absolue ; la vérité absolue était selon lui réservée aux propositions purement analytiques, c'est-à-dire tautologiques. Mais cela n'implique pas que les autres propositions soient arbitraires.

Les "images mentales" de Boltzmann ne sont pas de purs produits de l'imagination car elles ont une fonction dans le cadre de modèles nécessaires. Les énergétistes en ont également, dit-il, fondées sur la continuité. Le fait de renvoyer à ce moment là les atomes à de simples images, des fictions, constituait sans doute en partie un système de défense contre des attaques trop violentes, mais la réflexion de Boltzmann s'inscrivait néanmoins dans une recherche philosophique assez générale, qui a eu l'avantage d'être produite alors par un des scientifiques de haut niveau de son époque, qu'Einstein appelait plus tard : "Boltzmann le magnifique".

Le fait que plusieurs scientifiques de haut niveau se posent à cette époque des questions concernant les fondements de la physique a de quoi surprendre car aucune difficulté réelle n'entrave l'avancée des diverses théories. Tout semble aller pour le mieux au point que Lord kelvin déclarait en 1900 devant une assemblée de physiciens de l'Association britannique pour l'avancement des sciences (*British association for advancement of sciences*): « Il n'y a rien de nouveau à découvrir en physique, il ne reste qu'à faire des mesures de plus en plus précises. ».

Or l'article de Planck à propos de la théorisation du corps noir date précisément de cette année, et les expériences de Michelson et Morlay destinées à détecter le mouvement de la Terre par rapport à l'éther ont déjà été effectuées. Les bouleversements théoriques de la relativité restreinte et de la mécanique quantique ne sont donc pas très loin, mais pas encore pressentis par l'ensemble de la communauté. Les interrogations dont nous venons de parler sont indépendantes de toute difficulté expérimentale ; il faut les comprendre au contraire comme une réaction à une science physique qui avance techniquement trop

---

[19] D'après un article de Nadine de Courtenay : *The role of models in Boltzmann's Lectures on natural philosophy. », M. Heidelberger and F.Studler (editors) History of Philosophy and Science, 2002, Kluwer Academic publishers, Hollande.*

rapidement, y compris pour ses auteurs, et laisse certains d'entre eux insatisfaits dans leur besoin de se faire une représentation du monde.

Chapitre 8

Ondes électromagnétiques et Relativité “restreinte” : la contrainte expérimentale

Après l’apparition en 1905 de la théorie de la Relativité restreinte, espace et temps seront liés définitivement et ce sera l’objet du chapitre suivant. Comment cela se fait-il ? Parce que la vitesse de la lumière est finie (on le sait depuis Römer au 17ᵉ siècle), et qu’elle n’est qu’un cas particulier d’onde électromagnétique (on le sait grâce à Maxwell dans la seconde moitié du 19ᵉ siècle), toute information est irrémédiablement soumise à un retard proportionnel à la distance, reliant ainsi la date d’arrivée d’un signal lumineux avec la position de sa source par rapport à celui qui le reçoit.

La nouvelle théorie prendra en compte ce fait : tout ce que l’on regarde est vu avec un certain retard, y compris l’horloge qui nous indique le temps ; ce retard dépend évidemment de la distance de l’objet “horloge”. C’est tellement facile à comprendre que c’en est banal et on ne voit pas pourquoi cela devrait révolutionner la physique puisque cela a toujours été vrai. Cela n’intervenait guère dans la vie courante puisque la vitesse des ondes électromagnétique est à peu près de 300.000 km/s, tellement grande que le retard occasionné sur des distances courantes est imperceptible : de l’ordre du millionième de seconde. L’utilisation du télégraphe électrique sur de grandes distances vers la fin du 19ᵉ siècle rend concret le problème de la synchronisation des horloges, et remet en cause le sens de l’expression : « en même temps ». On peut imaginer de plus qu’en se plaçant à mi-distance de deux évènements, on peut encore dire s’ils ont lieu en même temps ou non. La lumière mettra en effet le même temps pour parcourir les deux distances égales, mais si les horloges ne sont pas à même distance de l’observateur, leur synchronisation est détruite.

Mais il y a maintenant plus grave, car dans le cadre des transformations de Lorentz qui doivent remplacer celles de Galilée, deux évènements qui sont simultanés dans un repère ne le sont pas dans l'autre : pendant le temps que met la lumière à se déplacer, les positions relatives des horloges à l'observateur en mouvement ont changé, les distances égales ne le sont plus et la lumière ne met plus le même temps pour lui parvenir. Le résultat est que non seulement l'origine du temps, mais la durée de l'intervalle est modifiée d'un repère à l'autre. On peut donc établir une simultanéité à distance pour une personne, un observateur, mais pas pour tout observateur. Chacun a donc son temps, son "temps propre" dit-on maintenant pour réserver à chacun son propre temps, qu'il peut appliquer à son entourage mais qui n'est pas celui de son entourage. Cela a soulevé beaucoup de polémiques, dont je ne parlerai qu'au chapitre suivant.

En conséquence chacun a aussi son espace, car notre espace à trois dimensions, celui de nos expériences courantes, est pensé comme un ensemble qui existe "en même temps" - nous l'avions déjà dit - dans une sorte de repos relatif, qui pourrait être saisi d'un seul coup d'œil, en un seul instant. Or cela n'est plus possible en toute rigueur pour tout le monde à la fois. Si l'espace et le temps ne sont plus indépendants, d'une certaine façon il n'y a plus d'espace ; on ne peut reconstituer celui-ci que localement, dans son propre voisinage, mais pas au delà, hélas ! L'espace dans lequel on pouvait aller et venir, et surtout revenir, est à ranger dans le tiroir des illusions, des paradis perdus.

Je veux montrer dans ce chapitre qu'il y a une forte nécessité expérimentale au départ de cette théorie, comme il y en a une au fondement de la Mécanique quantique, mais non de la Relativité générale. Le sujet scientifique, le savant, se heurte à quelque chose qui refuse ses constructions antérieures, qui dit non. L'expérimentation ne dit jamais définitivement oui à une théorie, mais peut dire non. Encore ne sait-on pas toujours déterminer à quoi précisément elle dit non.

Conformément à ce qui a été dit dans l'introduction, cette contrainte expérimentale n'assure la vérité d'aucun des énoncés qui en résulteront, non seulement parce qu'ils peuvent être considérés comme des interprétations, mais déjà simplement parce qu'ils sont des énoncés. Peut-on attribuer cependant aux équations qui régissent les nouveaux liens entre espace, temps et vitesses – les équations de Lorentz – un statut bien différent de celui des principes, les reconnaître comme la transcription incontournable de l'expérience ? J'aurais tendance à répondre oui, ne serait-ce que parce que ces équations ont été approchées par une bonne dizaine de savants en même temps ; mais je préfère laisser cette question en suspens pour la reprendre en conclusion.

Cette théorie est habituellement datée de 1905, à juste titre en raison de la publication d'articles importants par Heinrich Anton Lorentz et Henri Poincaré dans les années précédentes, entre 1900 et 1905, et enfin de l'article fondateur d'Albert Einstein en 1905.

Mais il nous faut d'abord revenir un siècle en arrière. Le rapport entre science et société est bien différent au 19e siècle qu'au 17e ; nous l'avons déjà perçu à travers l'histoire de la thermodynamique, qui était directement liée au monde des machines. Ce n'est pas le cas de ce dont nous allons parler maintenant mais la science expérimentale profite des progrès techniques et institutionnels, ainsi que de la mise au point d'un véritable protocole d'évaluation de la précision du résultat, permettant de statuer sur l'accord entre mesure et prédiction théorique. La nouvelle science expérimentale profite également de l'amélioration de l'éducation, d'un accès plus large à l'enseignement secondaire (dans les "écoles centrales") et donc également au supérieur : dans des écoles créées sous la Révolution comme l'École polytechnique et l'École normale supérieure, dans celles qui existaient avant comme l'École des ponts et chaussées ou l'École des mines, à l'Université enfin. Le collège de France et l'Académie des sciences, plus anciens, jouent toujours leur rôle moteur, mais une part plus importante de la population est capable de comprendre ce qui se passe en science et d'y participer.

Le paysage scientifique se modifie en outre considérablement au début du siècle. Alessandro Volta met au point les premières piles qu'il présente à la Royal Society en 1800 ; on pourra dorénavant alimenter des circuits électriques de façon continue, sur des périodes de temps suffisantes pour faire des expériences, ce que les machines électrostatiques ne permettaient pas. Pouvoir manipuler l'électricité répond d'une certaine façon aux interrogations sur sa nature, ou les rend tout au moins inutiles ; jusqu'à la découverte de l'électron à la fin du siècle, on parlera de deux "fluides électriques" comme on avait parlé auparavant de "fluide calorique", mais ces appellations sont maintenant explicitement considérées comme des « hypothèses ».

C'est précisément à cette période que Thomas Young observe en outre des interférences lumineuses, qu'il présente à la Royal Society en 1803. Par analogie avec les interférences qu'il a observées dans l'eau, il veut prouver ainsi la nature ondulatoire de la lumière, hypothèse presque totalement abandonnée au 18e siècle, à part quelques exception dont celle – notable - de Léonard Euler, au profit de la théorie corpusculaire newtonienne.

La théorie ondulatoire de la lumière

En recherchant, comme on le faisait depuis Copernic, des parallaxes[20] d'étoiles liées au déplacement de la Terre sur son orbite, l'astronome James Bradley avait découvert en 1728 un déplacement apparent de la direction des étoiles qui ne pouvait être une parallaxe. Ce déplacement était en effet maximum pour les étoiles situées au zénith, de 20'' d'arc environ, et constituait un déplacement de l'ensemble de ces étoiles relativement à celles qui sont basses sur l'horizon, indépendamment des distances. Ces distances des étoiles étaient inconnues mais forcément différentes les unes des autres. Or cet angle maximum de 20'' d'arc (soit 1/10.000 radians) est exactement égal à v/c ou v est la vitesse de la Terre sur son orbite (30km/s) et c la vitesse de la lumière (300.000 km/s) ; les parallaxes cherchées n'auraient dû mettre en jeu que le rapport du diamètre de l'orbite terrestre à la distance de l'étoile (les plus grandes ne sont que de l'ordre de la seconde d'arc, pour les étoiles les plus proches) au lieu de v/c. Ce phénomène s'explique facilement dans la théorie corpusculaire de Newton par un simple effet de composition des vitesses qui oblige à incliner le télescope d'un angle de v/c pour recevoir les corpuscules comme on le ferait pour recevoir n'importe quelle matière.

Mais ce qui est inexplicable est alors la constance de cet angle pour tous les objets situés dans des directions faisant un même angle avec le zénith. Il est normal en effet qu'il ne dépende pas de la distance de l'étoile, mais il devrait dépendre en théorie newtonienne de la vitesse de celle-ci, vitesse que l'on ne connaît pas non plus mais que l'on suppose évidemment variable d'une étoile à l'autre. Certains ont en outre déjà imaginé que les corpuscules devaient être freinés au départ par attraction gravitationnelle selon sa masse ; pourquoi alors la vitesse de la lumière reçue depuis une direction donnée est-elle si constante ? Cette anomalie affaiblit déjà la théorie newtonienne de la

[20] Déplacement apparent d'une étoile proche sur le fond des étoiles plus lointaines, au cours de la révolution annuelle de la Terre.

lumière, incitant certains à chercher ailleurs, comme Thomas Young et Augustin Fresnel, puis François Arago.

Young avait utilisé la lumière du Soleil à travers un petit trou pour avoir une source quasi-ponctuelle, et éclairait ainsi une bande de carton : les deux bords parallèles de la bande diffractaient la lumière – phénomène déjà connu et étudié depuis Grimaldi – mais apparaissaient également des franges d'interférences dans l'ombre. Le matériel utilisé par Young est si simple que l'on se demande pourquoi cela n'avait pas été réalisé plus tôt ; mais il fallait sans doute avoir l'idée de la nature des ondes lumineuses pour choisir une bande de carton assez étroite ; il faut de plus que les bords en soient bien rectilignes et parallèles ; bref, il faut beaucoup de soin et de précision, en accord avec ce qu'on attend du dispositif mis en place. La diffraction pouvait être obtenue par hasard, mais pas les interférences ; or ce sont celles-ci qui confirment le caractère périodique des ondes et permettent ensuite de mesurer fréquences et longueurs d'onde. On pourra après 1811 utiliser des arcs électriques plus pratiques, mis au point par l'anglais Humphrey Davy, et des dispositifs de deux trous ou deux fentes percés dans un matériau plus rigide, assurant une bonne qualité des bords.

François Arago, astronome français brillant et inventif, membre du Bureau des longitudes et de l'Observatoire de Paris (les deux instituts sont liés) s'intéresse à la nature de la lumière ; il conçoit alors dès 1810 des expériences de réfraction à travers un prisme de la lumière reçue des étoiles, afin de détecter la vitesse relative de la source, c'est-à-dire celle de la Terre par rapport à l'étoile, qui doit selon la théorie corpusculaire newtonienne modifier l'angle de réfraction. Je rappelle que le rapport des sinus entre angle d'incidence (premier milieu) et angle de réfraction (second milieu) est égal au rapport des vitesses de la lumière dans chacun des milieux : de la vitesse dans le second milieu à celle dans le premier dans le cadre de la théorie corpusculaire (de Newton), l'inverse dans la théorie ondulatoire (de Huygens). Mais il ne s'agit pas encore pour Arago à cette date de discriminer entre un rapport et son inverse ; il s'agit de tester la théorie corpusculaire dans laquelle la vitesse de la lumière se compose avec celle de sa source comme en mécanique ordinaire des projectiles. Dans le cadre d'une théorie ondulatoire en revanche, la vitesse de la lumière est définie par rapport à son support : l'éther, contenu dans chacun des deux milieux, air ou eau, ou dans le vide, et ne dépend donc pas de la vitesse de la source relativement à la Terre. Les expériences d'Arago sont donc très importantes. Il suffit de viser une étoile au zénith à l'aube (6h, heure solaire) pour savoir, à l'aide d'un simple schéma de la Terre sur son orbite autour du Soleil, que la Terre se dirige vers cette étoile. Sur le même schéma, on constate que l'on retrouve cette même étoile au zénith le soir (18h, heure solaire) six mois plus tard, mais alors la Terre s'en éloigne. On devrait donc obtenir en théorie corpusculaire newtonienne deux angles de réfraction différents, or on trouve la même chose.

Arago rencontre en 1815 Augustin Fresnel et c'est, selon James Lequeux dans son livre : *François Arago, un savant généreux*, [LEQUEUX, 2008] un « véritable coup de foudre scientifique » qui va conduire Arago à soutenir la théorie ondulatoire de Fresnel. Arago en était déjà partisan puisqu'il avait expliqué ainsi la scintillation des étoiles dès 1814. Augustin Fresnel propose alors une véritable théorie de la lumière constituée d'ondes périodiques, mise en forme mathématiquement de façon à pouvoir additionner des ondes et retrouver les figures d'interférence observées par Young. La contribution d'Arago est importante en ce qu'il soutient Fresnel et mettra plus tard au point un dispositif destiné à montrer que la vitesse de la lumière est plus importante dans l'air que dans l'eau. Il échoue, mais Hyppolite Fizeau réussira plus tard avec un dispositif du même genre.

Alors, avec le retour de la théorie de Huygens pour la lumière, réapparaît l'"éther", support de ces ondes lumineuses dont on sait bien depuis le 17e siècle qu'elles se propagent en l'absence de tout milieu matériel connu, en l'absence d'air. L'éther n'avait d'ailleurs pas totalement disparu ; il existait en sourdine dans les écrits newtoniens, mais revient sur le devant de la scène avec des avatars qui peuvent concerner l'électricité, le magnétisme ou la gravité. J'emprunte encore au livre de James Lequeux cette citation de Jérôme Lamy en 1842 :
« La propagation des vibrations du fluide éthéré donne la lumière et toutes les radiations. L'accroissement ou la diminution des masses d'éther qui forment les atmosphères des atomes pondérables produit l'électricité et les phénomènes chimiques. Enfin le mouvement vibratoire de ces atmosphères donne la chaleur »

Dans cette phrase se rejoignent l'atomisme de mon précédent chapitre et le mécanisme des vibrations lumineuses. Ces conceptions ne sont évidemment pas partagées par tous, mais celle d'un éther lumineux, support des ondes que l'on est contraint de reconnaître dorénavant, s'impose alors. Il s'impose avec une difficulté supplémentaire : Malus a déjà découvert le phénomène de polarisation de la lumière ; les vibrations ne sont donc pas longitudinales comme le son ou les vagues, mais transversales comme la vibration d'une corde de harpe, ou d'un corps solide. L'éther doit donc être solide, tout en étant intangible et non résistant... Cela devient difficile !

L'unification

Mais l'histoire de la Relativité restreinte proprement dite commence avec l'établissement par James Clark Maxwell - que nous connaissons déjà par sa théorie cinétique de la chaleur (voir le précédent chapitre) - du magnifique système des quatre équations de l'électromagnétisme, que l'on appelle aujourd'hui « Equations de Maxwell » et qui décrit le comportement des ondes électromagnétiques en général, dans le vide ou dans un milieu matériel. L'histoire de ce système très symétrique est exemplaire, car il n'acquiert sa simplicité qu'à la fin, par compilation d'équations séparées, compliquées, qui ne font que traduire des résultats expérimentaux, concernant cette fois l'électricité et le magnétisme que je résume très rapidement.

Charles Augustin Coulomb, ingénieur sorti en 1761 de l'Ecole du Génie de Mézières, avait inventé la balance de torsion qui porte son nom pour permettre de mesurer très précisément de petites forces. Il a pu ainsi mesurer la force qui s'exerce entre deux charges électriques et établir la « loi de Coulomb ». En 1820 Hans Christian Œrsted met en évidence l'action d'un courant sur un aimant, une aiguille de boussole qui s'oriente dans l'entourage du fil conducteur. À l'aide de l'aiguille aimantée, on peut ensuite explorer le magnétisme, en direction tout au moins, au voisinage du fil conducteur.

Arago est témoin de cette expérience, s'y intéresse et collaborera ensuite avec Ampère pour des expériences dans ce domaine ; mais je renvoie le lecteur au livre de James Lequeux pour mieux connaître le personnage de ce savant et le contexte de son activité débordante ! Pour approfondir éventuellement cette section et les suivantes, je renvoie mon lecteur aux deux livres écrits par Olivier Darrigol, [DARRIGOL, 2000 et 2005].

À partir de cette découverte de l'action d'un courant sur un aimant, électricité et magnétisme sont liés. André-Marie Ampère précise les résultats de l'expérience d' Œrsted, met en évidence l'action d'un courant sur un courant qu'il transcrit par l'équation qui porte son nom. Ampère cherche en même temps à représenter le magnétisme par des petites boucles de courant à l'intérieur des corps, traduisant ainsi ce que l'on conçoit dorénavant comme l'identité de nature entre électricité et magnétisme. Le magnétisme engendré par le courant électrique est formalisé par la loi d'Ampère et celle de Biot et Savart. Mais l'expérimentation continue, inspirée par cette idée d'une symétrie entre les deux phénomènes : puisque le courant électrique produit des forces magnétiques, on cherche à mettre en évidence un courant électrique produit par un aimant. Michael Faraday – parfait autodidacte - y parviendra, après s'être rendu compte qu'il fallait dans ce but faire varier l'action magnétique imposée au courant. Il a introduit au passage le concept de "champ" pour décrire quelque chose qui existe partout dans l'espace, c'est-à-dire encore dans l'éther qui baigne les corps.

Faraday ajoute ainsi aux équations précédentes celle dite de l'"induction" mettant en évidence le courant engendré dans un fil ou une boucle par la variation d'un champ magnétique, donc aussi par la variation d'un courant électrique voisin. Ces lois sont encore enseignées aux physiciens d'aujourd'hui, afin de les familiariser avec la pratique des phénomènes électromagnétiques, avant de les confronter au formalisme trop compact de l'électromagnétisme relativiste.

Maxwell ne fait que compiler – mais quel beau travail que cette compilation ! – cet ensemble d'équations, auquel il ajoute un terme : celui du courant de déplacement, par un raisonnement théorique sur la cohérence de l'ensemble, qui devient ainsi remarquablement symétrique.

La propagation des ondes et son support : l'éther

Les équations de Maxwell mettent en évidence une vitesse de propagation de toute modification des champs électromagnétiques qui se trouve être la vitesse de la lumière, connue depuis le 17ᵉ siècle. Il suffira alors – mais ce n'est pas si facile – que l'on mette en évidence expérimentalement ces ondes - performance que l'on doit à Heinrich Hertz en 1886 - pour pourvoir affirmer définitivement que la lumière est une onde électromagnétique.

Hertz était en effet un très bon expérimentateur et a su concevoir des oscillateurs capables de générer des ondes, puis de les recevoir à une certaine distance, grâce à une antenne faite d'une boucle de cuivre interrompue par un petit espace, comme on le voit sur l'illustration ci-dessous, montrant l'expérience présentée par Hertz à l'Académie de Berlin en 1888.

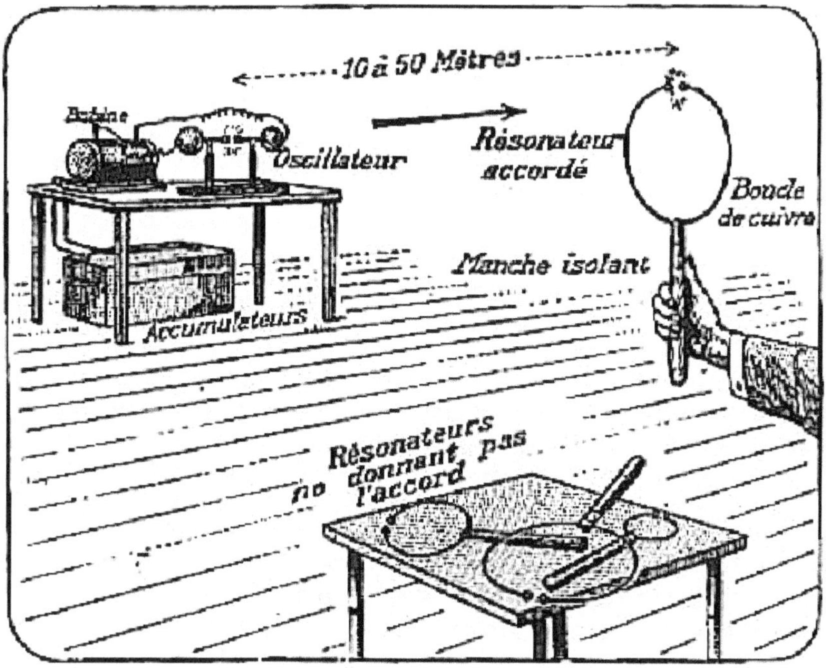

La mise en évidence de ce qui était prédit théoriquement par Maxwell n'est pas le seul résultat - vous vous en doutez - de l'exploit de Hertz, car la télégraphie sans fil, puis la radio, s'ensuivent également. La propagation des ondes électromagnétique permet donc des communications rapides à distance, sans fils, mais cependant à vitesses finies, toujours légèrement inférieures à la vitesse de la lumière dans le vide puisque les signaux sont transmis dans l'air ou dans un milieu quelconque. En fait, pour Maxwell comme pour ses successeurs, les ondes ne se propagent jamais dans le vide car toute vibration doit avoir un support : elles se propagent donc dans un milieu appelé "éther", invisible et intangible, non résistant.

Faisons une petite parenthèse à propos des "ondes", en prenant comme exemple à l'instar des anciens le son ou encore les vagues sur la mer… La vitesse du son dépend des conditions atmosphériques incluant la température et la pression, mais quelles que soient celles-ci il s'agit toujours d'une vitesse par rapport au support des vibrations sonores, c'est-à-dire à l'air. La vitesse d'un son ne dépendra donc jamais du mouvement de sa source. Rappelons encore que le mouvement de la source peut être perçu cependant par l'auditeur à travers l' "effet Doppler", modification de la longueur d'onde dans l'air et donc aussi de la fréquence en raison de ce mouvement relatif ; la vitesse des ondes par rapport au support est inchangée, mais leur fréquence est modifiée par le mouvement de la source. Cet effet Doppler est observé couramment lorsqu'une automobile nous dépasse et s'éloigne, ainsi que lorsque l'astronome observe le spectre lumineux des galaxies lointaines.

Les expériences de Michelson et leurs conséquences

Revenons donc à notre vitesse de la lumière, que l'on croyait constante par rapport à l'éther, mais non par rapport au récepteur si celui-ci se trouve en mouvement dans l'éther. Cet éther baigne évidemment tout l'espace puisque la lumière des astres lointains nous parvient ; il serait normal que la Terre, dans son mouvement autour du Soleil (on ne connaît pas encore son mouvement dans la galaxie ni même l'existence des galaxies) soit en mouvement par rapport à cet éther. Mais les différences de vitesses ne peuvent être détectées directement puisqu'on ne sait jamais à quel moment la lumière que nous recevons, du soleil ou des étoiles proches dont nous connaissons la distance, en est partie. Une expérience est cependant imaginée pour mettre en évidence des variations de vitesses selon le mouvement de la Terre sur son orbite autour du Soleil, grâce à un "interféromètre", appareil qui fait interférer (comme son nom l'indique) deux rayons lumineux issus de la même source mais ayant suivi des trajets différents ; en 1881, Albert Abraham Michelson a en effet l'idée de tester le mouvement de la Terre par rapport à l'éther en observant la différence des images d'interférences obtenues à 6 mois d'intervalle. Une différence de vitesse entre les parcours des deux rayons lumineux équivaut en effet à une différence de longueur des trajets, et donc à une modification de l'interférence obtenue lorsque les deux parties du rayon se rejoignent dans l'interféromètre. Or dans la première position l'un des rayons est dans le sens du mouvement de la Terre (et l'autre perpendiculaire) ; 6 mois plus tard le premier rayon est toujours dans le sens du mouvement de la Terre mais en sens inverse. Si le mouvement relatif de la Terre à l'éther est celui qu'elle a sur son orbite, on s'attend à un déplacement de la figure d'interférence égal à quatre fois la précision des mesures sur l'appareil utilisé, mais Michelson ne trouve rien. L'expérience est refaite alors jusqu'en 1887, avec cette fois la collaboration d'Edward Morley, mais le résultat demeure négatif et personne ne sait l'expliquer.

Georges Francis Fitzgerald, professeur irlandais, propose en 1889 dans un article intitulé « L'éther et l'atmosphère terrestre » que les objets en mouvement subissent une contraction de leur longueur dans la direction de la vitesse. Heinrich Anton Lorentz poursuit cette idée, prolongée par une dilatation du temps, ajout indispensable pour rendre compte du résultat négatif de l'expérience de Michelson et Morley : ce sont alors les fameuses "transformations de Lorentz", remplaçant les simples transformations galiléennes des distances et des temps lors d'un mouvement rectiligne uniforme. Ces contractions et dilatations ont lieu en fonction de la vitesse de la lumière par rapport à l'éther, qui est encore son support indispensable.

Avant que les expériences de Hertz aient été reconnues par la communauté en dépit de quelques difficultés dues au manque de rigueur de cet expérimentateur inventif, certains demeuraient encore favorables à une transmission instantanée à distance des actions électromagnétiques, comme pour la gravité newtonienne, doutant de l'identité de nature entre électromagnétisme et lumière ; c'était le cas de Helmholtz dont Hertz avait été l'élève, d'Alfred Cornu professeur à l'école polytechnique, dans le contexte d'une véritable polémique. L'éther représente alors l'autre conception : celle de processus physiques se propageant tous à vitesse finie dans un milieu, comme les ondes dans la mer ou le son dans l'air. C'est bien ce que signifient les propos tenus par Henri Poincaré en 1902 dans son livre *La science et l'hypothèse* :

« Et notre éther existe-t-il vraiment ? On sait d'où nous vient la croyance à l'éther. Si la lumière nous arrive d'une étoile éloignée, pendant plusieurs années elle n'est plus sur l'étoile et n'est pas encore sur la Terre, il faut bien qu'elle soit alors quelque part et soutenue, pour ainsi dire, par quelque support matériel [...].

Dans la mécanique ordinaire, l'état du système étudié ne dépend que de son état à un instant immédiatement antérieur. Au contraire, si nous ne croyons pas à l'éther l'état de l'Univers matériel dépendrait d'états beaucoup plus anciens. C'est pour échapper à cette dérogation aux lois générales de la mécanique que nous avons inventé l'éther. »

Nous avons donc « inventé » l'éther, dit Poincaré, pour éviter de tomber dans une autre sorte de physique que celle que nous voulions.

L'éther est le garant du mécanisme de la physique, sous sa forme nouvelle faite d'équations analytiques, conforme cependant à un état d'esprit déjà ancien : pas d'action à distance, surtout pas instantanée.

Le point de vue de Poincaré est très général, inscrit dans un cadre méthodologique, épistémologique plutôt que technique. On peut penser en cette fin du 19e siècle que, comme le voulait l'école positiviste d'Auguste Comte : les équations suffisent maintenant à expliquer et prédire et l'éther ou son absence font partie d'un autre niveau d'explication, de compréhension par analogie et unification.

Le nouveau principe d'invariance

L'article fondateur d'Einstein intitulé (en français) : « Sur l'électrodynamique des corps en mouvement. », publié en allemand dans les *Annalen der Physik* en 1905, n'est-il alors qu'une reformulation, un choix épistémologique ? Essayons d'y voir clair, non pas dans les détails techniques un peu difficiles de cet article, mais dans les principes. Einstein pose en effet deux principes :

- « Les lois selon lesquelles les états des systèmes physiques évoluent sont indépendantes du fait que ces évolutions soient rapportées à l'un ou l'autre de ces deux systèmes de coordonnées qui se trouvent être en mouvement de translation uniforme l'un relativement à l'autre. »
- « Tout rayon lumineux se déplace dans le système "au repos" avec la vitesse bien déterminée V, indépendamment du fait que ce rayon soit émis par un corps au repos ou en mouvement…»

Nous sommes contraints de revenir en arrière pour trouver comment a été déterminée cette vitesse V dans un repère donné. Il a d'abord fallu synchroniser des horloges situées en A et B en envoyant au temps t_A un signal issu de la première horloge, reçu en t_B par la seconde et renvoyé vers la première où il parvient en t'_A. Les horloges seront dites synchrones si :

$$t_B - t_A = t'_A - t_B$$

La vitesse est ensuite définie par :

$$V = 2\,AB / (t'_A - t_A),$$

qui ne doit pas dépendre de la vitesse de la source, dit le second principe.

Revenons maintenant au premier, qui n'exprime que l'invariance galiléenne, pour les « lois selon lesquelles les systèmes physiques évoluent ». Or l'introduction de l'article faisait état d'une asymétrie

des équations de Maxwell, par rapport aux changements de repères galiléens :
« En effet, si c'est l'aimant qui se déplace et le conducteur qui est au repos, il apparaît au voisinage de l'aimant un champ électrique dont l'énergie a une certaine valeur et qui engendre un courant aux endroits où se trouvent des portions du conducteur. Mais si c'est l'aimant qui est au repos et le conducteur qui est en mouvement, il n'apparaît aucun champ électrique au voisinage de l'aimant ; en revanche, il apparaît dans le conducteur une force électromotrice, à laquelle ne correspond aucune énergie intrinsèque, mais qui donne naissance à des courants électriques de même intensité et de même évolution temporelle... »

Heureusement, les équations de Maxwell prévoient les mêmes résultats expérimentaux dans les deux repères, mais l'interprétation en est différente : en termes de champs dans un repère et de force électromotrice dans l'autre. C'est ce qu'il va falloir corriger et qui est obtenu dans l'article par la substitution des transformations de Lorentz aux transformations galiléennes. C'était déjà fait, dira le lecteur ! Oui, mais les transformations des longueurs et des temps avaient lieu en fonction de la vitesse du repère contenant la source et le récepteur, par rapport à l'éther support des ondes ; celle du dispositif de Michelson-Morley par rapport à l'éther par exemple. Les transformations de Lorentz rendent compte du fait que ce mouvement est indétectable, mais ne restaurent pas la relativité galiléenne. Il n'y a d'ailleurs pas de raison de l'imposer si les ondes se propagent dans l'éther. L'éther crée un repère privilégié pour ces ondes, comme l'air pour le son ou la mer pour les vagues. Il n'y a là rien de choquant à l'égard de la mécanique. Mais lorsqu'il s'agit d'expériences de laboratoire et que l'interprétation est différente si c'est l'aimant qui se déplace ou si c'est le fil conducteur, que peut-on en conclure quand au mouvement de l'éther ? Est-il lié au laboratoire ou à l'aimant ? Einstein préfère le supprimer et c'est là son audace : l'éther disparaît définitivement, devient inutile ; ces ondes se propagent dans le vide, sans aucun support ; elles ne font rien vibrer en route, mais seulement à l'arrivée !

Je n'entrerai pas davantage dans les détails techniques, ni dans la question de savoir si Poincaré avait déjà apporté l'essentiel de cette révolution. Il avait déjà publié le procédé de synchronisation des horloges et insiste souvent sur l'importance de l'invariance relativiste (pour les mouvements rectilignes uniformes), de la symétrie entre les repères ; nous savons déjà qu'il souhaitait conserver l'éther qui constitue alors un repère particulier, mais il semble en 1904 accorder plus d'importance à la théorie de l'électron de Lorentz, et à ses lois de transformation auxquelles il a lui-même donné le nom de Lorentz. Einstein reconstruit celles-ci à partir d'une cinématique fondée sur des envois de signaux lumineux d'un repère à l'autre. Ses deux principes de départ entraînent alors nécessairement les transformations de longueurs et de temps qui semblaient jusque-là "ad hoc". C'est donc une reconstruction théorique remarquable, même si la mise en œuvre est un peu ardue, dans sa formulation originale en tout cas.

A la question posée : « n'est-ce qu'une réinterprétation de formules que l'on avait déjà obtenues ? », je réponds que l'interprétation cinématique des équations de Lorentz proposée par Einstein sauvegarde l'invariance relativiste galiléenne dans sa réciprocité et son universalité. Ce n'était pas absolument indispensable pour rendre compte des résultats expérimentaux, mais cela a permis une simplification des principes et des représentations qui est définitivement acceptée, grâce à l'espace de Minkowski que nous allons voir au chapitre suivant.

Conclusion : théorie et pratique

Je veux apporter maintenant un élément plus concret à ce chapitre qui est resté très théorique en dépit du contexte expérimental sur lequel j'ai insisté. J'ai laissé de côté la découverte des rayons X par Röntgen en 1895 dont on ne repère pas d'abord la nature électromagnétique. J'ai omis également l'aventure passionnante de la mise en évidence et de l'étude de la radioactivité par Becquerel, Marie et Pierre Curie, puis Irène et Frédéric Joliot-Curie, Ernest Rutherford, etc… La radioactivité est composée de rayons alpha, bêta, et gamma, ce dernier étant encore un rayonnement électromagnétique comme les rayons X de Röntgen, mais plus énergétique encore. Ces découvertes dont je n'ai pas parlé contribuent grandement à l'enthousiasme scientifique, à l'idée de "progrès", d'autant plus que ces nouveaux rayons sont d'abord utilisés dans le domaine de la santé. Ils constituent un domaine vraiment pratique au contexte social passionnant, mais n'interviennent pas directement dans les contraintes imposées au cadre théorique dont j'ai parlé dans ce chapitre. Ce qui apparaît comme incontournable techniquement est bien le remplacement des transformations galiléennes par celles de Lorentz, à partir de l'électromagnétisme proprement dit, mis en forme par Maxwell.

Les réflexions supplémentaires sur la simultanéité à distance, la mesure du temps et la synchronisation des horloges par signaux lumineux semblent relever à première vue de l'interprétation, d'un domaine plus libre que celui qui découle directement des équations de Maxwell. On peut cependant les considérer comme des réponses à des problèmes pratiques, non pas ceux du laboratoire cette fois, mais ceux de la vie extérieure avec ses transports ferroviaires à l'échelle européenne. Peter Galison, dans son livre intitulé « *Einstein's clocks, Poincaré's maps* » [GALISON, 2003] rappelle que Poincaré travaillait pour le Bureau des longitudes tandis qu'Einstein était employé au bureau des brevets à Berne, encore en 1905. En raison des communications par chemin de fer de plus en plus importantes en Europe, il devenait important d'avoir des horloges fiables dans les gares et de pouvoir synchroniser celles-ci d'un bout à l'autre des trajets, ainsi que dans les villes. Poincaré comme Einstein ont dû rencontrer des demandes ou des suggestions à ce sujet. L'envoi des signaux par fils électriques, par le télégraphe, se faisait à vitesse inférieure à celle de la lumière dans le vide, de toute façon finie quoique très grande. Il fallait donc calculer un intervalle de temps.

Sur de grandes distances, l'espace et le temps sont alors indissolublement liés. Ils sont liés comme ils le sont aujourd'hui en cosmologie, comme ils le sont depuis toujours de fait.

C'est la séparation entre temps et espace qui a été une construction humaine, permise par la grande vitesse de la lumière, séparation idéale et sécurisante à laquelle il nous faut maintenant renoncer !

Chapitre 9

L'espace-temps du physicien

> « L'espace n'est pas une réalité en soi dont la représentation seule serait variable suivant les époques. L'espace est l'expérience même de l'homme. »
> Pierre Francastel, dans : *Peinture et Société*, 1977.

Pierre Francastel n'est pas physicien ni même scientifique ; son livre porte sur les représentations picturales et la transformation survenue pendant la Renaissance italienne grâce à l'utilisation de la perspective. Il critique l'opinion courante selon laquelle la représentation perspective serait la "vraie" représentation, la seule qui soit proche de la réalité, parce qu'elle se rapproche du fonctionnement de l'œil, de la photo aujourd'hui. Sans entrer plus avant dans sa problématique, j'en retiens l'idée que l'espace est en lui-même le résultat d'une expérience humaine, et est différent selon la nature symbolique, perceptive, active ou scientifique, de cette expérience. La façon dont nos conceptions de l'espace dans lequel nous vivons dépendent de notre expérience passive ou active a été suffisamment étudiée par Jean Piaget ou Henri Poincaré pour que je n'y revienne pas maintenant. Je me contente donc de la phrase synthétique de Francastel.

Notre lecteur avisé le sait déjà : Einstein nous a installés dans un espace à quatre dimensions, dont trois d'espace et une de temps – ce qui nous rassure tout de même un peu – dont la structure courbe dépend du contenu matériel ; ceci depuis qu'il a imposé une nouvelle théorie de la gravitation en 1915, appelée "Relativité générale", dix ans après la Relativité restreinte. Mais avant cela déjà, espace et temps étaient liés par le simple fait que la vitesse de la lumière n'est pas infinie et que tout ce qui est vu à distance est vu avec retard. Les transformations de Lorentz montrent ce mélange du temps et de l'espace, mais l'espace-temps ne sera vraiment formalisé dans sa structure géométrique qu'en 1908. Einstein avait suivi à Zurich, entre autres, les cours d'un certain Hermann Minkowski, mathématicien allemand, dont il va être question maintenant car sa géométrisation de l'espace-temps prélude à celle de la relativité générale.

Mais faisons auparavant un détour par l'appréhension kantienne de l'espace et du temps[21], qui en fait des conditions de l'expérience et on plus le résultat de celle-ci, comme si, instruit par l'œuvre newtonienne, le philosophe permettait la construction par le physicien du cadre dans lequel il va se poser pour expliquer les phénomènes. Je ne prétends pas que Minkowski et ses contemporains aient été directement inspirés par le philosophe, qui n'envisageait d'ailleurs que l'espace euclidien. Mais l'intervention active du sujet mise en avant par Kant au cours de la plus simple expérience de l'espace et du temps permet d'accepter que d'autres espaces soient plus tard choisis pour d'autres domaines de l'expérience scientifique.

Emmanuel Kant : l'espace, le temps et la raison pure

Entre Leibniz et Kant, mentionnons Christian Wolff, inspiré par Descartes et surtout par Leibniz, et lui-même premier maitre du jeune Kant. Mais la philosophie un peu académique de ce dernier est soudainement bousculée dans l'esprit tranquille de Kant par celle de l'écossais David Hume [HUME, 1748], qui détruit la notion empirique de causalité en science de la nature, réduisant ce principe à une simple habitude, pour des évènements qui se succèdent habituellement dans le temps - nous dirions aujourd'hui qu'ils sont corrélés - sans que la notion de cause ne s'en dégage nécessairement. Ajoutons que l'habitude est enracinée dans une analogie anthropomorphique, l'homme étant la cause des mouvements qu'il provoque, intentionnellement ou non.

Ce retour à l'empirisme, à l'encontre des cartésiens autant que des newtoniens, met en doute la possibilité de prouver que le Soleil se lèvera le lendemain ; nous en sommes certains par l'habitude, qui n'est pas une preuve.

L'espace et le temps comme contenants vides et indifférenciés, substrats neutres prêts à recevoir les phénomènes, ne sont que le cadre

---

21 Ceci se trouve dans l' « Esthétique transcendantale », au départ de la *Critique de la raison pure* (KANT, 1781), dans laquelle il traite de *l'a priori* des intuitions sensibles de l'espace et du temps.

formel de nos intuitions, dit le philosophe Emmanuel Kant, dans sa *Critique de la raison pure* [KANT, 1781]. Qu'est-ce que cela signifie ? Disons le plus simplement : lorsque nous observons un phénomène, ou regardons simplement autour de nous, d'une façon répétée, ce que nous en apprenons fait partie de ce que l'on appelle l'expérience, l'expérience la plus courante ; mais cette expérience n'a jamais lieu de façon complètement passive et notre esprit intervient sans que nous nous en rendions compte, pour mettre en forme les éléments divers qui ne sont au départ que des formes et des couleurs, des taches colorées, des sons, perçus globalement. Si nous voyons des objets dans un espace, ce n'est que par un travail qui se fait immédiatement, sans volonté de notre part, mais qui inclut tout un apprentissage passé, d'autres expériences, d'autres observations et surtout des activités.

Kant - au contraire de Locke (voir le Chapitre 2) - ne s'intéresse pas à la façon dont la sensibilité et l'intuition se forment ; il traite seulement du résultat tel qu'il le connaît et qu'il considère - à tort ou à raison - comme universel. Il affirme alors que l'espace ne nous est pas donné par l'expérience, mais est une condition nécessaire de celle-ci. Traduisons : pour voir des objets, il faut les situer dans un espace. Pour concevoir l'action d'un objet sur un autre, il faut les situer dans le temps. Ces notions sont alors d'une certaine façon antérieures à l'expérience, comme le moule à gâteau est là avant le gâteau, bien qu'il n'existe que parce qu'il doit y avoir un gâteau. Espace et temps n'existent dans l'esprit que parce qu'il y a expérience, de même que les moules n'existeraient pas non plus si nous n'aimions pas les gâteaux. Une argumentation du même type traite de la causalité. Ces notions ne sont donc pas des réalités, mais pas non plus des abstractions déduites de l'expérience ; encore moins des idéalités superflues. Kant répond ainsi à l'évêque Berkeley dans son déni de toute réalité derrière les sensations ; il répond surtout à David Hume qui, par une analyse critique plus fine, avait réduit la causalité à une simple « habitude ». Kant considère la causalité, non pas comme réelle mais comme une condition nécessaire "*a priori* " à l'expérience scientifique, et en ce sens objective. Il en est un peu de même de l'espace et du temps, pour toute expérience.

Je résume ainsi cette philosophie à laquelle j'adhère aujourd'hui : l'espace et le temps ne seraient que la forme que nous donnons spontanément à ce qui nous parvient de l'extérieur, ce qui nous affecte, pour en faire des ensembles situés hors de nous, des

« phénomènes » et constituer ainsi l' « expérience ». Par la suite j'utiliserai parfois le terme de "phénomène" pour désigner abusivement la réalité extérieure en elle-même, qui nous affecte avant d'entrer dans l'expérience scientifique, par opposition aux concepts d'"objet", de "faits scientifiques", lesquels dépendent davantage encore d'un sujet que le phénomène selon Kant ; mais je garderai soigneusement l'approche kantienne de l'espace et du temps.

Intuition sensible et objectivité

Selon Kant, il n'y a donc pas même de perception sans activité du sujet, laquelle se traduit d'abord, avant même toute conceptualisation, par l'inscription dans un temps et un espace. Une telle affirmation semble invalider les physiques aristotélicienne et cartésienne au profit de celle de Newton et c'en était peut-être le but, Kant étant comme ses contemporains très impressionné par la réussite de la physique newtonienne. Ses analyses s'inscrivent donc bien dans la suite de la physique newtonienne, bousculée par la critique humienne. Il en émerge un temps et un espace qui demeurent "objectifs" dans un sens nouveau qui est celui de leur universalité et de leur nécessité. Il en est de même de la causalité dont nous ne pouvons-nous passer encore aujourd'hui, même si elle est de fait absente des théories contemporaines.

Aujourd'hui cependant, des études à propos de la génétique de ces notions, de leur naissance chez l'enfant puis l'homme selon sa culture, posent le problème de la nature minimum de l'espace nécessaire à toute perception, aussi élémentaire que possible ; car l'espace que nous percevons, en regardant autour de nous, ne ressemble pas du tout à l'espace euclidien qui était pour Kant le seul possible. Espace et temps nous sont nécessaires, oui, mais lesquels ? Ceux de Leibniz n'étaient d'ailleurs pas ceux de la géométrie classique de Huygens et Newton, qu'il ne pratiquait pas lui-même.

Les physiciens ont adopté des espaces courbes, non euclidiens, depuis 1915 dans le cadre de la Relativité générale ; mais il en était déjà question avant, depuis les études de Gauss jusqu'aux espaces courbes de János Bolyai et Nicolaï Lobatchevski. Ces espaces sont alors des objets construits par les scientifiques et c'est sans doute ce qui a incité les philosophes à revenir sur les notions premières d'espace et de temps, en se penchant cette fois sur leur genèse chez l'enfant, le rôle de l'apprentissage et de la culture, auxquels - seul des auteurs que nous avons cités - John Locke s'était intéressé. Il est clair que l'espace euclidien perd alors son objectivité, ou tout au moins son universalité.

L'espace-temps de Minkowski

Minkowski a publié en 1907 un article dans lequel on peut lire ceci : « Les objets de notre perception contiennent invariablement une combinaison des positions et du temps. Personne n'a jamais remarqué une position qui ne soit pas en un temps, ni un temps qui ne soit pas en un lieu. »

Le lien entre espace et temps relèverait ainsi de l'évidence, selon Minkowski, comme la perspective depuis la Renaissance, au point que l'on ne comprenne plus pourquoi on avait pu auparavant considérer les choses autrement ! Or l'espace séparé du temps a bien un sens, nous l'avions vu au Chapitre 2, de même que les représentations picturales non perspectives en avaient un, dans le cadre d'une autre expérience de la réalité. L'espace ne peut être séparé du temps dans la perception en général et encore moins dans la vision ; il n'est de fait séparé que dans nos activités de déplacement ou de construction qui peuvent être reproduites de la même façon demain comme hier, à condition de les considérer avec suffisamment d'abstraction ; c'est aussi ce type d'activité qui engendre un espace homogène et isotrope : notre espace euclidien. Mais le physicien relativiste reçoit des signaux radio ou lumineux, des signaux électromagnétiques, qui constituent une expérience d'un autre type que celle des déplacements et c'est pourquoi espace et temps sont liés.

On considère cet article de Minkowski comme fondateur de l'espace-temps de la mécanique relativiste, à la fois détaillé et synthétique. Nous sommes maintenant dans le langage des "groupes" déjà introduit par Poincaré à ce sujet dans son article de 1905, mentionné au chapitre précédent. Cela n'a rien de mystérieux ; pour ceux qui ne connaissent pas ces objets mathématiques, il suffit de se référer à l'ensemble des déplacements dans notre espace (euclidien) à trois dimensions ; puisque l'on peut évidemment composer et inverser tout déplacement en restant dans l'ensemble des déplacements, cet ensemble peut être appelé "groupe", lequel agit dans ce cas sur l'ensemble des positions. Un autre est celui des transformations "galiléennes", c'est-à-dire des translations à vitesses uniformes dans notre espace, sous-groupe du groupe général des déplacements.

Les transformations de Lorentz constituent également un groupe, car la combinaison de deux transformations de Lorentz est une transformation de Lorentz et chacune possède son inverse dans l'ensemble ; mais il agit maintenant sur un espace à quatre dimensions, puisque le temps est transformé également. Minkowski nomme les points de ce nouvel espace des « points d'univers » repérés par les quatre coordonnées et la ligne décrite par un objet dans cet espace est une « ligne d'univers ». Mais attention : un objet A immobile dans le repère donné R sera néanmoins décrit par une ligne et non par un point, une ligne de temps parallèle à l'axe des temps, car le temps s'écoule… Un point E de cet espace ne représentera qu'un "événement", terme employé aujourd'hui plutôt que le « point d'univers » de Minkowski. Si l'objet est en mouvement uniforme dans le repère, sa ligne d'univers sera une oblique, dont la pente est la vitesse. Si le mouvement est irrégulier, la ligne est courbe. Voilà notre nouveau vocabulaire pour un nouvel espace. Minkowski énonce alors que :
« …les lois physiques doivent trouver leur plus parfaite expression comme relations réciproques de ces lignes d'univers. »
Les lois doivent garder de plus la même forme lorsqu'on leur fait subir une transformation obéissant aux relations de Lorentz, comme les équations de Maxwell. Il faudra donc écrire maintenant une dynamique et une physique générale relativiste, déjà formulée en partie par Lorentz, Poincaré et Einstein.
Mais revenons à l'espace-temps de Minkowski, et essayons de comprendre quelques éléments de la figure de son article original, présentée ci-dessous[22]. Les éléments principaux en sont reproduits dans une figure simplifiée placée en dessous.

Le temps et l'espace d'un repère R, ou d'un objet quelconque sont représentés par les lignes perpendiculaires Ot et Ox (et aussi Oy et Oz que l'on ne représente pas). Si un autre objet, animé d'une vitesse v constante par rapport au premier est représenté dans le repère Ot, Ox, sa "ligne d'univers" sera une droite oblique : Ot' d'équation x = v t. Si on veut lui attacher un repère, cette ligne deviendra un axe des temps, mais quel serait son axe spatial Ox'?

---

[22] On peut trouver une traduction anglaise de cet article dans le livre qui contient également des articles d'Einstein, A. Lorentz et H. Weyl : *The Principle of Relativity*, Dover, 1932 pour la première édition.

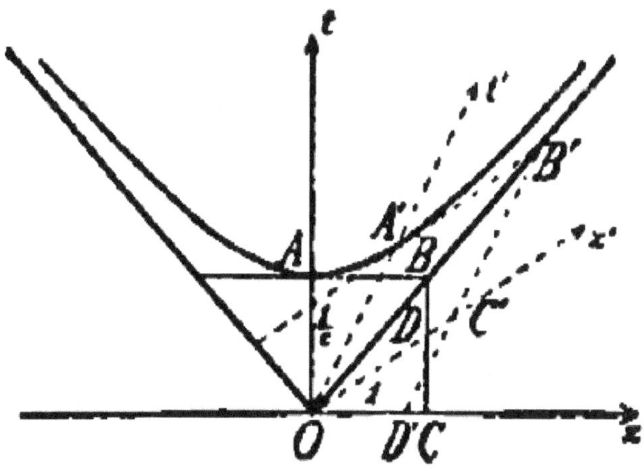

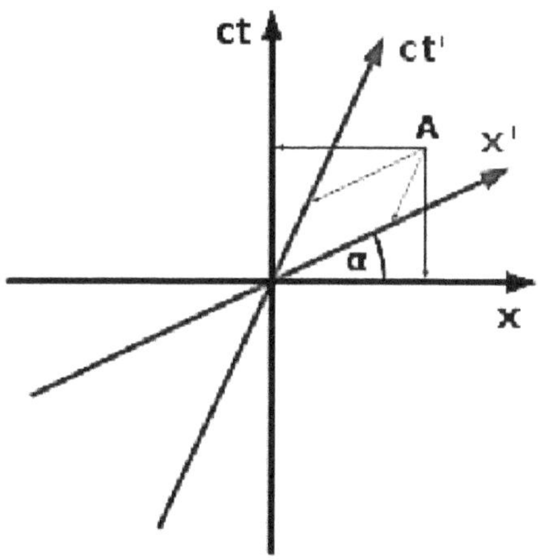

Minkowski le construit à l'aide d'une hyperbole intermédiaire, représentée ci-dessus sur la figure originale. Les asymptotes de cette hyperbole représentent les droites x = ct et x = - ct qui séparent le plan en ensemble de droites du genre temps et de genre espace, que l'on rencontrera par la suite respectivement à l'intérieur et à l'extérieur du « cône de lumière ». Un corps dont le mouvement se produit à vitesse v a ainsi son temps et son espace propre par rapport à ces asymptotes.
On peut être troublé par le fait que les axes du repère Ox', Ot' sont obliques dans le premier d'une façon qui ne semble pas montrer la symétrie des deux repères. Cette symétrie ne saute pas aux yeux non plus lorsque l'on regarde les transformations de Lorentz, et il faut quelques manipulations - à la portée de tous - pour s'assurer de la réciprocité de la transformation. De même, R serait représenté dans R'

par des axes obliques. Tout intervalle entre deux évènements peut être repéré soit dans R soit dans R', et on voit bien sans calculs que les résultats ne seront pas identiques.
Minkowski fait en outre bien remarquer que si l'espace-temps reste absolu, le même pour tous car déterminé par le contenu matériel de l'Univers, il y a une latitude de choix pour l'espace seul comme pour le temps. C'est ce qui n'avait pas été dit aussi clairement par ses célèbres prédécesseurs Lorentz et Einstein. Il est en effet encore difficile de relativiser à ce point le temps et l'espace, même si l'on a déjà relativisé les mesures de longueur et de durée. La nouvelle théorie avait détruit la notion du temps absolu, mais non de l'espace absolu, dit Minkowski.

Les réactions à cet espace de la Relativité restreinte
Lorentz, Poincaré et Einstein sont bien vivants en 1908 et les deux derniers en tout cas ne peuvent qu'approuver l'avancée très claire de Minkowski. Poincaré était sans doute celui qui l'avait approché de plus près dans ses écrits de 1905, mais Minkowski n'y fait pas référence. Les réactions à l'espace-temps de la Relativité restreinte ne concernent par ailleurs pas l'article de Minkowski directement – celui-ci étant peu connu du grand public – mais plutôt la contraction des longueurs et dilatation des temps qui font maintenant partie de la théorie, et surtout cette plasticité nouvelle de l'intervalle de temps. Peut-être est-il plus facile de considérer la contraction des objets, comme le faisaient Fitzgerald et Lorentz sans bousculer l'idée que l'on a de l'espace, que d'envisager une transformation générale de l'intervalle de temps, une définition du temps totalement dépendante des horloges, sans remettre en question notre intuition du temps, liée à la conscience de chaque individu.

Poincaré avait déjà écrit en 1905 dans *La valeur de la science* :
« En un mot le temps psychologique nous est donné, mais nous voulons créer un temps scientifique et physique. C'est là que la difficulté commence, ou plutôt les difficultés, car il y en a deux. »
Ces deux difficultés sont celle de la mesure de ce temps et celle de la confrontation des temps de deux individus différents. Les temps de deux consciences différentes appartiennent en effet à deux mondes différents, et ils ne sont d'ailleurs mesurables ni l'un ni l'autre. La conscience ne nous donne pas l'intuition de l'égalité de deux durées, dit-il ; nous supposons donc l'égalité de la durée de deux phénomènes

physiques semblables, terrestres ou astronomiques, mais ce n'est qu'approché, en raison de l'intrication des phénomènes et des causes multiples. En analysant les raisonnements des astronomes sur la variabilité des mouvements des planètes, de la rotation de la Terre sur elle-même, au cours des siècles, Poincaré conclut que ce sont les lois de la dynamique (newtonienne jusqu'alors) qui définissent vraiment le temps du physicien :
« Le temps doit être défini de façon que les lois de la mécanique soient le plus simple possible. En d'autres termes il n'y a pas une façon de mesurer le temps qui soit plus vraie qu'une autre ; celle qui est généralement adoptée est celle qui est plus commode. »

On reconnaît dans cette phrase l'attitude générale de Poincaré envers le choix des concepts et des théories : il n'y a aucun absolu préexistant à l'expérience ou la pratique humaine. Cette citation peut être rapprochée de celle que nous avons mise en exergue. Poincaré remarque ensuite que l'explosion de la *supernova* observée par Tycho Brahé en 1572 devait avoir eu lieu avant la découverte de l'Amérique par Christophe Colomb (en raison du temps mis par la lumière pour nous parvenir). Puis il se met à penser que confronter la date à laquelle Christophe Colomb a aperçu Hispaniola à la date locale d'un évènement céleste énorme qui n'a été vu par personne sur place n'a aucun sens. C'est sans doute cette dernière date qui n'a aucun sens : la date réelle de l'explosion de la supernova, en termes de « temps de la conscience » en tout cas ; elle ne peut en avoir qu'en astrophysique, dans un modèle donné.

Quittant un moment le discours de Poincaré pour aborder cette question dans un environnement plus contemporain, nous dirons que la date de l'explosion d'une *supernova* est assez bien déterminée si elle appartient à notre galaxie, mais que la date à laquelle est partie la lumière reçue d'objets beaucoup plus lointains dépend du modèle cosmologique utilisé.

La simultanéité à distance n'est donc pas une donnée, et Poincaré se demande alors en inversant le problème ce qui a bien pu nous en donner l'intuition : nous considérer comme un Dieu qui domine tout ? « ... et les athées eux-mêmes ne se mettent-ils pas à la place où serait Dieu, s'il existait ? » demande-t-il, « mais cette intelligence hypothétique, si même elle existait, serait impénétrable pour nous. ». C'est surtout la causalité, dit ensuite Poincaré, qui prend son sens en fonction de l'antériorité ou de la simultanéité ; mais cette causalité est souvent elle-même supposée fonction de la succession chronologique de deux faits ; on tourne donc en rond, et Poincaré remarque justement que le modèle de la succession de la cause et de l'effet est celui de nos actions : lorsque nous agissons et qu'il s'ensuit un effet, nous savons que nous sommes la cause ; dans la nature, cependant, nous ne savons rien et raisonnons sur le modèle de nos actions. Cette analyse critique rappelle celle de Hume qui concluait en ce qui concerne la causalité à une simple habitude d'interprétation de la succession de deux phénomènes.

Quittons maintenant vraiment Poincaré pour signaler simplement que la causalité doit être sauvegardée volontairement dans les espace-temps courbes utilisés aujourd'hui en Relativité générale, en évitant les lignes d'univers de "genre espace", qui permettraient la succession d'évènements à vitesse supérieure à celle de la lumière. On sent mieux ainsi que la causalité nous demeure nécessaire, conformément à ce que répondait Kant à Hume, et doit être conservée de façon délibérée, construite, dans les théories contemporaines.

Deux réactions à la nouvelle théorie relativiste vont susciter des débats et d'âpres discussions, à peine terminées aujourd'hui. Il s'agit du "paradoxe des jumeaux" présenté par Paul Langevin en 1911 au congrès de Bologne dont je ne vais pas parler, puis du livre d'Henri Bergson en 1922 intitulé : *Durée et Simultanéité*. Bergson réagissait alors également à la Relativité générale, mais l'essentiel de son argument portait sur le temps de la relativité restreinte.

Ce philosophe, dont la thèse avait donné lieu au livre : *Les Données immédiates de la conscience*, [BERGSON, 1922], proposa après avoir rencontré Einstein un exposé détaillé de la Relativité restreinte contenu dans son livre intitulé *Durée et simultanéité* ; il y décrit l'expérience de Michelson et son résultat, comment l'interprétation de celle-ci nécessite une contraction des longueurs et un ralentissement du temps dans tout repère en mouvement par rapport à l'éther, conformément aux transformations de Lorentz. En conséquence, la simultanéité de deux événements séparés par une distance spatiale se transforme en succession dans un autre repère.

Bergson avance curieusement que les paradoxes soulevés par les transformations de Lorentz s'évanouissent dans la théorie d'Einstein, où l'on pense vraiment les transformations comme réciproques, sans doute parce que la contraction des longueurs et la dilation des temps ne seront plus alors en effet que des effets de perspective. Mais, dit-il

encore, notre intuition nous oblige à penser avec un repère privilégié, un repère provisoirement absolu :
« Bref, le repos absolu, chassé par l'entendement est rétabli par l'imagination. Du point de vue mathématique cela n'a aucun inconvénient.»

Le mouvement du coureur qui se fatigue n'est d'ailleurs pas un fait d'imagination ; les mouvements des autres coureurs ne sont perçus que par sympathie, mais ils le sont, affirme Bergson. Je comprends que le seul mouvement absolu est alors, pour Bergson, celui que l'on fait soi-même. C'est là la réflexion du métaphysicien, dit encore Bergson, distincte de celle du scientifique pour lequel la réciprocité du mouvement est un fait d'observation ; ce scientifique dira pourtant en général comme tout le monde que le train roule et que la voie est immobile et non l'inverse, sauf à considérer l'ensemble des relations de tous les corps les uns aux autres, comme l'avait tenté Descartes…

Le scientifique newtonien, lui, ne considère pas cette globalité cartésienne des relations, mais les envisage parties par parties, ce qui introduit la force [comme cause des mouvements des planètes : l'attraction gravitationnelle] affirme Bergson. Cette force disparaît en Relativité générale parce qu'on y traite à nouveau de la globalité des relations :
« Le dynamisme de Newton pouvait donc être – et s'est trouvé de fait – un acheminement à la démonstration complète du mécanisme cartésien, qu'aura peut-être réalisé Einstein. »

J'adhère facilement à ces propos schématiques mais éclairants, à un détail près que j'explicite maintenant comme une parenthèse : il est difficile à l'historienne que j'ai été d'accepter cette idée d'un parcours logique qui donnerait sa place à Newton entre Descartes et Einstein, et de considérer Einstein comme réalisant le mécanisme cartésien ; j'aimerais bien qu'il en soit ainsi car on a trop tendance à éliminer le mécanisme cartésien, avec sa théorie des "tourbillons", comme étant totalement farfelue. Mais si la Relativité générale d'Einstein absorbe les forces gravitationnelles dans la géométrie de l'espace, elle n'absorbe pas les autres. Elle ne réalise pas le programme de relativité totale des mouvements que souhaitaient Descartes et Huygens, car les forces d'inertie dues aux accélérations autres que celle de la chute libre sont toujours là ; on ne peut cependant reprocher à Bergson de ne pas avoir compris cela, que beaucoup de physiciens ignorent tout autant.

Le philosophe – Bergson en tout cas – continue à rechercher des invariants, une logique sous-jacente à l'histoire, une universalité des notions fondamentales dont l'historien et le sociologue doutent ; ainsi en est-il du mouvement relatif, mais aussi de la "durée" de Bergson, antérieure pour lui aux "choses" et aux "états". Il analyse la genèse de l'idée de temps, à partir de la durée éprouvée par la conscience, qui projette ensuite cette durée sur les choses et les autres consciences, par interactions successives, avec son propre sens de l'avant-après et de la simultanéité. Cette durée n'est pas mesurable car toute mesure suppose une spatialisation : ne serait-ce que tracer une ligne avec le doigt, faire un geste. En accord avec Bergson, on pense aux représentations du temps par Galilée puis Newton (voir le premier chapitre pour la représentation galiléenne du temps), et aussi à ce que nous savons bien : toute mesure du temps suppose un mouvement dans l'espace, horloge mécanique ou atomique, orbites terrestre et planétaires.

Alors, le temps dilaté attribué à l'horloge en mouvement du voyageur de Langevin, enfermé dans le boulet qui l'envoie dans l'espace, n'a pas de réalité pour ce voyageur ni pour celui qui est resté à terre : « Il n'y a qu'un seul temps réel (temps vécu ou qui pourrait l'être), les autres sont fictifs (qui ne saurait être vécu par rien ni par personne). » C'est l'attachement à la réciprocité du mouvement qui, outre la défense de l'expérience d'une durée non mesurable, conduit Bergson à nier tout paradoxe possible dans l'expérience de pensée proposée par Langevin. Sa seule erreur, déjà signalée plus haut, a été de croire possible cette réciprocité pour tout mouvement, y compris accéléré, dans la théorie de 1915 et donc dans la science physique ultérieure.

Fortement attaqué par les scientifiques comme quelqu'un qui n'y comprend rien, Bergson ajoute une très longue note à ce sujet dans la publication en 1934 de son livre intitulé *La pensée et le mouvant*, [BERGSON, 1934, p.37] note dans laquelle on peut lire :
« [...] Ajoutons, au sujet de la théorie de la Relativité, qu'on ne saurait l'invoquer ni pour ni contre la métaphysique exposée dans nos différents travaux, métaphysique qui a pour centre l'expérience de la durée avec la constatation d'un certain rapport entre cette durée et l'espace employé à la mesurer. Pour poser un problème, le physicien, relativiste ou non, prend ses mesures dans ce Temps-là, qui est le nôtre, qui est celui de tout le monde. S'il résout le problème, c'est

dans le même Temps, dans le Temps de tout le monde qu'il vérifiera la solution. Quant au Temps amalgamé avec l'Espace, quatrième dimension d'un Espace-Temps, il n'a d'existence que dans l'intervalle entre la position du problème et sa solution, c'est-à-dire dans les calculs, c'est-à-dire enfin sur le papier. La conception relativiste n'en a pas moins une importance capitale, en raison du secours qu'elle apporte à la physique mathématique. Mais purement mathématique est la réalité de son Espace-Temps, et l'on ne saurait l'ériger en réalité métaphysique, ou "réalité" tout court, sans attribuer à ce dernier mot une signification nouvelle.
On appelle en effet de ce nom, le plus souvent, ce qui est donné dans une expérience, ou ce qui pourrait l'être ; est réel ce qui est constaté ou constatable. [...]
M. Langevin a exprimé en termes définitifs l'essence même de la théorie de la Relativité quand il a écrit que « le principe de la Relativité, sous la forme restreinte comme sous la forme la plus générale, n'est au fond que l'affirmation de l'existence d'une réalité indépendante des systèmes de référence, en mouvement les uns par rapport aux autres, à partir desquels nous observons des perspectives changeantes. Cet univers a des lois auxquelles l'emploi des coordonnées permet de donner une forme analytique indépendante du système de référence [...]
En d'autres termes l'univers de la Relativité est un univers aussi réel, aussi indépendant de notre esprit, aussi absolument existant que celui de Newton et du commun des hommes : seulement, tandis que pour le commun des hommes et même encore pour Newton cet univers est un ensemble de choses (même si la physique se borne à étudier les relations entre les choses), l'univers d'Einstein n'est plus qu'un ensemble de relations. »

Bergson ne rejetait d'ailleurs aucunement la théorie de la Relativité restreinte en 1922 ; il avait remarqué simplement que la théorie utilise un temps commun à tous les membres d'un même repère, temps commun auquel il ne croyait pas, en dehors de l'attribution aux autres de son propre temps par sympathie, hors de toute mesure possible. Cette remarque rappelle que la dilatation des temps permet de relier des temps de repères différents et de synchroniser toutes les horloges, donc de rétablir un temps commun. J'avais dit à la fin du précédent chapitre qu'il y avait un problème pratique de synchronisations des horloges terrestres à distance, mais que l'accord avec les horloges en mouvement demeurait un besoin purement théorique, puisque la confrontation ne peut avoir lieu qu'en un même lieu à un instant donné... Il faudra donc plus loin se demander à quoi sert cet ensemble illimité d'horloges, car il est probable que le scientifique en a besoin autrement que pour se rassurer.

La fin de la citation montre en outre de la part de Bergson une compréhension nouvelle en 1934 de ce dont il s'agit : l'abandon de toute '"ontologie" qui étudierait l'essence des choses elles mêmes, ou du temps de l'espace comme êtres absolus, au profit des relations qui constituent l'expérience commune. Ni le temps commun aux horloges, ni la durée éprouvée, ni l'espace en tant que tel, ne sont alors essentiels en science physique.

Relativité générale, pas si "générale" que ça.

Je ne peux clore ce chapitre sans aborder brièvement les espaces courbes de la nouvelle théorie de la gravitation de 1915, il y a déjà plus de cent ans ! Je considère cependant que l'abandon de l'espace euclidien est moins perturbant pour notre intuition que la perte d'une permanence appelée « espace », confort d'un lieu intemporel et d'autre part d'un déroulement universel appelé « temps ».

Je vais me référer maintenant au livre de vulgarisation écrit en 1916 par Einstein, pour plus de clarté, au risque de trahir l'histoire de la genèse de la théorie. Einstein imagine un homme enfermé dans une boîte, dans une région assez vide de l'Univers, et tiré dans une direction par une force constante qui lui donne – selon les lois de Newton - une accélération **g** constante. Debout sur la paroi arrière de la boîte, il peut lâcher des objets qui tomberont vers ce qui est devenu le "bas" de sa boîte avec une accélération **g** indépendante de la nature du corps, de sa masse et de sa forme. Comme c'est le cas de la chute des corps dans le vide depuis que Galilée l'a montré (voir notre Chapitre 1), il pourra interpréter ce qui se passe comme étant dû à un champ de gravitation ; s'il s'étonne de ne pas tomber lui-même, dit Einstein, il attribuera ce fait à la corde attachée à la boîte. Ainsi, la gravitation est équivalente à un champ d'accélération. C'est le fameux "Principe d'équivalence", fondement essentiel de la nouvelle théorie.

« Qu'on veuille bien remarquer que la possibilité de cette conception repose sur la propriété fondamentale du champ de gravitation de communiquer à tous les corps la même accélération ou, ce qui revient au même, sur l'égalité de la masse inerte et de la masse pesante. », précise encore Einstein en 1916.

Mais pourquoi ce champ d'accélération devrait-il se traduire par un espace-temps courbe ? On envisage alors, dans le cadre de la théorie de 1905, un plateau en rotation uniforme ; il est facile de constater que le principe d'inertie n'y est plus valable. Comme la rotation est uniforme, elle ne nécessite en principe pas de force pour persister et l'observateur situé sur le plateau ne sait à quelle sorte de champ il est soumis. Les horloges situées sur le pourtour seront cependant considérées comme ralenties par rapport à l'horloge placée au centre, selon les transformations de Lorentz, et les longueurs seront vues plus courtes. La circonférence même du plateau sera donc jugée inférieure à 2π fois le rayon, pour un observateur situé au centre. La géométrie de la surface n'est donc plus plane !

L'abandon de l'espace euclidien signifie que l'on ne peut plus rigoureusement déplacer les solides sans les déformer, ce qui n'était déjà pas possible dans un champ de gravitation mais concevable dans le vide. L'espace de la Relativité générale ne devrait d'ailleurs jamais être vide, puisque l'espace vide homogène conçu comme pur contenant disparaît de la théorie, la structure de l'espace étant déterminée par le contenu matériel ou énergétique de l'Univers.

On ne sait cependant toujours pas pourquoi la physique observée sur le plateau en rotation est différente de celle de l'extérieur, pourquoi des forces d'inertie apparaissent. Einstein mentionne ce fait comme une motivation pour une relativité vraiment générale du mouvement et fait référence à Ernst Mach. Ce dernier en effet rejetait toute entité métaphysique, en particulier l'espace absolu avec lequel Newton rendait compte des forces d'inertie apparaissant dans les repères tournants. Mach voulait que ces forces soient conséquences de la distribution des masses dans l'Univers, masses par rapport auxquelles on pouvait dire si le plateau était au repos ou en rotation. Einstein pense-t-il alors, en 1916, avoir résolu ce problème ? C'était son objectif, à travers des modèles cosmologiques, mais cela ne fonctionne pas vraiment et les forces d'inertie sont toujours là.

Comme je l'ai déjà dit, la nouvelle théorie ne généralise pas la réciprocité des mouvements aux accélérations ; nous ne savons pas faire cela ; c'est pourquoi j'ai écrit dans le sous-titre de cette section : « pas si générale que ça ». La nouvelle théorie inscrit la gravitation dans un espace courbe et fait des trajectoires de chute libre les nouvelles trajectoires inertielles. La classe des observateurs en mouvement uniforme les uns par rapport aux autres de la relativité restreinte est remplacée par l'ensemble des observateurs en chute libre : ascenseurs (!) d'Einstein, projectiles divers, mais aussi satellites terrestres ou autres, planètes autour du Soleil, galaxies… Comme le champ de gravitation n'est pas uniforme, ces observateurs inertiels sont accélérés les uns par rapport aux autres, et l'espace-temps doit être courbé pour que leurs trajectoires y soient comme des lignes droites de l'espace euclidien, les lignes de plus courte distance de l'espace courbe, les "géodésiques".

Les rayons lumineux, constitués de photons sans masse, suivent naturellement ces géodésiques puisque ce sont les lignes les plus « droites », les plus courtes, du nouvel espace. Cette courbure des rayons lumineux au voisinage d'un corps massif peut encore se traduire classiquement par une attraction gravitationnelle sur l'énergie de la lumière, mais nous savons que le calcul de la déviation de la lumière au voisinage d'un corps massif donne un résultat deux fois plus important en Relativité générale qu'en mécanique classique, et que l'expérience a donné raison à la nouvelle théorie par rapport à l'ancienne. C'est le résultat bien connu de l'observation faite par Eddington en 1919. J'aimerais pouvoir expliquer simplement ce facteur deux, mais n'en ait jamais trouvé de justification simple, autre que technique passant par les équations et le calcul !

Conclusion

La Relativité générale, comme la Relativité restreinte, peut être considérée au départ comme une reformulation de ce que l'on connaissait déjà, reformulation qui permettait une mise en forme plus élégante et cohérente. La théorie de 1905 inscrivait l'invariance relativiste comme un principe général inviolable de toute la physique, à laquelle on doit ajouter cependant la limite nouvelle de la vitesse de la lumière pour tous les phénomènes. De même, il n'est plus nécessaire en Relativité générale de s'étonner de ce que tous les corps tombent à la même vitesse dans le vide, car ce fait qui semblait accidentel, est devenu essentiel à la construction de la théorie. On peut dire que ces deux théories posent comme principes fondamentaux des caractéristiques de l'expérience qui demeuraient adjacentes aux théories précédentes.

Comment la Relativité générale peut-elle alors donner des résultats différents ? Permettre des prédictions ? Simplement parce que les équations d'Einstein ne sont équivalentes à celles de la mécanique classique que localement et pour des champs gravitationnels faibles. Si on avait dû les rendre exactement équivalentes, elles auraient été trop compliquées, inutilisables. La nouvelle théorie n'est équivalente à l'ancienne qu'au premier ordre en quelque sorte, l'ancienne étant comme la tangente à la nouvelle. On peut penser que celle-ci donne de meilleurs résultats par hasard et que le hasard a été favorable à Einstein, qui n'avait pas de réelle contrainte expérimentale au départ, mais seulement des exigences théoriques, un souci de cohérence.

La nature serait-elle alors cohérente ? Pas particulièrement, mais la cohérence des théories, comme l'unification et les symétries que nous aimons y mettre, nous permet de sortir de l'univers compliqué et morcelé de nos activités locales, de l'anthropomorphisme qui guide nos premières interprétations, du chaos apparent des phénomènes. De même que les unifications que nous avons vues précédemment fonctionnent, les simplifications ou abstractions conceptuelles peuvent également être adéquates. La Relativité générale nous abstrait en partie de notre espace local et de la notion de force ; en partie seulement.

Finalement, notre espace est-il réellement courbe ? Pouvons-nous dire : nous avions cru vivre dans un espace euclidien (plat) et nous sommes en fait dans un espace courbe ? Là encore, pour que la question ait un sens, il faudrait reconnaître une réalité à l'espace indépendamment de son contenu et de ce que nous y faisons, de nos gestes et de nos actions. Je renvoie aux œuvres de Jean Piaget et de Henri Poincaré pour une analyse plus fine de la genèse, à travers nos perceptions et nos habitudes, de l'espace euclidien dans lequel nous fonctionnons encore. Mais l'espace courbe convient mieux à la description de l'Univers globalement ; lorsque je dis « convient », cela rappelle le terme de « convention » utilisé par Poincaré dans son livre de 1902 : *La science et l'hypothèse*, pour parler des axiomes géométriques, du choix d'une géométrie. Ce terme peut renvoyer à l'arbitraire s'il s'agit de mathématiques pures pour lesquelles on essaye tout ce qui est possible, cohérent ; mais lorsqu'il s'agit de physique, Poincaré souligne seulement le fait qu'il n'y a pas qu'une solution possible, nécessaire et incontournable, pour le choix des hypothèses théoriques. La solution adoptée par le physicien est seulement la meilleure dans un contexte donné d'observations et d'expériences à une période donnée.

C'est bien ainsi qu'il nous faut considérer l'espace de la Relativité générale, intermédiaire conceptuel entre les observations et notre intelligibilité mathématique, même si cette théorie demeure la

meilleure depuis plus d'un siècle, encore confortée récemment par la découverte des ondes gravitationnelles.
Cette découverte, observation permise grâce à un traitement technique extrêmement élaboré, en effet s'inscrit très bien dans le cadre de la théorie d'Einstein, sans toutefois la "prouver" comme seule théorie possible, mais comme une contrainte supplémentaire sur les théories alternatives que des chercheurs proposent encore, en raison des difficultés du modèle cosmologique que nous verrons plus loin.

Chapitre 10

Des quantas pour une nouvelle mécanique

Cette nouvelle mécanique envisagée maintenant a bouleversé nos idées reçues, notre « bon sens », plus profondément encore que ne le font les théories de la Relativité restreinte et générale. Elle obéit - comme la Relativité restreinte - à une véritable contrainte expérimentale, je l'ai déjà dit et vais le montrer. Mais ici comme ailleurs, l'expérience n'impose qu'un ensemble de méthodes de calcul et d'équations permettant de rendre compte de ce que l'on observe et de prédire les résultats d'expériences futures : c'est la science sérieuse et efficace, "positive", qui nous laisse hélas insatisfaits. Sans adhérer forcément au réalisme ontologique - représentation de ce qui "est" - exigé par Einstein dès 1927, nous avons besoin de "comprendre", c'est-à-dire « prendre ensemble » ces objets formels pour ramener l'inconnu à du connu, à nos habitudes, à ce que nous comprenons spontanément lorsque nous regardons simplement notre environnement. Or cela s'avère particulièrement difficile lorsque la structure du calcul quantique établi par Niels Bohr interdit, sous peine de contradiction, que l'on puisse assigner à une particule une trajectoire précise entre deux mesures, interdit que l'on puisse connaître à la fois la position et le mouvement de celle-ci à un instant donné… Cela fait beaucoup d'interdits qui invalideront les représentations défendues du 17e au 19e siècle, comme celles que nous avons décrites chez Boltzmann.

Je veux simplement ici replacer cette difficulté dans le cadre de notre réflexion initiale sur l'"objet physique" que l'on construit comme un instrument, en fonction d'une réalité que l'on touche à grand peine dans l'expérimentation ou l'observation. Il faut en effet reconstruire des représentations, une théorie. Aristote disait : « Il faut connaître les principes, les éléments et les causes ». Il nous faut aujourd'hui seulement des principes et des objets conceptuels, en deçà ou au delà de la construction mathématique, bien que celle-ci suffise à rendre compte de l'expérience, à prédire. Je vais décrire ici les premières étapes de l'arrivée sur la scène scientifique des quantas, avant de continuer ma réflexion sur ce sujet en troisième partie.

Si l'on considère les ondes électromagnétiques, dont la lumière n'est qu'une partie, l'impossibilité d'attribuer un lieu ou une trajectoire n'a rien d'étonnant puisque l'onde ne se situe pas en un point précis. Mais différentes expériences sur lesquelles je vais revenir ont montré que l'énergie lumineuse ne se transmettait que par « paquets », d'une quantité bien définie en fonction de la longueur d'onde, paquets que l'on a appelés plus tard en 1926 "photons". Ces nouvelles particules sans masse ne se substituent pas à la description ondulatoire, mais s'y ajoutent, créant une "dualité" tout à fait nouvelle en sciences exactes. L'énergie est à la fois ondes et corpuscules, réconciliant Huygens et Newton à titre posthume, tout en nous plongeant dans la perplexité : comment un phénomène peut-il être à la fois localisé et non localisé ? Comment peut-il s'apparenter à la fois aux vagues sur la mer et aux boules de billard ? Nos deux descriptions mécaniques de la nature sont toujours là, mais leur complémentarité nous prive de leur familiarité et d'une certaine façon de leur réalité. L'expérience dit non à notre désir d'une représentation simple, familière et unifiée de la nature, durement conquise au 17e et 18e siècle, restaurée à la fin du 19e siècle, comme nous l'avons vu.

A partir du travail de Louis de Broglie en 1924 puis d'Erwin Schrödinger en 1925, il deviendra par ailleurs évident que cette dualité doit concerner également les particules massives, qui peuvent à l'occasion se comporter comme des ondes. On mettra en effet en évidence un peu plus tard la diffraction des électrons.

Les "quantas" de lumière.

J'ai déjà mentionné les deux problèmes qui agitent le milieu des physiciens à la fin du 19e siècle : le mouvement de la Terre par rapport à l'éther et le rayonnement du "corps noir". On désigne par "corps noir" le rayonnement qui, au bout d'un certain temps d'interaction avec lui-même et les parois du contenant dans lequel il est enfermé, se trouve à l'équilibre thermodynamique comme le serait un gaz enfermé depuis longtemps dans une boîte. Le rayonnement est enfermé, et le corps est donc "noir" puisque rien n'en sort. Ce qui est paradoxal est que pour l'étudier il faut bien en extraire une petite partie, et on s'étonnera également que le rayonnement du soleil et des étoiles soit considéré comme un rayonnement de corps noir. La lumière et les autres ondes électromagnétiques qui nous parviennent ont en effet eu le temps de se mettre à l'équilibre avant de sortir. C'est donc "presque" un rayonnement de corps noir, de même que la lumière émise par un filament métallique chauffé, celle de nos anciennes ampoules électriques, dans lesquelles le rayonnement interagit fortement avec les électrons du métal avant de sortir.

Les études de tels rayonnement en laboratoire, ainsi que l'observation spectroscopique du rayonnement des étoiles, ont permis d'établir deux lois empiriques : celle de Stefan-Boltzmann qui donne l'énergie totale en fonction de la température, et celle du « déplacement » de Wien qui dit à quelle longueur d'onde se situe le maximum d'intensité énergétique émise, en fonction de la température. Plusieurs formules théoriques pour la distribution de l'intensité en fonction de la longueur d'onde (ou de la fréquence) pour une température donnée - appelée alors « loi de répartition » - sont également proposées, à partir d'une modélisation thermodynamique d'un rayonnement enfermé dans un piston (le mouvement du piston permet de modifier la température) puis plus tard d'ondes stationnaires dans une boîte.

La première solution établie par Wilhelm Wien est satisfaisante pour la partie la plus énergétique du spectre : fortes fréquences ν et donc petites longueurs d'onde λ, car $\nu = c/\lambda$, ou c est la vitesse de la lumière. La seconde solution proposée après 1900 par Jeans convient au contraire aux faibles fréquences du spectre, mais diverge, tend vers l'infini aux grandes fréquences, ce qui ne s'observe pas, heureusement ! Mais Max Planck avait déjà attaqué le problème dans les dernières années du 19e siècle, et l'avait résolu en dehors des deux modèles classiques qui semblaient les seuls possibles, sans se douter le moins du monde qu'il avait ouvert la porte à une autre physique. Il se trouvera d'ailleurs, comme Einstein à partir de 1927, quelque peu dépassé par la nouveauté déroutante de cette physique défendue alors par Bohr, Heisenberg, Pauli et Born. Mais nous n'en sommes pas encore là !

Après avoir suivi sans enthousiasme les cours de Helmholtz et de Kirchhoff à Berlin, le jeune Max Planck avait été conquis en revanche par la physique de Rudolf Clausius (que nous avons décrite dans le Chapitre 6), lequel enseignait à Bonn. Selon le livre passionnant de Nanjit Kumar : *Le grand roman de la physique quantique,* [KUMAR, 2012] Planck était fasciné par le premier et le second principe de la thermodynamique en tant que principes possédant : « une validité absolue, universelle, indépendamment de toute action humaine » ; cette affirmation est surprenante aujourd'hui si l'on considère au contraire que l'on doit toujours ajouter de nouvelles formes d'énergie pour en assurer la conservation et que l'entropie est dépendante de notre information, de notre pouvoir de résolution (voir notre Chapitre 12), mais ne l'était sans doute pas vers 1870-80, juste après lecture des travaux de Clausius. Planck rédige ensuite sa thèse sur le concept d'irréversibilité et se trouve très déçu de l'absence de réaction de la part de ses anciens enseignants. Ce manque de reconnaissance - la physique expérimentale était mieux prisée en Allemagne alors que la physique théorique - ralentit la carrière de Planck, qui obtint cependant en 1888 un poste d'enseignant à Berlin et se retrouva quelques années plus tard conseiller technique en physique théorique pour les *Annalen der Physik*, ce qui lui donnait un pouvoir important dans cette discipline nouvelle qui n'allait pas tarder à prendre de l'importance.

Planck se trouve ainsi au courant des problèmes que pose le « corps noir » et s'y attaque dans le but d'améliorer la formule proposée en 1896 par Wien. Cette formule rendait compte des données dont on disposait à ce moment là, mais ne conviendra plus aux grandes longueurs d'ondes (faibles énergies). Des mesures plus précises seront en effet effectuées ensuite, par Wien lui-même aidé par Otto Lummer et d'autres, pendant deux ans, jusqu'à obtenir en 1898 un très bon corps noir jusqu'à des températures de 1500 degrés. En dépit des controverses entre les expérimentateurs, il en résulta que la loi du « déplacement » était confirmée mais non celle de « répartition ».

Les physiciens se remettent au travail pour améliorer la loi de Wien, soit par tâtonnements, soit en recherchant le principe auquel obéirait ce fameux « corps noir », et parmi eux, Planck. La forme générale que celui-ci donne à la fonction cherchée est inspirée de la distribution que Maxwell a établie en 1860, et aussi de la formule de Wien évidemment. Il parvient ainsi en 1900 à une “bonne” formule, celle qui convient pour tout le spectre, qu'il établit d'abord de façon tout à fait heuristique (*ad hoc*) avant de lui chercher une justification physique.

La formule convient donc, mais il faut maintenant en faire la théorie. Planck, qui ne croit toujours pas à l'existence des atomes, s'inspire néanmoins en désespoir de cause du travail de Boltzmann en théorie cinétique des gaz pour traiter, par analogie, de ce que l'on considérera plus tard comme un gaz de "photons", mais qui est encore seulement du rayonnement qui interagit avec des "oscillateurs" moléculaires. La constante **h** qui intervient dans la formule n'est qu'un équivalent de la constante **k** nommée par Planck « *constante de Boltzmann* », qu'il considère sans doute comme un "truc" qui marche ; ce sont les courbes d'observation qui fixent la valeur de **h** = 6,626 10^{-34} joules/s. En envisageant alors ensuite une répartition quelconque d'éléments d'énergie **ε = hν** sur les oscillateurs, puis en calculant l'entropie pour chaque répartition en fonction de l'énergie totale, Planck calcule la densité d'énergie du rayonnement ambiant à l'équilibre avec ces molécules vibrantes. L'énergie n'est pas fractionnée de façon générale dans ce procédé mais seulement les échanges entre les oscillateurs.

Si on félicite Planck pour son résultat, sa méthode est cependant jugée à l'époque provisoire, en tout cas purement formelle, y compris par lui-même. Les quantas de lumière ne sont pas au centre des préoccupations des physiciens qui travaillent davantage alors sur l'électron découvert par J.J. Thomson dans les rayons cathodiques - découverte annoncée en 1897 à la *Royal Society* - et la structure de l'atome pour laquelle le même Thomson a proposé un modèle dans lequel les électrons baignent dans une mer de charges positives « comme des fruits secs dans un pudding ».

Mais le premier Mars 1905, Einstein publie son article sur l' "effet photoélectrique", qui lui vaudra son prix Nobel de 1921. On avait constaté que des électrons pouvaient être arrachés à un métal sous l'effet d'un rayonnement électromagnétique (lumineux ou autre), ce qui n'a rien de mystérieux. Mais ce qui était difficile à comprendre était que les électrons n'étaient arrachés qu'à partir d'une certaine fréquence du rayonnement et non pas en fonction de son intensité, laquelle intensité ne déterminait que le nombre des électrons libérés, c'est-à-dire l'intensité du rayonnement détecté. Einstein imagine alors que le rayonnement ne transmet son énergie que sous forme de paquets **ε = hν**, reprenant ainsi à Planck sa formule pour un autre usage. Ces paquets sont nommés « quantas de lumière » par Einstein. Là encore, il est possible de considérer que l'énergie n'est quantifiée qu'au cours des échanges et non absolument, tant est déroutante cette discontinuité imposée par l'expérience. Cette réticence s'explique cependant rationnellement en raison de la panoplie des expériences nécessitant une description ondulatoire ; ce ne sont pas les quantas eux-mêmes qui sont choquant mais le double comportement de la lumière. Chacune des deux représentations peut être facilement admise dans le cadre de la physique classique mécaniste, mais la combinaison des deux ne l'est plus : c'est comme si on avait voulu réconcilier Newton et Huygens en leur donnant raison à tour de rôle, selon les circonstances de l'expérimentation, par un étrange tour de passe-passe qui les aurait bien surpris l'un et l'autre.

Lorentz se montre cependant favorable au procédé de Planck dès 1905, et aborde plus tard la question lors de son discours d'ouverture au premier Congrès Solvay, en 1911. Planck intervient lui-même pour tenter de généraliser sa constante au-delà de l'échange entre ses molécules vibrantes (oscillateurs) et le rayonnement, mais dira déjà en 1913 à propos d'Einstein :
« Il ne faut pas lui tenir rigueur de ce que, dans ses spéculations, il ait occasionnellement pu dépasser sa cible, comme par exemple avec son hypothèse de quantas de lumière »

Après ce premier congrès Solvay, Paul Ehrenfest et Henri Poincaré montrent, indépendamment l'un de l'autre, que l'hypothèse des quantas était nécessaire à la démonstration de Planck à propos du corps noir. L'idée d'une énergie quantifiée, qui ne s'échange que par paquets égaux au produit de la constante **h** par la fréquence **ν** de l'onde électromagnétique, fait son chemin lentement mais sûrement…

La structure de l'atome

Les conceptions de la structure de l'atome vont être précisées grâce à l'expérience de Ernest Rutherford publiée en 1911.

Après avoir travaillé plusieurs années sur la radioactivité, et découvert qu'elle était le fruit de la transformation d'un élément dans un autre, Rutherford a l'idée d'envoyer des particules alpha (noyau d'hélium produit par radioactivité) sur une feuille d'or pour voir si elles sont déviées, et si certaines sont renvoyées. L'étudiant chargé de ce travail constate qu'effectivement certaines sont déviées, tandis que la plupart passent tout droit, mais qu'il arrive - quoique que très rarement - qu'elles soient renvoyées. Ils comparent les résultats obtenus avec différents métaux et publient en 1909 leurs résultats sans proposer d'interprétation. Cependant les phénomènes observés sont incompatibles avec le modèle de Thomson et Rutherford poursuit ses investigations. Il utilise également les rayons X découverts par Wilhelm Röntgen seize ans plus tôt, et les particules bêta (électrons) pour, en les envoyant sur une couche d'atomes et en étudiant les déviations ou retour de ces rayons, en déduire la taille du noyau : le noyau chargé positivement n'occupe qu'une infime partie du volume de l'atome et les électrons gravitent autour de ce noyau. Mais ce modèle est instable et Rutherford en a bien conscience : les électrons en mouvement ne tombent pas tout de suite sur le noyau, mais doivent tout de même s'en rapprocher puisqu'ils rayonnent comme toute boucle de courant, conformément aux équations de Maxwell. En dépit de la présence de Rutherford au premier congrès Solvay, ce sujet ne fut pas discuté.

C'est pour répondre à ce problème que Niels Bohr posa en 1913 les bases d'une mécanique quantifiée, en imposant à la quantité de mouvement de prendre des valeurs discrètes. Il avait rejoint Rutherford à Manchester (depuis Cambridge) mais ne commença à s'intéresser à la structure de l'atome que sous l'influence de son ami Georges de Hevesy, ce qui montre que ce n'était pas ce dont on débattait couramment avec Rutherford à ce moment là, au milieu des expériences de radioactivité et de propriétés chimiques des éléments. Bohr, plus théoricien que les autres, s'intéresse d'abord au principe même de la table périodique des éléments. Il comprend que les isotopes sont des atomes ayant le même ensemble d'électrons mais une masse différente et que le nombre et la disposition des électrons est plus importante que le poids atomique pour la classification. Rutherford ayant été peu encourageant pour le jeune Bohr et ses idées, celles-ci sont publiées par d'autres ; mais il ne va pas tarder à se rattraper, en repérant des erreurs dans ces travaux et en attirant cette fois vraiment l'attention de Rutherford. Mais Bohr doit se trouver un poste et enseigner avant de se remettre à la théorie de l'atome.

Ce qui inquiétait Bohr était d'ailleurs plutôt le problème de la stabilité mécanique de l'atome, dans lequel les électrons auraient dû se repousser mutuellement, avant même la question de la stabilité radiative, connue de tous. C'est alors qu'il proposa, dans la suite de ce qui avait déjà été fait par Planck et Einstein, que les passages d'une orbite à une autre ne puissent avoir lieu que pour des différences d'énergie discrètes, quantifiant encore ainsi le transfert d'énergie et non celle-ci de façon générale ; cependant l'orbite doit être elle-même dorénavant caractérisée par un nombre n, depuis n = 1 pour la plus proche du noyau jusqu'à la plus extérieure, et donc quantifiée. Ce procédé rendrait compte des raies spectrales, ainsi que de stabilité du noyau. Il soumet ses écrits, minutieusement rédigés, à Rutherford en mars 1913. Ce dernier est peu enthousiaste : il se demande comment l'électron saute instantanément d'une couche à l'autre, comment il décide d'aller sur une orbite plutôt qu'une autre, cherchant encore une représentation réaliste, mécanique, à laquelle Bohr a sans doute déjà implicitement renoncé. Bohr se rend à Manchester pour discuter longuement avec Rutherford et l'empêcher de réduire et modifier ses écrits. Il y parvient et ses travaux sont publiés.

L'accueil des idées de Bohr est encore mitigé – toujours selon Nanjit Kumar – lorsqu'il les présente à Birmingham en septembre devant J.J. Thomson, Rutherford, Rayleigh, Jeans, Lorentz et Marie Curie, entre autres. Les refus étaient fondés sur des convictions réalistes mais Bohr s'imposa par son interprétation correcte de certaines raies atomiques. Puis le jeune Henry Moseley se mit à étudier les fréquences des rayons X obtenus en bombardant les atomes avec des faisceaux d'électrons ; les rayons X les plus durs étaient interprétés comme le résultat d'électrons qui descendaient de la couche périphérique à celle qui était la plus proche du noyau, d'autant plus durs que l'éléments était massif. Il compléta ainsi la table des éléments et d'autres expériences similaires, par Franck et Hertz en particulier, confirmèrent la quantification des énergies des orbites.

En 1892, on avait découvert déjà que les raies de l'hydrogène étaient doubles, sans savoir s'il ne s'agissait pas d'un artefact expérimental. Bohr pensait qu'il s'agissait d'un effet réel mais ne pouvait l'expliquer, jusqu'à ce que Arnold Sommerfeld remplace les orbites circulaires par des orbites elliptiques, ajoutant ainsi un deuxième nombre quantique k, capable de rendre compte de ce que l'on appelle la "structure fine" des raies atomiques, en tenant compte de la relativité restreinte pour calculer les différences d'énergie entre les orbites elliptiques et circulaire d'un même nombre n.

Il fallut ensuite rendre compte de l'effet Zeeman : déplacement des raies sous l'effet d'un champ magnétique. Sommerfeld y parvint en introduisant un troisième nombre quantique m, qui rend compte de l'orientation de l'orbite dans l'espace. Il n'y avait en effet pas de raison que les orbites soient dans le même plan et l'action d'un champ magnétique sur une boucle de courant avait lieu évidemment selon la direction du moment magnétique de la boucle relative à celle du champ appliqué. Cette caractéristique de l'orbite devait être quantifiée comme le reste. On en était donc à trois nombres, le quatrième – qui concernerait la rotation de l'électron sur lui-même – était encore à venir.

Après avoir travaillé durement – avec son ami Marcel Grossmann - à l'établissement des équations de sa théorie de la Relativité générale, Einstein se remet une dernière fois aux quantas, inspiré par l'atome de Bohr. Il invente les concepts d'"émission spontanée" et d' "émission stimulée" et introduit une notion statistique dans son explication des énergies observées. L'émission stimulée signifie que le rayonnement envoyé sur un atome déjà excité fait descendre l'électron au lieu de le faire monter sur une orbite supérieure en absorbant cette énergie ; l'émission spontanée quant à elle produit une énergie sous forme de raie d'émission, mais on ne peut prévoir quand elle va se produire. C'est pourquoi Einstein introduit imprudemment une probabilité, provisoire pour lui mais définitive pour nous ! Il écrira à Max Born en 1920 (KUMAR, 2012, p.185) :

« En plus cette histoire de causalité me cause des tas d'ennuis. Pourra-t-on jamais appréhender l'absorption et l'émission quantique de lumière en exigeant une causalité totale, ou alors devrait-il subsister un résidu statistique ? Je dois admettre qu'en la matière je n'ai pas le courage de mes convictions. Mais je serais très malheureux si je devais renoncer à la causalité totale. »

Einstein est tombé effectivement malade en 1917, que ce soit en raison de trop de travail, des privations de la période de guerre, ou de la physique non causale …

Jusque-là, les quantas ne concernaient encore que les échanges d'énergie, y compris pour Bohr. Mais un certain Arthur Compton étudia la diffusion de rayons X par des électrons et expliqua la déviation de ces rayons et le recul de l'électron par conservation de l'énergie et du moment cinétique comme lorsque deux particules se rencontrent, considérant le rayonnement comme une particule dotée d'une énergie proportionnelle à sa fréquence **ν** et à la constante **h**. Cela n'était pas nouveau ; la nouveauté résidait d'une part dans la nature de cette expérience, et d'autre part dans le fait que le rayonnement devait être en lui-même envisagé cette fois comme une particule incidente pour rendre compte du résultat expérimental, le rayonnement sous forme d'onde ne pouvant modifier la vitesse d'une particule matérielle comme l'électron. C'était déjà le cas de l'effet photoélectrique, dans lequel l'effet dépend de la fréquence du rayonnement envoyé et non de son intensité, exigeant que l'énergie soit proportionnelle à la fréquence, ce qui est impossible en mécanique ondulatoire.

Les résultats concernant l' "effet Compton" furent annoncés en 1922, mais l'article ne fut publié qu'en 1923, la revue *Physical review* n'en ayant pas saisi l'importance. Entre temps, Pieter Debye avait trouvé le même résultat et l'avait publié, ce qui ne faisait que conforter le résultat de Compton, dont tout le monde devait maintenant tenir compte. Einstein et Bohr ont eu l'occasion d'en discuter en 1923, mais c'est Bohr qui se montra ensuite prêt à sacrifier le principe de la conservation de l'énergie pour pouvoir interpréter l'effet Compton autrement qu'avec des quantas de lumière !

Dès 1917, Bohr avait entrepris des démarches pour la création d'un institut de physique à Copenhague, institut qui devait devenir l'un des trois pôles de la nouvelle physique quantique avec Göttingen en Allemagne et Cambridge en Angleterre (Rutherford ayant quitté Manchester pour Cambridge). Son institut allait s'avérer être une réussite et un point de rassemblement, mais Bohr se trouva au départ un peu isolé. Il alla donc faire une série de conférences en 1922 en Allemagne à Göttingen, où se trouvèrent Max Born et deux de ses meilleurs étudiants : Wolfgang Pauli et Werner Heisenberg. Bohr publia ensuite un article qui résume sa reconstruction de toute la table des éléments, avec pour seul principe celui qui exige que la structure microscopique théorique redonne les résultats macroscopiques observés ; c'est le "principe de correspondance". Bohr reçoit alors le prix Nobel en 1922 et - entre autres - un télégramme de félicitation de Rutherford ; il n'est plus isolé. Einstein venait également de recevoir le prix Nobel différé de l'année 1921. C'est ainsi que les deux physiciens avaient pu échanger leurs congratulations et se rencontrer en 1923.

Causalité ou correspondance ?

Il est clair qu'en dépit de leur accord pour progresser et de leur admiration mutuelle, les participants de cette nouvelle mécanique sont en désaccord profond sur le prix à payer pour rendre compte des phénomènes observés, pour « sauver les phénomènes » (« *sozein ta phainomena* »), selon l'expression que Pierre Duhem avait reprise à Platon en 1908. Rendre compte des apparences par des modèles avait en effet été accepté à l'occasion des diverses versions du système de Ptolémée au Moyen-Âge et même envers le nouveau modèle de Copernic. Les querelles à propos de ce qu'il en est "réellement" ne surgissent qu'au 17e siècle et encore n'est-ce sans doute que dans la seconde moitié de ce siècle que le mouvement de la Terre autour du Soleil et sur elle-même est considéré comme "réel", que la science mécanique s'impose, considérée comme l'image "vraie" de la nature, tout au moins en progrès vers une telle vérité. Il en va de même à propos des quantas mais par un mouvement contraire : le réalisme mécanique qui s'était difficilement établi se défait tout aussi difficilement.

Ne perdons pas de vue que c'est l'abandon de la causalité qui gêne Einstein et non la discrétisation de l'énergie et du mouvement. D'ailleurs la physique discrète des chocs est mécaniste, l'exemple même du mécanisme. Ce qui n'appartient plus à nos représentations familières du monde est – je l'ai déjà dit – la nécessité expérimentale de combiner la physique des boules de billard à celle des vagues sur la mer, des ondes. Et puis surviennent les probabilités. L'approche statistique utilisée par Boltzmann n'était pas choquante car elle disait clairement l'impossibilité pratique, mais non théorique, de traiter toutes les collisions individuelles dans les gaz, lesquelles n'ont rien de mystérieux en elles-mêmes. Ici les collisions quantiques singulières se comportent différemment : les conditions initiales ne permettent pas du tout d'en prédire le résultat, sauf en moyenne.

Il n'y a pas encore de débat philosophique à proprement parler entre les protagonistes, mais des convictions implicites qui se heurtent. On ne sait même pas à ce stade si le conflit, illustré avant 1925 par Einstein et Bohr seulement (Planck plus âgé demeure assez discret), porte sur la nature elle-même ou sur l'adéquation de nos modèles à celle-ci. Les phrases que l'on cite habituellement comme le « Dieu ne joue pas aux dés » d'Einstein dans une lettre à Max Born, sont des formules à l'emporte-pièce qui ne nous éclairent pas vraiment sur les réflexions profondes d'Einstein même si cette phrase est prononcée à nouveau pendant le congrès Solvay de 1927. Il en va des phrases célèbres d'Einstein comme de celles de Galilée (voir le chapitre 1). Les témoignages d'Heisenberg sont à ce sujet plus instructifs [KUMAR, 2011, p.326] : Einstein déclare avoir quitté l'empirisme de Mach parce que ce dernier :

« … néglige le fait que le monde existe réellement, que nos impressions sensorielles sont fondées sur quelque chose d'objectif ».

Mach ne niait certainement rien de tout cela mais seulement que nos concepts théoriques non mesurables soient conformes à cette existence objective et aussi qu'ils soient nécessaires.

Mes réflexions personnelles ne visent pas ici à nier l'existence d'une réalité extérieure, mais à ne pas confondre celle-ci avec nos constructions scientifiques, à tenter de prendre la mesure de la distance qui nous sépare de cette réalité bien que nous en faisions partie. En tant qu'êtres humains nous connaissons implicitement le monde extérieur mais seulement implicitement et non explicitement, et nos constructions mathématiques ou visuelles seront toujours trop simples, encore trop dépendante de notre pratique du monde… La causalité en est un exemple anthropomorphique : lorsque nous donnons un coup de pied dans un ballon, nous sommes la cause de son mouvement et donc tout mouvement devrait avoir une "cause", alors que nous ne constatons que des successions de phénomènes.

Après avoir été ainsi fortement critiquée par David Hume au nom d'un strict empirisme, la notion de causalité était considérée par Emmanuel Kant comme nécessaire à toute science, non pas en tant que vraie, mais comme condition de possibilité de la construction scientifique en elle-même ; ce qui veut dire que le renoncement à la causalité ôterait son sens à la recherche scientifique. Les scientifiques actuels ne considèrent pas que la mécanique quantique soit dépourvue de causalité puisque l'approche statistique permet des prédictions sur les grands nombres. Il n'en reste pas moins que l'événement singulier n'est pas lui-même prédictible. Prédictibilité et causalité ne sont pas identiques m'objectera-t-on ; cependant, en l'absence d'une cause reconnue comme telle, rien n'assure qu'une régularité soit permanente, persiste, même si elle a été observée très longtemps ; on peu ainsi douter du fait que le Soleil se lève le lendemain, comme l'exprime Hume, à la suite d'Héraclite ou des incas… qui se trouvent ainsi réhabilités… ; il n'y a en effet aucune preuve rigoureuse de la persistance d'une régularité ni de la reproductibilité d'une expérience. Seule la causalité – elle-même non prouvée – nous persuade de cette permanence et permet de prédire.

Peu importe, dira le physicien qui ne se soucie pas de positions de principes et ne dira même pas s'il considère cette situation comme provisoire ou définitive.

L'élaboration de la physique des quantas était empiriquement nécessaire ; elle ne détruit pas nos constructions antérieures mais s'y ajoute, diront les physiciens satisfaits par les résultats de la technique qu'il a apprise lors de ses études. Ce sont donc les philosophes qui se sont emparé du problème aujourd'hui ; mais les philosophes ne peuvent entrer à fond dans la technique ; or celle-ci est inséparable du sens, me semble-t-il, surtout lorsqu'aucune interprétation ne fait l'unanimité. J'en évoquerai quelques-unes en troisième partie.

Revenons donc à l'histoire, qui s'accélère bientôt avec l'apparition sur la scène de trois jeunes chercheurs : Louis de Broglie à Paris, Wolfgang Pauli et Werner Heisenberg à Munich où il font leur doctorat sous la direction de Sommerfeld.

Représentation ondulatoire contre représentation matricielle

Tout va aller très vite maintenant : après quelques articles en 1923, Louis de Broglie soutient sa thèse en 1924, dans laquelle il généralise la dualité onde-corpuscule à toute la matière ; Paul Langevin fait partie du jury et envoie un exemplaire de la thèse à Einstein, qui l'apprécie et convainc ainsi les membres du jury, un peu perplexes jusque-là. Schrödinger écrit l'équation de propagation des ondes de de Broglie en 1925, dans le but explicite de prolonger ce travail. La même année Heisenberg, élève de Sommerfeld en même temps que Pauli à Munich, propose sa mécanique matricielle, équivalente mathématiquement à celle de de Broglie et Schrödinger mais relevant d'un état d'esprit opposé à celui qui animait les partisans des ondes. Pauli de son côté ajoute un quatrième nombre quantique aux orbites de l'atome de Bohr-Sommerfeld et pose alors son principe d'exclusion pour répartir les électrons. En 1925 encore, l'américain Clinton Davisson découvre par hasard la diffraction des électrons sans rien connaître de ces problématiques récentes. Avant la fin de l'année, Paul Adrien Maurice Dirac a envoyé un article aux *Proceedings de la Royal Society* …

De Broglie a donc proposé d'associer une onde à toute particule, électron ou autre, de longueur d'onde $\boldsymbol{\lambda}$ inversement proportionnelle à sa quantité de mouvement, soit le produit de la masse **m** par la vitesse **v**, soit : $\boldsymbol{\lambda} = \mathbf{h} / \mathbf{mv}$. Ainsi la longueur d'onde d'un électron est de l'ordre du milliardième de millimètre, cent mille fois plus petite que la longueur d'onde moyenne du rayonnement solaire ! Celle d'un proton (de même vitesse) serait encore deux mille fois plus petite… Mais s'il y a onde, il doit y avoir propagation selon une équation. L'attention d'Erwin Schrödinger a été attirée vers la thèse de de Broglie par une note d'un article d'Einstein ; il recherche explicitement l'équation de propagation de ses ondes dès 1925, et invente la “mécanique ondulatoire”.

Le retour à une représentation ondulatoire généralisée soulageait bon nombre des membres de la petite communauté des chercheurs quantiques, car les ondes de de Broglie rendent compte des orbites de l'atome de Bohr par des ondes stationnaires, comme les ondes de Rayleigh et Jeans avaient un moment remplacé les quantas de Planck pour expliquer le rayonnement du corps noir. Les ondes stationnaires étaient forcément discrètes et non continues et on avait l'espoir avec ces ondes d'éviter que l'électron saute instantanément d'une couche à une autre dans le modèle initial de Bohr. L'équation de propagation de Schrödinger complètera la théorie et permettra de retrouver les raies de l'hydrogène, puis de l'hélium ionisé (un seul électron).

La diffraction des électrons, découverte par Clinton Joseph Davisson et confirmée par Lester Germer à New-York en 1925, vient conforter l'idée de de Broglie et Schrödinger. Remarquons que les vedettes de la nouvelle mécanique quantique sont de purs théoriciens et que durant cette période, les expérimentateurs ne proposent pas eux-mêmes d'interprétations.

L'atome de Bohr-Sommerfeld va par ailleurs rencontrer ses limites, un désaccord avec l'observation de ce que l'on a appelé “l'effet Zeeman anormal”. C'est un jeune physicien originaire de Vienne, assistant de Max Born à Göttingen puis de Bohr à Copenhague après avoir été déjà remarqué pour un brillant article sur la relativité, ensuite élève d'Arnold Sommerfeld : Wolfgang Ernst Pauli, qui propose en 1925 une solution, en introduisant le quatrième nombre quantique. C'est celui que l'on appellera “spin” l'année suivante, lorsque les élèves d'Ehrenfest : Uhlenbeck et Goudsmit l'associèrent à la rotation de l'électron sur lui-même. Cette interprétation déplut à Pauli, qui pensait que l'on ne peut associer aucune image classique à son nouveau nombre et qu'il fallait reconstruire la physique sur de nouvelles bases ; peut-être était-il influencé de façon posthume par l'empirisme de son parrain Ernst Mach lorsqu'il mettait en doute l'existence même des orbites électroniques, inobservables. Il énoncera un peu plus tard son “principe d'exclusion” par lequel les électrons de mêmes nombre quantique ne peuvent se trouver sur la même orbite, expliquant ainsi la répartition de ceux-ci sur les différentes couches.

Durant la même période, convaincu par Pauli que le domaine intéressant est celui de la nouvelle mécanique et sans doute sensible aux problèmes d'interprétation qui ont été évoqués dans la précédente section ainsi qu'aux réticences de Pauli quant aux représentations encore trop classiques, le jeune Werner Heisenberg décide courageusement de laisser tomber totalement les orbites électroniques pour centrer son formalisme sur ce qui est effectivement observable, à savoir les raies spectrales. Il a suivi le même parcours que Pauli : de Sommerfeld à Born, puis de Göttingen à Copenhague, recommandé auprès de Bohr par Pauli qui n'a qu'un an et demi de plus mais l'a précédé au Danemark. Heisenberg s'entend parfaitement avec Bohr et ses séjours de 1923 et 1924 dans son institut de physique théorique le stimulent profondément, mais il se retrouve ensuite isolé à Göttingen et doit partir se reposer sur l'île de Helgoland. C'est là qu'il invente des nombres à double indice pour traduire la transition d'un couche à une autre, le symétrique représentant la transition inverse : si l'une correspond à une raie d'émission, l'autre sera l'absorption et il construit ainsi des tableaux à deux dimensions pour les fréquences : ν_{ij} ainsi que pour les taux de transition : a_{ij}, sur lesquels il effectue des opérations algébriques. Il est surpris de constater que la multiplication de ses tableaux ne commute pas et c'est Max Born qui l'informera à propos des "matrices" et du calcul matriciel qu'il ignorait.

Heisenberg a délibérément renoncé à toute représentation classique, à toute visualisation mécanique, soutenu et aidé ensuite par Max Born et Pascual Jordan qui mettent au point le formalisme matriciel proposé à son insu par Heisenberg, mais c'est Pauli - bien qu'il n'ait pas voulu participer au départ à cette mathématisation extrême de la physique quantique - qui parvient à l'appliquer à l'atome d'hydrogène. Ils sont donc quatre protagonistes, mais à part Bohr, les physiciens ne sont pas favorables à ces audaces.

Einstein, qui avait connu la philosophie empirique d'Ernst Mach et s'en était inspiré, soutient contre Heisenberg que la science a besoin d'outils théoriques intermédiaires et familiers entre l'expérience et le calcul. On lui objecte qu'il avait su se détacher des représentations classiques intuitives lorsqu'il a établi ses théories relativistes. Il est intéressant de se demander dans quelle mesure Einstein a changé et dans quelle mesure il s'agit d'autre chose dans le pas franchi par Heisenberg. On peut en effet remarquer qu'Einstein est revenu à l'expérience en considérant les rayons lumineux et leurs parcours à vitesse finie, leurs trajectoires courbes ensuite ; mais cela demeure représentable et même assez visuel quoique plus compliqué ; il s'agit tout de même de trajectoires, que l'on peut considérer comme "réelles". Or la mécanique matricielle ne propose plus qu'une représentation abstraite - symbolique - des phénomènes, qui ne fournit aucune image possible entre les données expérimentales et les prévisions tirées du calcul et ne conduit à aucune appréhension d'une réalité sous-jacente. La démarche est plus radicale.

Schrödinger ayant réussi à rendre compte de l'atome d'hydrogène par un formalisme plus rassurant, beaucoup se détournèrent des matrices, à commencer par Planck et Einstein, mais aussi Sommerfeld ; Born lui-même fut séduit et Heisenberg se retrouva à nouveau isolé et amer. Heisenberg objecta à Schrödinger, venu faire des conférences à Munich, qu'il ne rendait pas compte de l'effet photoélectrique ni surtout de l'effet Compton, mais on fit taire ce jeune physicien prétentieux qui osait attaquer le nouveau maître de la physique quantique rebaptisée « mécanique ondulatoire ». Il ne lui restait que Bohr comme allié, lequel invita Schrödinger à Copenhague et tenta de le convaincre de la nécessité des sauts quantiques, jusqu'à ce qu'il en tombe malade ! Mais Schrödinger lui-même, puis Dirac, vont montrer l'équivalence mathématiques, technique, des deux représentations rivales.

On se trouve néanmoins en 1926 avec un double dualité : ondes et corpuscules pour la nature de la matière et de l'énergie, ondes et matrices pour la méthode scientifique ; dualités ontologique et épistémologique donc, à la fois, en ce qui concerne la physique de la matière et de la lumière.

Le conflit le plus important est évidemment encore celui de la nature même des particules et de l'énergie, au delà de la technique seule qui les éblouit tous mais ne satisfait personne, sauf peut-être Heisenberg. Schrödinger introduit alors la notion de "paquet d'onde" afin de rendre compte des effets de particules ; mais il apparaît rapidement que l'onde invoquée n'est pas de la même nature que celles que l'on connaissait, ne serait-ce que parce que un ensemble de deux particules doit être décrit dans un espace à six dimensions, trois particules dans un espace à neuf dimensions, etc…, et aussi parce que les collisions entre deux particules ne peuvent être décrites par la rencontre de deux paquets d'onde.

Les positions des différents protagonistes n'étaient heureusement pas figées : Bohr refusait la quantification de la lumière qui s'imposait dans l'effet Compton, mais soutenait Heisenberg. Pauli refusait que son quatrième nombre quantique corresponde à la notion classique de rotation de l'électron sur lui-même, d'abord soutenu par Bohr qui ne tarda pas à changer d'avis, ce qui le rendit furieux ! Il se méfiait également des mathématiques mais appliqua la mécanique matricielle à l'atome d'hydrogène. Einstein refusait l'interprétation probabiliste qui allait demeurer collée à la fonction d'onde, mais intervint pour introduire des corrections relativistes, en faveur du spin en particulier.

Heisenberg qualifia la physique de Schrödinger de « répugnante » (en réponse à des propos similaires que pouvait tenir en particulier Einstein !), mais l'utilisa cependant pour l'atome d'hélium. Chacun participait à sa façon aux idées nouvelles et l'histoire continuera avec le grand congrès Solvay de 1927, l'interprétation dite "de Copenhague" et l'apparition de Paul Dirac sur la scène quantique, ce que nous verrons dans le Chapitre 13.

Ce bouillonnement d'idées a pu sembler confus au lecteur, mais il correspond à la réalité d'une recherche passionnée, éprouvante, chez des scientifiques qui recherchent de nouvelles formulations pour mieux rendre compte de l'expérience et en subissent les conséquences conceptuelles. Ils en sont déroutés, entrent dans des polémiques qui semblent bien inutiles aux scientifiques d'aujourd'hui. La pratique a en effet habitué ceux-ci à choisir le formalisme qui convient le mieux au problème précis à traiter, qui relève maintenant de celui de Dirac. Ondes et corpuscules font bon ménage et ce sont les résultats expérimentaux et les applications pratiques qui valident aujourd'hui le formalisme utilisé.

PARTIE III

THÉMATIQUES CONTEMPORAINES

Introduction à la partie III

Je vais aborder maintenant certaines problématiques contemporaines. Parce que j'ai continué à enseigner la physique après ma reconversion à l'histoire des sciences, je suis restée attachée à l'actualité, tant théorique que pratique, en physique générale et astrophysique. La découverte récente des ondes gravitationnelles me touche autant que si j'étais encore physicienne... Le nombre des signataires du premier article de *Physical Review Letters* concernant ces ondes m'interpelle également : ils sont plus de 1000, et la science dont je parlais dans ma deuxième Partie en est transformée.

Ce serait donc le moment de faire un peu de sociologie des sciences, d'examiner l'influence des institutions de la « *big science* », les rapports de pouvoir et d'argent, l'influence de la notoriété de certains ...

Les sociologues de la science sont allés plus loin dans leur analyse du conditionnement social des résultats scientifiques, jusqu'à avancer que les notions de "vrai" et de "faux", qui seront abordée au prochain chapitre, étaient elles-mêmes conditionnées par les rapports sociaux. D'un point de vue anthropologique ou ethnologique général, du "point de vue de Sirius" pourrait-on dire, cela se comprend et l'interrogation est tout à fait légitime. Nous avons du mal cependant à considérer notre science, avec ses méthodes universelles, comme une simple croyance ou tradition au même titre que les multiples religions qui parsèment la planète, ou même comme l'art. Il nous est facile en revanche, surtout après ce qui a été dit plus haut, d'admettre que le choix d'une interprétation théorique dépende de facteurs qui n'appartiennent pas à la pure logique déductive, puisque celle-ci est impuissante à nous fournir des principes de départ indubitables.

La sociologie des sciences remonte à la fin du 19e siècle, et pourrait même être datée de l'époque d'Auguste Comte. Mais c'est avec la période marxiste du début du 20e siècle que s'ouvre le débat sur l'interprétation de la science moderne de Galilée et Descartes, avec un accent mis sur la modification des rapports entre les savants et le monde du travail après la Renaissance. Galilée fréquente en effet des artisans et ingénieurs, mais il assez douteux que l'on puisse interpréter ses innovations uniquement de cette façon ; lorsqu'il s'agit de Descartes, la référence au monde du travail devient ridicule, et n'a d'ailleurs aucun prolongement dans des écrits plus récents. Il ne s'agit d’ailleurs pas pour ces premiers marxistes de lire les écrits de ces auteurs, ni de tenir compte de leur formation, mais plutôt d'illustrer une sociologie de la connaissance en général, inscrite dans l’analyse des rapports entre superstructure et infrastructure, valable pour l'ensemble de la culture et donc pour la science en tant que culture, mais seulement en tant que telle.

Les analyses se sont faites plus fines et plus locales par la suite, distinguant les unes des autres les différentes disciplines avec leur histoire et leur contexte propre. Après la seconde guerre mondiale, Alexandre Koyré lit soigneusement les écrits publiés par Galilée et réagit fortement contre les interprétations marxistes abruptes ; il propose une vision centrée sur le raisonnement original de l'auteur avec ses anticipations théoriques. Koyré nous invite donc à un retour à l'histoire des textes (avant tout contexte), pour une épistémologie historique qui sera très suivie en France.

Une autre réaction, bien différente, est celle de Robert K. Merton, sociologue américain qui établit les bases d'une sociologie des sciences plus systématique ; assez peu connu des historiens et épistémologues français, totalement inconnu des scientifiques, il a proposé une série de normes méthodologiques et éthiques pour rendre compte du fonctionnement des scientifiques. Je ne peux que conseiller au lecteur désireux d'en savoir plus de consulter le *Que sais-je ?* de *Sociologie des Sciences* publié par Yves Gingras [GINGRAS, 2013], lui-même sociologue et historien des sciences à Montréal. Merton a, le premier, promu une analyse du travail des scientifiques non fondée sur les contenus mais sur des règles, normes ou conventions de fonctionnement, qui sont à découvrir par une approche phénoménologique de ce qui se passe pratiquement. On comprend que cette mise à distance de tout ce qui intéressait les philosophes, de la question du “vrai” et de la nature des résultats, soit utile pour une étude structurelle interne sans jugement de valeur ni polémique.

L'approche socio-historique se renouvelle encore avec Thomas Kuhn [KUHN, 1962], dans son ouvrage majeur dont le titre français est : *La structure des révolutions scientifiques*. Bien que sa vision de la science “normale” et de ses ruptures soit descriptive et non pas philosophique, donc phénoménologique elle aussi, il est difficile de la considérer comme uniquement sociologique. Kuhn traite en effet de la science comme d'un phénomène social, mais sans préciser l'influence des facteurs sociaux dans les ruptures ou « révolutions scientifiques » dont il décrit la « structure » ; il ne les explique pas non plus par l'appel à une nécessité rationnelle incontournable, qui n'est que reconstruite après coup dans la nouvelle science devenue normale, le nouveau “paradigme”[23]. Le progrès des observations n'explique en rien la « révolution » copernicienne - c'est un fait reconnu - puisque le système copernicien est trop simpliste pour rendre compte des observations précises de Tycho-Brahé à la fin du 16e siècle, et même sans doute des observations obtenues auparavant. Thomas Kuhn a été d'abord physicien, spécialisé en thermodynamique ; il avait fait la connaissance d'Alexandre Koyré lors du séjour de celui-ci à Princeton à partir de 1956. Koyré publia en 1957 son livre intitulé en français : *Du Monde clos à l'Univers infini*, tandis que Kuhn publiait la même année : *La Révolution copernicienne*, introduisant dans le monde de l'histoire des sciences la notion de “révolution” souvent utilisée par la suite, avant même d'y introduire le terme de “paradigme” que les physiciens emploient aujourd'hui couramment, bien qu'ignorant tout de Thomas Kuhn ! Ce dernier avait d'abord été fort troublé par sa lecture de la *Physique* d'Aristote, comme auparavant Pierre Duhem qui considérait que la physique aristotélicienne est une vraie physique ; suivant Kuhn, je dirais que nous avons du mal à la comprendre aujourd'hui en raison de l' “incommensurabilité” entre les notions utilisées lorsqu'on passe d'un ensemble théorique à un autre, par exemple de la physique newtonienne à la physique aristotélicienne, ne serait-ce qu'en raison du sens différent attribué aux mêmes mots : vitesse, force, énergie ; en raison également de la profonde modification de la notion de cause, dont j'ai déjà parlé.

Je suis fascinée par ce recul, ce regard extérieur de la part de l'ancien scientifique qu'est Kuhn ; il s'agit pour lui de décrire un processus qui se déroule dans le temps, et non de mettre au jour des invariants, et c'est bien là que réside l'originalité de cet auteur et la raison de son succès : il n'y a plus de normes à proprement parler mais seulement des conditions contraignantes. La science « normale » selon Kuhn n'est en effet pas celle qui obéit à des normes qui auraient été établies une fois pour toutes ; ce terme ne désigne que la stabilité qui règne entre les ruptures, les révolutions, sur des critères que l'habitude et l'efficacité fait considérer comme justes : ainsi en était-il du système de Ptolémée avant Copernic.

---

[23] Ce terme vient d'un mot grec qui signifie « modèle » ou « exemple », et qui se rencontre dans le *Timée* de Platon.

Thomas Kuhn comparera plus tard le processus de l'évolution scientifique à celui de l'évolution du genre humain, à un processus organique donc, avec ses stagnations et ruptures, ses hasards et sa complexité face aux contraintes (internes autant qu'externes). Mais, à ce stade, la sociologie des sciences a déjà mis en avant une "construction sociale des faits scientifiques", beaucoup plus perturbante pour le scientifique que l'analyse des institutions ou même que la mise en évidence du conditionnement social et culturel des choix théoriques. Cette élaboration du "fait" lui-même s'effectue à l'intérieur du laboratoire qui devient alors le champ d'étude du sociologue ; c'est ce que fait Bruno Latour dans les années 1970-80, avec divers collaborateurs, à la suite du programme proposé par l' "école d'Edimbourg" de David Bloor et Barry Barnes vers 1970, lequel avait débouché en 1976 sur un « programme fort » de relativisme total, consistant à considérer le savoir scientifique d'un point de vue strictement socio-culturel, en dehors de toute considération logique ou épistémologique.

De ce programme fort je ne retiendrai ici qu'une éthique désignée ensuite comme un « principe de symétrie », principe qui enjoint aux historiens de considérer l'échec de la même façon que la réussite chez les auteurs du passé, pour les rapporter au contexte socio-culturel du moment et du lieu dont ils dépendent au premier chef, c'est-à-dire de ne pas les juger d'après ce que nous savons aujourd'hui dans un autre contexte. Je dois dire que ces mises au point m'ont toujours été utiles pour comprendre vraiment un auteur, indispensables même à l'intérêt véritable de toute étude historique patiente, à visée anthropologique plutôt qu'explicative de l'état actuel de la science uniquement. La raison et le "vrai" émergent alors d'une activité humaine en recherche de ses propres critères, d'un processus historique, sans devoir être définis à l'avance comme invariants philosophiques, comme des absolus.

Le principe de symétrie de David Bloor prescrit également de s'appliquer à soi-même les critères de jugement dont on ferait encore usage vis-à-vis des auteurs que l'on étudie ; belle rigueur morale, qui devrait éviter par exemple de tout renvoyer en sciences aux circonstances extérieures et au conditionnement social, car alors, la critique sociologique devrait elle-même être expliquée de cette façon ! C'est en effet ainsi que l'on a pu qualifier le relativisme extrême d' "auto-réfutant" puisque le discours de l'auteur sociologue de la science est également conditionné par son contexte socio-culturel, autant et même davantage qu'un discours scientifique qui repose sur des méthodes soigneusement et longuement mises au point, partagées par tous.

Les scientifiques n'aiment pas la philosophie des sciences et encore moins la sociologie qui leur semble à la fois inutile et prétentieuse. C'est bien normal puisqu'ils travaillent beaucoup, d'une façon techniquement pointue, et sont ainsi plongés dans un univers qui semble totalement objectif : celui des observations et des mesures. Effectivement, la réflexion philosophique n'est pas directement utile au scientifique ; on ne peut même pas prétendre que les réflexions profondes de Hertz, Helmholtz, Mach ou Poincaré aient été directement utiles à leur travail ; cela a pu même être un frein, comme tout doute et recul par rapport à une activité qui exige un investissement très fort, un travail intuitif et imaginatif qui ne doit pas être au départ sous le contrôle de l'esprit critique. Cependant ce qui freine le scientifique peut libérer les autres plus tard ; si on ne peut affirmer qu'Ernst Mach, lu par Einstein, ait été déterminant pour l'émergence de la Relativité générale puis de la physique quantique, on doit reconnaître une réelle influence ; Einstein avait lu également le premier livre philosophique de Poincaré : *La science et l'hypothèse*.

Que faire par contre de toutes ces études sociologiques extérieures au fonctionnement scientifique proprement dit ? Sont-elles utiles en dehors du domaine strict de leur discipline ou sont-elles seulement polémiques et critiques ? Je pense qu'elles sont culturellement utiles : envisager pour un temps la science comme un processus humain comme les autres apporte un regard qui relativise les jugements de valeur à défaut de relativiser la vérité scientifique ; cela me semble donc utile au scientifique, non pas dans son travail de scientifique, mais en tant qu'il est un être humain, social, appartenant à une collectivité, une culture, une civilisation.

Chapitre 11

Science et vérité

> « Et j'avais toujours un extrême désir d'apprendre à distinguer le vrai d'avec le faux, pour voir clair en mes actions, et marcher avec assurance dans cette vie. »
>
> René Descartes : *Discours de la méthode*, fin de la Première Partie.

Bien que la phrase de Descartes semble désigner autre chose que la science, il est clair qu'il a cherché la vérité en science, dans les mathématiques d'abord, puis en physique, avant de revenir à l'homme et aux passions, comme si le raisonnement scientifique devait être un modèle, ou tout au moins un apprentissage en vue de recherches dans le domaine plus complexe de la vie humaine. Ainsi, même si la notion classique de la vérité n'est pas la plus pertinente en philosophie de la physique et se trouve rejetée par tout un courant pragmatiste, je pense que l'on doit l'envisager ici, en raison même de l'insertion de la science dans la civilisation et de l'emploi courant de l'adjectif « vrai » en sciences.

Ce chapitre est donc un intermède, une parenthèse dans l'exposé d'une partie du développement de la science physique, parenthèse destinée à mettre en perspective ce qui a été dit jusqu'ici et ce qui sera exposé ensuite ; perspective de la vérité à laquelle le scientifique ne peut renoncer.

Il est d'usage de dire que la vérité, d'une idée, d'une théorie, réside dans sa conformité du discours avec son objet. Mais par « objet » on ne sait pas trop ce que l'on veut dire, puisqu'il s'agit de quelque chose que nous fabriquons plus ou moins comme je l'ai proposé dès le début de cet ouvrage, en tout cas distinct de la réalité extérieure et même du phénomène tel qu'il nous apparaît dans sa complexité. S'il s'agit d'un arbre, d'un homme ou de la Terre, on sait à peu près ce qu'il en est. La vérité d'un discours, d'une phrase, sera alors dans sa conformité avec ce que l'on connaît par ailleurs de la chose dont on parle, ce que l'on peut percevoir ou mesurer de l'arbre, de l'homme ou de la Terre. Cela se gâte un peu s'il s'agit de l'Univers ou du cerveau humain, plus encore que s'il s'agit d'un vaste ensemble : les hommes, les planètes ou les galaxies... Le problème n'est cependant pas seulement celui des généralités, des "universaux"[24], car tout objet d'un discours a été formé par la pensée à partir de perceptions, d'abord décomposées en éléments séparés de leur environnement, puis recomposées avec des éléments proches selon une idée préalable issue d'un ensemble d'expériences passées ; cette phrase un peu lourde veut dire qu'il n'y a pas de table rase de la perception, pas de niveau originaire de la connaissance sur lequel on pourrait s'appuyer pour construire une science vraiment empirique, je l'ai déjà dit.

On ne peut donc avoir accès aux "objets" scientifiques que grâce à des concepts et des lois ; alors tourne-t-on un peu en rond ? Pas tout à fait cependant : l'objet scientifique peut avoir été déterminé préalablement par un ensemble d'expériences qui ont produit les concepts et les lois par induction, puis être soumis ensuite à de nouveaux protocoles expérimentaux qui permettent de tester les hypothèses théoriques à propos de sa nature. Le mot de "vérité" semble en fait peu adapté à une réflexion sur la physique qui vise d'abord à la représentation et la prédictibilité. Si l'on prétend également expliquer et comprendre – c'est-à-dire si l'on n'est pas positiviste – on se satisfera de la réunion de phénomènes sous une même loi, un même ensemble d'équations : l'optique, l'électricité et le magnétisme sous les équations de Maxwell, la chute des corps et la trajectoire de la Lune sous la loi newtonienne de la gravitation ; la vitesse de la lumière comme limite universelle pour tout transport d'information ou d'énergie, la classification des éléments expliquée par le modèle atomique de Bohr, etc...

Comment se fait-il alors que les scientifiques parlent encore en termes de « vrai ou faux » ?

---

[24] La querelle des "universaux" conduite au 11e siècle par Abélard en particulier, portait sur la réalité ou non des termes désignant un ensemble de choses ou de personnes. Les "nominalistes" comme Abélard leur déniaient toute réalité, tandis que les "réalistes" comme Guillaume de Champeaux les considéraient comme réels.

Quand parle-t-on de vrai et de faux ?
Le mot : "vérité" s'applique aux jugements, c'est-à-dire aux propositions qui affirment quelque chose à propos de quelque chose ou quelqu'un ; par exemple : « il pleut », « je suis une femme assise sur une chaise et en train d'écrire », « la Terre tourne autour du Soleil » … Cela veut dire que ce terme ne s'applique pas aux sensations qui, elles, sont toujours vraies, ni même aux concepts qui ne sont ni vrais ni faux, existent réellement dans nos pensées et dans les livres, en rapport avec l'expérience sans pouvoir en être déduits.

Parler de "jugements" évoque en outre le domaine de la justice, dont est issu également le terme de "loi" utilisé en physique depuis le 17e siècle seulement. Le juge et les jurés auront à décider de la vérité de l'accusation : si le suspect est accusé d'avoir tué sa femme, c'est vrai ou c'est faux, définitivement et exactement. Les jurés recherchent la vérité et les témoins jurent de dire « rien que la vérité, toute la vérité » et nous sommes donc là vraiment dans le domaine du vrai et du faux. Est-ce que l'expérimentation scientifique peut faire office de tribunal ? Dans une certaine mesure seulement, car l'expérience peut dire « non », sans pouvoir dire vraiment « oui », ni définitivement ni exactement. Karl Popper a bien rappelé que les affirmations scientifiques étaient, comme toute affirmation générale, réfutables mais non vérifiables.

Les physiciens qualifient couramment leurs théories de presque vraies et les précédentes de d'incomplètes, les physiques d'Aristote ou de Descartes étant pour eux absolument fausses ! Ils ont bien conscience du caractère approché de la vérité actuelle, perfectible et donc encore éloignée d'une vérité absolue ; j'en ai déjà parlé au début de mon Introduction. Des physiciens contemporains ont parfois conscience qu'il leur faut renoncer définitivement à la catégorie du "vrai" qui serait réservée aux mathématiques ; ainsi Pierre Léna déclare, [LÉNA, 2003], que : « Dans les sciences de la nature, cette dichotomie du vrai et du faux n'existe pas. C'est par touches successives, toujours plus vraies mais toujours insuffisantes, que procède notre approche du monde par la science ». La vérité en science demeure alors une limite jamais atteinte, avec l'idée sous-jacente qu'une telle limite qui ne peut être atteinte n'existe pas.

On peut en effet penser que les mathématiques sont également, comme la justice, le domaine du vrai et du faux : « deux plus deux font quatre et non pas cinq » ou « le carré de l'hypoténuse est la somme des carrés des côtés d'un triangle rectangle ». Bien que la géométrie d'Euclide ait été écrite à partir de définitions et d'axiomes, il a fallu longtemps aux géomètres pour s'apercevoir que le théorème de Pythagore n'était pas absolument "vrai" mais dépendait des axiomes choisis, surtout de celui "des parallèles", assez obscur à première lecture chez Euclide ; il en est de même de la somme de deux chiffres, par convention des axiomes de l'arithmétique et du signe attribué aux chiffres. Là encore, comme en physique, il y du faux, mais pas de vrai. La vérité des axiomes garantit celle des théorèmes qui en sont déduits, mais celle des théorèmes (que l'on peut vérifier de façon approchée par l'expérience) ne garantit pas celle des axiomes, car ceux-ci sont souvent plus généraux que la conséquence particulière qui en a été déduite et qui a été vérifiée[25].

L'abandon de la question du vrai est bien représentée, avec regrets peut-être, par la phrase de Bertrand Russell : « Les mathématiques sont une discipline où l'on ne sait pas de quoi on parle et où on ne sait même pas si ce que l'on dit est vrai » ; et pourtant en mathématiques, contrairement à la physique, on part de définitions et axiomes clairement énoncés à partir du langage courant ; la structure axiomatique n'y est pas circulaire comme celle des *Principia* de Newton. La physique bénéficie en revanche de la « vérification expérimentale », qui, même si elle ne garantit la vérité d'aucun énoncé, constitue le point fixe, incontournable, de l'argumentation, en aval et non plus en amont du raisonnement déductif.

En mathématique, le contraire d'un calcul "faux" n'est d'ailleurs pas un calcul "vrai", c'est seulement un calcul "juste", en ce qu'il a respecté les règles de la déduction sans dérapage. Dans un échange cordial avec l'univers sémantique de la justice, nous pourrions ainsi qualifier de "juste" la théorie qui satisfait à toutes nos demandes à un moment donné, avec les concepts qui conviennent à nos besoins de représentation.

Je pourrais m'arrêter là, mais ce serait négliger les débats qui ont eu lieu au 20e siècle, chez les physiciens-philosophes, pour lesquels il faut remonter un peu en arrière.

De la "chose en soi" au positivisme

Nous cherchons en science une appréhension de la réalité phénoménale qui soit d'abord communicable à tous et efficace,

---

[25] Ce n'est pas le cas du théorème de Pythagore ; à partir de celui-ci on peut en effet démontrer l'axiome des parallèles. Il est donc aussi général que cet axiome particulier.

universelle avant d'être vraie. Les interrogations pertinentes seraient plutôt celles qui concernent la réalité des phénomènes que nous étudions, le rapport entre nos objets et ce qui se passe sans nous dans la nature. C'est le rapport entre l'objet scientifique dont nous avons parlé et la "chose en soi" de Kant. Selon Kant, cette "chose en soi", que nous pouvons assimiler à la réalité, demeure toujours hors d'atteinte et nous demeurons enfermés dans les formes qui conditionnent notre expérience, sans lesquelles il n'y aurait pas d'expérience. Kant ne parle explicitement de "réel" que pour le placer par rapport au "possible" et au "nécessaire" (tout ce qui est nécessaire est réel et tout ce qui est réel est possible) ; mais ses analyses ne sont pas placées sous le drapeau de la vérité ; son but est d'expliciter les conditions de possibilité d'une connaissance scientifique, qui soit universelle et objective.

La science d'aujourd'hui n'est cependant pas construite sur l'expérience courante mais sur l'expérimentation, dont les méthodes sont mises au point au 19e siècle comme nous l'avons vu dans les chapitres qui précèdent ; la réalité se manifeste alors à nous dans la réponse au test expérimental, et là seulement, mais c'est une réponse pauvre, chiffrée, et d'une certaine façon muette ; je veux dire que l'interprétation n'est pas donnée avec la mesure. Voilà le problème de la science physique sous sa forme la plus limpide, qui inclut la question de savoir ce que nous mettons de nous-même dans nos interprétations, de nos esprits, lesquels ne fonctionnent pas comme la "nature". Les chapitres précédents ont d'ailleurs répondu en partie à des questions ainsi posées.

Le positivisme renouvelle le débat au 19e siècle, en accord avec la transformation de la physique que j'ai montrée, puis celle des géométries non euclidiennes et la prise en compte de l'arbitraire de l'axiomatique en géométrie. Les représentations physiques seront considérées comme n'ayant qu'un rapport lointain avec ce qu'elles représentent, comme des analogies, voire des signes. La science se veut descriptive et non plus explicative, à l'exemple de la thermodynamique classique (non statistique), les concepts et théories étant de simples intermédiaires pratiques entre nous et autre chose, des aide-mémoires.

A la fin du 19e siècle, Ernst Mach reprit la lutte contre les notions non directement mesurables, qu'il jugeait inutiles : force, masse, espace… Il considérait les théories comme "économiques" pour la pensée, sans fondement réel, et voulait donc en éliminer tout concept superflu, renvoyant à la métaphysique tout ce qui n'était pas directement opératoire, mesurable. Bien qu'il ait été lui-même physicien, sa tentative fut un échec ; il semble en effet que ces notions qu'il qualifiait de métaphysiques soient indispensables en tant que rouages d'une construction théorique qui se tienne.

Nous sommes en 1906 lorsque Pierre Duhem publie la première édition de *La théorie physique*, après s'être vu refuser son doctorat de thermodynamicien. Il se réfère à Ernst Mach ainsi qu'au premier livre philosophique d'Henri Poincaré : *La science et l'hypothèse* [POINCARÉ, 1902]. Le ton est donc déjà donné par ces deux grands auteurs et Duhem peut affirmer dans son premier chapitre :
« Une théorie physique n'est pas une explication. C'est un système de propositions mathématiques, déduites d'un petit nombre de principes, qui ont pour but de représenter aussi simplement, aussi complètement et aussi exactement que possible, un ensemble de lois expérimentales. »
On ne peut que lui donner raison en considérant le système des quatre équations de Maxwell ou encore les lois thermodynamiques.

Les « règles » établies par les observateurs, sortes de lois expérimentales, sont donc plus proches de ce que Willard O. Quine appellera plus tard, les « conditions aux limites » de la théorie, et Pierre Duhem examinait quels peuvent être ces énoncés les plus proches de l'expérimentation physique et comment ils diffèrent d'un témoignage ordinaire. Si le physicien se contentait en effet de raconter ce qu'il a vu comme le promeneur qui raconte : « Hier, à telle heure, à tel endroit, j'ai vu un cheval blanc », que dirait-il ? Sans doute : « Hier, à telle heure et tel endroit, j'ai vu la surface du mercure affleurer à telle graduation, ou l'aiguille de tel appareil se poser sur tel chiffre… » ; aujourd'hui : « j'ai vu apparaître sur mon écran d'ordinateur tels chiffres, telle courbe… ». Mais l'énoncé donné par le scientifique sera bien différent ; il annoncera avoir mesuré une résistance électrique, une force d'attraction, une intensité de rayonnement ; il annoncera avoir vérifié une loi, avoir vérifié la Relativité générale grâce aux ondes gravitationnelles ou la théorie standard des particules grâce aux dernières détections des accélérateurs et collisionneurs de particules, dont le boson de Higgs.

« Le résultat d'une expérience de physique est un jugement abstrait et symbolique. », proclamait alors Duhem et on peut trouver qu'il va un peu loin. Abstrait signifie que l'on ne se trouve plus directement dans le concret, l'instrument lui-même n'étant utilisable qu'accompagné d'une théorie. Mais " symbolique " devrait signifier en outre que le rapport entre les termes utilisés et la réalité est presque aussi arbitraire qu'entre ceux des mots de la langue et la chose qu'ils désignent, comme s'il s'agissait des "signes" dont parlait Helmholtz en 1878 à propos de la perception. Or, comme dans la perception et même davantage, on trouvera une analogie de structure entre les faits expérimentaux et les jugements qui en rendent compte. Duhem voulait mettre en garde contre l'illusion d'une correspondance qui serait celle d'une photographie du réel, ou d'une image qui parlerait d'elle-même ; non, il faut en connaître le code, l'avoir appris.

Et cependant, le scientifique utilise davantage les mots « vrai ou faux » que « réel ou artificiel, construit, convenu »… C'est peut-être parce qu'il fréquente davantage la philosophie traditionnelle que la plus récente, moins accessible, moins vulgarisée : on sait que Platon recherchait la vérité sous les apparences, l'"être" ou l'essence des choses, par une recherche longue et difficile appuyée sur la théorie de la réminiscence et que Descartes cherchait à « distinguer le vrai d'avec le faux » en s'appuyant sur ses "idées innées" pour fournir un socle à sa méthode d'investigation rationnelle. Pourtant Aristote déjà demeurait à l'intérieur de l'expérience sensible et du langage, dans une sorte d'immanence qui ne préjugeait pas de l'accès à l'être même des choses ; la réalité était pour lui celle qui est perçue et que l'on doit ranger dans les catégories du langage. Mais les physiciens détestent Aristote qu'ils associent à l'obscurantisme soutenu par l'église et responsable du procès de Galilée. Ils se moquent d'Auguste Comte qui avait prétendu que l'on ne pourrait jamais connaître l'intérieur du Soleil et rejettent donc le positivisme en bloc, suspecté en outre de servir d'appui au "relativisme" plus récent, qui représente pour eux la philosophie des sciences actuelle. Est-ce à dire que les physiciens croient en la vérité des théories et en la réalité des concepts ? Pas tout-à-fait, car rien n'est définitif et tout est perfectible en sciences ; mais la vérité est au bout du chemin et la science ne marcherait pas si bien - dit-on - si elle n'était pas « un peu vraie », et si les concepts comme ceux des atomes et de l'espace-temps d'Einstein n'existaient pas « vraiment ». Cela est plein de bon sens, « la chose du monde la mieux partagée » selon notre ami Descartes, mais manque simplement de rigueur.

Le texte de Helmoltz et les mystères de la perception

Si j'ai choisi dans cet ouvrage de m'attarder sur la seconde moitié du 19e siècle, c'est parce que les interrogations sur la nature de la science physique y redeviennent aussi aigues qu'au 17e siècle ou dans l'antiquité, bien avant que les nouvelles théories de la Relativité et de la Mécanique quantique ne viennent perturber les notions, devenues habituelles, caractéristiques de ce que nous appelons aujourd'hui la science classique. Nous avons déjà vu, dans le Chapitre 7, Boltzmann prendre position sur le sens et la pertinence de nos représentations afin de soutenir son atomisme contre des attaques assez violentes. J'avais également cité Kirchhoff et Hertz, assimilant vers la fin du siècle nos connaissances à de simples "signes", « simulacres ou symboles intérieurs des objets extérieurs », les signes n'ayant de commun avec ce qu'ils représentent que leurs rapports, une structure. Je n'y reviens pas mais remonte maintenant à la source de ces idées, qui réside dans les études physiologiques à propos des perceptions. Il est d'usage de se référer à Gustav Fechner, philosophe qui fonde vers 1850 la "psycho-physique" et est connu pour sa loi : « La sensation est proportionnelle au logarithme de l'excitation ». Qu'il ait été suivi ou critiqué, Fechner a eu une énorme influence sur ses contemporains, Helmholtz ou Ernst Mach un peu plus tard. Ce qui a perturbé les physiciens est sans doute d'abord la distance qui existe entre l'explication physiologique des couleurs, cyclique en raison des cellules de la rétine, et leur explication physique en termes de longueur d'onde ou de fréquence, de zéro à l'infini… Le monde de la perception apparaît comme très différent de celui de la physique, structuré autrement et donc pas même analogique :

« Les différences les plus fondamentales [entre les perceptions : toucher, ouïe, vision] sont complètement indépendantes de la sorte d'agent externe par lesquelles les sensations sont excitées. Elles [ces différences] ne sont déterminées exclusivement que par les nerfs sensitifs qui reçoivent les excitations. » (ma traduction)

C'est ce que disait Helmholtz en 1878. Ainsi la chaleur du Soleil et sa lumière apparaissaient comme différentes avant que l'on en reconnaisse une source commune. L'œil n'a par ailleurs que trois sensations fondamentales de couleurs, ces couleurs n'appartenant pas en tant que telles à l'objet. Helmholtz revenait alors sur *l'a priori* kantien pour l'espace et le temps, et déclarait que l'espace n'a pas plus de réalité extérieure que les couleurs, suscitées par les réactions sensitives de l'œil, l'espace étant suscité dans notre intuition par les mouvements de cet œil et notre volonté de nous mouvoir, nécessaire pour rendre compte des changements de sensations au cours de nos déplacements.

Reprenons maintenant notre problématique de l' "objet" physique, intermédiaire entre nous et une réalité trop complexe et lointaine, peut-être hors d'atteinte.

Nouveaux objets ?

Revenons à la physique et, par exemple, à nos jolies équations de Maxwell. Elles relient des quantités comme la charge électrique, le courant, le champ électrique E, le champ magnétique B. Ces quantités sont mesurables par des forces exercées entre des parties de matière bien repérables, des "objets" au sens le plus courant du terme, c'est-à-dire tangibles (que l'on peut toucher), visibles et résistants, et ces forces ont été mises en évidence puis mesurées par les expériences de Coulomb, Laplace, Œrsted, Ampère et Faraday, au cours du 19e siècle.

Il est merveilleux que des dispositifs expérimentaux si différents les uns des autres aient pu être réunis dans le système de quatre équations linéaires, simple et presque symétrique, de Maxwell. Mais de quels objets s'agit-il maintenant ? De "champs électromagnétiques" et d' "électrons" essentiellement, objets invisibles et intangibles cette fois. Et encore, je ne parle pas de l' "éther" dans lequel étaient censées se propager les ondes électromagnétiques, dont l'existence découle de l'ensemble des équations. Contentons-nous ici des champs et des électrons. Les champs ne se mesurent que par des forces et par l'évidence indirecte des ondes dont on peut connaître l'intensité, la fréquence et la vitesse. Quant à l'électron, on peut mesurer sa charge et sa masse plus directement qu'on ne le fait pour d'autres particules élémentaires. C'est d'ailleurs notre première particule élémentaire, découverte par Joseph John Thomson au début du 20e siècle, dans les dispositifs émettant des "rayons cathodiques".

Pendant plusieurs années, on s'interroge encore cependant sur la nature de ces "rayons " : ondes ou corpuscules, d'autant plus que l'on a découvert également en 1895 les "rayons X", différents de ceux que l'on connaissait jusqu'à présent. L'intervention de J.J. Thomson est alors déterminante : ce sont bien des corpuscules, beaucoup plus petits que les atomes, qui circulent également dans les conducteurs pour donner le courant électrique : les électrons.

La structure de l'atome est bien loin d'être connue alors, et il faut attendre les expériences de Rutherford de 1911 – grâce aux rayons X justement - pour adopter un modèle dans lequel des électrons tournent autour d'un noyau central beaucoup plus petit que l'atome, composé de "protons" dont la charge électrique est égale à celle de l'électron mais de signe contraire.

Mais en 1905, à la suite de Planck, Einstein a déjà reconnu la nature quantique, donc corpusculaire, de la lumière dans son célèbre article sur l' "Effet photoélectrique". Or si les échanges d'énergie avec la matière se font sous forme de corpuscules, la lumière demeure une onde puisque l'on observe des interférences et de la diffraction.

En 1924 Louis de Broglie propose d'associer une onde à toute particule, donc à celles que l'on connaît à l'époque : électron et proton. Trois ans plus tard, plusieurs expériences (Georges P. Thomson, Clinton J. Davisson et Lester H. Germer) mettent en évidence des figures de diffraction des électrons.

Que sont devenues nos particules ? Les atomes des anciens se disloquent tout autant que les ondes en tant simples vibrations d'un milieu matériel, comme les vagues sur la mer ou le son. Rappelons qu'Einstein a de plus en 1905 supprimé le support des ondes électromagnétiques qui ne sont plus désormais la vibration de quoi que se soit. La lumière est une onde qui se propage dans rien et se comporte souvent comme un corpuscule !

Mais peut-être ne faut-il plus considérer les particules comme les objets premiers de la science physique. On parle davantage aujourd'hui de "champs", comme je l'ai déjà dit, de "potentiels" dont dérivent ces champs ; la nature de ces potentiels peut être "scalaire", "vectorielle" ou "tensorielle" ; sans avoir besoin d'expliquer ces termes, nous voilà revenus à des objets géométriques dont tout le monde sait qu'ils ne sont pas "réels", mais tout au plus abstraits de la réalité comme la parabole utilisée par Galilée était abstraite de son étude de la trajectoire des boulets de canon et de la chute des corps. Notre premier critère de vérité, qui exigeait la conformité du discours à son objet, ne semble plus pertinent puisque l'on ne peut plus distinguer l'un de l'autre.

Nous avons d'ailleurs déjà transformé notre interrogation initiale en invoquant ci-dessus l'insaisissable réalité. Peut-être aurions-nous dû commencer par là et invoquer les "faits" scientifiques et les "phénomènes" plutôt que nos objets.

L'empirisme est-il encore possible aujourd'hui ?

Le contexte de la critique va se modifier radicalement car, au tout début du 20e siècle, la physique apparaissait encore comme la science expérimentale triomphante, dénuée des ambiguïtés de langage et d'interprétations survenues avec la Mécanique quantique et la Cosmologie relativiste. Il en va différemment après 1925 et les certitudes interprétatives s'effritent, à l'intérieur même de la communauté scientifique.

Le grand courant philosophique du « Cercle de Vienne » tente cependant, autour de Moritz Schlick et Rudolf Carnap vers 1930, de reconstruire l'empirisme en séparant les énoncés de faits – vérifiables (ou réfutables) par l'expérience - de ceux qui seraient purement logiques, donc vrais ou faux par eux-mêmes selon qu'ils respectent les principes logiques ou non. Cette séparation entre énoncés empiriques et énoncés "analytiques" (logiques, voire tautologiques) était traditionnelle, mais avait été quelque peu bousculée par Kant avec l'introduction d' énoncés non empiriques jugés cependant nécessaires et objectifs comme celui qui attribue à tout événement une cause. Les membres du cercle de Vienne qualifient ces énoncés de métaphysiques et les rejettent, revenant d'une certaine façon en arrière mais avec la collaboration de physiciens et un vrai travail sur le langage courant, lequel n'a jamais pu être éliminé de la science. A défaut de causes, on se satisfera de l'"explication" telle que la reformule Gustav Hempel : à partir de lois et de conditions particulières locales, on explique l'état et l'évolution d'un système. Remarquons au passage que les explications de la science d'aujourd'hui sont bien de cette nature : faites de lois et d'ensemble d'équations, bien que souvent présentées de façon causale ; Hume serait heureux de constater que tout est affaire d'habitudes ! Nous nous sommes habitués lentement à un autre mode d'explication, plus formel et moins anthropomorphique que celui des "forces", ou même des "chocs", du mécanisme du 17e siècle.

Karl Popper, dont nous avons déjà parlé, ne fréquenta guère le cercle de Vienne, émigra dès 1936 pour Londres, la Nouvelle Zélande, puis Londres à nouveau où il termina sa vie. A partir de la simple constatation logique du problème de l'induction - lorsque l'on va d'énoncés particuliers à de plus généraux on ne peut rien prouver - il imposa la notion de "réfutabilité" en science : les énoncés scientifiques ne sont jamais vérifiables mais toujours réfutables. Cette notion simple (mais encore fallait-il le dire) lui permit d'introduire un critère de "démarcation" entre science et non-science : la physique aristotélicienne n'est ni vraie ni fausse, mais n'est pas une science parce qu'un énoncé tel que : « les corps pesants tombent parce qu'ils rejoignent le centre de la terre qui est leur lieu naturel » n'est pas réfutable ; il n'est donc même pas faux, tandis que des énoncés scientifiques doivent pouvoir être déclarés faux. Je trouve cette mise au point claire et satisfaisante, compréhensible sans connaissance philosophique particulière par les scientifiques, qui l'approuvent d'ailleurs en général ; on ne lui reproche que son évidence, mais là, je défends en général Popper en déclarant que bien des choses semblent évidentes une fois qu'elles ont été clairement formulées... Là où la théorie de Popper achoppe, c'est lorsque ses deux critères débouchent sur une prescription à l'égard de la méthode scientifique : on devrait logiquement abandonner une théorie dès que l'une de ses conséquences est réfutée ; or cela ne se passe pas ainsi, on rafistole la théorie, lui ajoute des "épicycles" (matière noire, énergie noire...), on met de côté l'expérience gênante, jusqu'à ce qu'une alternative valable se présente. A cette tentative de normalisation de l'évolution des sciences les physiciens objecteront l'imprévu du hasard ou du génie d'un Newton ou d'un Einstein, et irons jusqu'à invoquer l'anarchisme plus tardif exposé par Paul Feyerabend (originaire de Vienne lui aussi) dans son livre de 1975 : *Contre la méthode. Esquisse d'une théorie anarchiste de la connaissance.* Mais revenons à notre cercle, avant qu'il ne soit détruit par la seconde guerre mondiale.

Avant même que leurs successeurs ne l'aient montré, les philosophes honnêtes du cercle de Vienne ont plus ou moins reconnu leur échec vis-à-vis de la possibilité d'établir une classification des énoncés. Il est vrai également que Schlick est assassiné en 1936 par un de ses anciens étudiants devenu nazi, et que le groupe se trouve dispersé, comme les scientifiques allemands en général, par la montée de l'hitlérisme. Mais Willard O. Quine mettra vraiment fin en 1951 aux tentatives séduisantes et courageuses de l' "empirisme" du cercle, avec son article intitulé « Deux dogmes de l'empirisme » (*Two Dogmas of Empirism*) dans lequel il déclare impossible de formuler des affirmations purement factuelles, directement vérifiables ou réfutables, même s'il ne s'agit pas de généralités. Même un énoncé tel que « ce corbeau que je vois là est noir » ne relève pas uniquement de l'expérience puisqu'il faut savoir ce qu'est un corbeau et ce qu'est la couleur noire, être d'accord sur les termes de la phrase, etc... Un tel énoncé n'est – en outre - ni logique ni le résultat de l'expérience. Nous pouvons dire à la rigueur que nous voyons du noir, mais non que « ce corbeau “est” noir ».

Mais nous voilà revenus au langage courant que nous avions voulu quitter, et au verbe « être » qui semblait disparu de la science moderne. Cela pourrait donc sembler stupide si Quine ne proposait pas une solution qui lui permette de se déclarer malgré tout empiriste, et nous permette, à nous scientifiques, de mieux comprendre sa critique : on ne peut pas vérifier les affirmations une par une, par des faits qui seraient eux aussi séparés et correspondraient chacun à chacune, mais on teste un ensemble de phrases, qui ont des degrés différents de proximité avec l'expérience - et inversement différents degrés de généralité - par un arsenal d'expériences et expérimentations. Tout est imbriqué et l'ensemble à considérer comprend bien sûr les définitions des termes employés.

Citons quelques déclarations de son nouvel empirisme (ma traduction):

« La totalité de nos soi-disant connaissances et croyances, de la géographie et l'histoire aux plus profondes lois de la physique atomique et même des mathématiques et de la logique, est une fabrication humaine qui ne touche à l'expérience que sur les bords. [...] La science est comme un champ de forces dont les conditions aux limites sont l'expérience.[...] Aucune expérience particulière n'est liée à une affirmation particulière à l'intérieur de ce champ, sauf indirectement à travers des considérations d'équilibre du champ dans son ensemble. » [...] »

Si je ne peux entrer plus avant dans les considérations de ces philosophes que l'on dit “analytiques” - ceux du cercle de Vienne et leurs successeurs - y compris les détracteurs tels que Quine, c'est parce qu'ils pratiquent une philosophie critique essentiellement fondée sur le langage courant, une philosophie de la connaissance qui passionne mais éloigne de l'étude des méthodes scientifiques.

Conclusion

Ce parcours en zig-zag au milieu de courants divers a surtout fragilisé les oppositions sur lesquelles on avait tendance à appuyer une compréhension de notre connaissance de la nature : langage et nature, homme et nature, vrai et faux, mais aussi raison et expérience, déclaration logique et déclaration factuelle, théorie et pratique enfin.

Tout cela est lié et le glissement d'un couple d'opposés à un autre signale seulement un changement de perspective, d'angle d'attaque. Les anciens se sont intéressés à la langue courante et à la logique face aux phénomènes, les modernes à l'homme face à la Nature. Les philosophes se sont intéressés au langage (en général) comme outil principal de connaissance mais d'autres (Descartes) ont tenté d'en faire abstraction pour autonomiser la pensée, celle d'un "sujet universel" en face d'objets extérieurs. Puis on a commencé à étudier le fonctionnement du cerveau et la frontière entre l'homme et la nature a disparu. On a étudié de près d'autres civilisations que la nôtre et le sujet universel a fondu comme neige au Soleil ; l'objet en est fragilisé également, comme un artifice, soigneusement élaboré mais sans rien de définitif. Il est possible de considérer cependant que ces oppositions sont encore nécessaires comme concepts intermédiaires, au même titre que les objets physiques dont il a été question plus haut.

Je me souviens d'un cours de philosophie de François Chatelet à l'université de Vincennes qui s'intitulait « Cause et raison » et dans lequel il insistait au début sur le fait que la catégorie d'universalité précède celle de vérité ; chronologiquement sans doute chez les grecs, mais aussi logiquement. L'objectif atteignable du scientifique pourrait donc être plutôt l'universalité des connaissances et des pratiques qu'il propose, ce qui suppose de sa part un souci didactique aussi fort que sa curiosité personnelle…

Reste la méthode scientifique avec ses protocoles expérimentaux, ses mesures. Lorsque Quine considère la construction physique comme un outil permettant de prédire l'expérience future à partir de l'expérience passée, on pourrait lui objecter qu'il existe des instruments d'analyse (analyse de Fourier) qui permettent d'extraire toutes les périodicités d'un ensemble de données et de s'en servir pour prédire la suite, sans aucun outil conceptuel, à condition d'avoir un bon ordinateur. Le système de Ptolémée était un calculateur analogique permettant de prédire les positions des planètes, sans avoir de théorie explicative. Le physicien a besoin d'autre chose, même s'il est sans illusions ; je veux dire, même s'il est un peu philosophe.

Les objets physiques et les nouvelles théories servent donc aussi à se faire une image du monde, à relier le divers d'une façon qui n'est pas permise par l'observation ni l'expérience courante. Ce n'est ni "vrai" ni illusoire, seulement provisoire ; je devrais dire : définitivement provisoire.

Chapitre 12

Entropie statistique et information

Nous avons décrit au Chapitre 6 l'apparition historique de la notion d'entropie, à partir du cas concret du cycle de Carnot pour les machines à vapeur et de sa systématisation par Clausius. Une trentaine d'années plus tard, l'entropie statistique de Ludwig Boltzmann obéit au départ à un tout autre objectif et semble ne rien devoir à celle de Clausius ; et pourtant, il s'agira finalement de la même notion, généralisée à tout système physique.

Boltzmann voulait prolonger et généraliser le travail effectué par James Clerk Maxwell sur la distribution des vitesses dans un gaz ; après avoir envisagé concrètement des chocs de sphères dures de façon tout à fait classique, Maxwell aboutissait en effet à une fonction de distribution des vitesses à l'équilibre à partir de considérations de symétrie, sans utiliser le détail de ses études de collisions. La démonstration de Maxwell pouvait sembler, en dépit ou à cause de son élégance, un vrai tour de passe-passe et Boltzmann n'en était pas satisfait. Il s'efforça alors de traiter vraiment les collisions, la somme de toutes les interactions entre les molécules et l'évolution de la répartition des vitesses qui en est conséquence. On pourrait dire que par rapport à la démarche de Maxwell, Boltzmann abandonne toute élégance formelle, toute considération de symétrie, pour un point de vue plus concret et réaliste, comme s'il voulait considérer ce qui se passe vraiment au niveau microscopique au cours du temps. Mais ce n'est pas le cas car il a dû pour construire sa somme choisir un point de vue statistique : c'est-à-dire considérer que les vitesses des molécules avant collision et après étaient indépendantes les unes des autres, à la seule condition que la conservation de l'énergie soit respectée : les directions des vitesses après les chocs sont alors considérées comme aléatoires. A ces conditions, il a réussi à exhiber une fonction dont on constate qu'elle ne peut que diminuer vers une limite constante, atteinte justement pour la distribution établie auparavant par Maxwell pour l'équilibre. Cette fonction a donc le même comportement que l'entropie au signe près, lequel signe est purement conventionnel.

Mais je n'ai pas pour but de retracer le cheminement compliqué, technique, de Boltzmann. Rappelons tout de même que son parti pris atomiste et statistique lui a attiré bien des ennuis de la part des empiristes qui, comme Ernst Mach, voulaient éliminer de la théorie tout concept non directement mesurable, donc les atomes et molécules. La thermodynamique devait, pour les partisans du courant "énergétiste" représenté par Ostwald, demeurer une description fondée sur des fonctions en rapport direct avec l'expérience comme celles du cycle de Carnot. Est-ce la cause du suicide de Boltzmann en 1906 ? En tout cas c'en est un paramètre important, en dépit de son recul philosophique par rapport à la notion d'hypothèse, recul qu'il a pourtant eu l'occasion d'exprimer publiquement puisqu'il enseignait la philosophie des sciences durant les dernières années de sa vie.

Ludwig Boltzmann et l'entropie "atomiste" :
On peut lire sur la tombe de Ludwig Boltzmann, à Vienne, une mystérieuse formule :

$$S = k_B \log W$$

Il avait introduit cette définition de l'entropie en 1877, une trentaine d'années avant son décès. Nous l'écrivons aujourd'hui avec la notation Ω à la place du W, notation que j'adopte maintenant, et k_B est une constante appelée depuis "constante de Boltzmann". La lettre S représente la "fonction entropie" qui peut s'exprimer aussi comme fonction thermodynamique de la température d'un gaz, nous l'avons vu, mais qui se comprend maintenant à partir des conceptions atomistes adoptées par Boltzmann pour décrire l'état d'un système physique quelconque.

Cette nouvelle formule donne à l'entropie un contenu mathématique clair : c'est une fonction du nombre Ω d'états microscopiques correspondant à un même état macroscopique - c'est-à-dire visible à l'œil nu - d'un ensemble physique quelconque. Je regarde le bureau de mon voisin en fouillis total, à mon avis ; il peut très bien tout déplacer sans que je m'en rende compte, ni personne, sauf éventuellement lui-même, et encore ce n'est pas certain. De même si je considère un gaz ayant une certaine pression et température, les mouvements d'agitation des molécules n'ont pas d'importance et elles peuvent se remplacer les unes les autres sans que rien ne soit perçu de l'extérieur. Son Ω sera donc grand. Il n'en est pas de même dans un jeu de billard - même américain - ni dans le bureau de la secrétaire du laboratoire !

Plus le système apparaît comme en désordre, plus Ω est grand et la formule nous dit que plus Ω est grand plus l'entropie S l'est aussi, donc jusque-là ça va. La présence de la fonction "logarithme" dans la formule n'est pas gênante pour nos raisonnements puisqu'il s'agit d'une fonction "monotone croissante" : lorsque x augmente, log (x) augmente également.

Mais ce "désordre" s'appelle aussi pour un gaz : "équilibre", ce qui peut paraître curieux et même contradictoire, en tout cas à l'opposé de l'idée que nous nous faisons de notre équilibre personnel ! Regardons donc de plus près l'état d'un gaz composé de molécules toutes identiques qui se réfléchissent sur les parois d'une boîte et se heurtent entre elles. Supposons qu'elles aient au départ des positions très proches et presque la même vitesse, parce qu'on les a fait entrer dans la boite par un trou, ou pour toute autre raison. Le nombre Ω a alors une certaine valeur. Les molécules vont tendre à occuper un espace plus grand, ce qui augmente déjà Ω, et subir des collisions qui modifient leurs vitesses en direction et en grandeur ; Ω augmente encore puisque les vitesses des molécules se différencient les unes des autres. Au bout d'un certain temps, les molécules sont réparties dans toute la boîte, les vitesses dans toutes les directions, et leurs grandeurs dispersées autour d'une valeur moyenne qui ne dépend que de la température du gaz. En dépit des mouvements incessants des molécules, l'état apparent persiste alors indéfiniment, inchangé en moyenne ; c'est pourquoi on l'appelle "équilibre". La fonction Ω a atteint une valeur qui n'augmente plus, donc un maximum ; mais à y regarder de plus près, par rapport à la situation initiale c'est vraiment le plus grand désordre possible ! On ne peut plus suivre l'évolution particulière de chaque molécule, mais on décide que l'on s'en moque puisque c'est le comportement du gaz dans son ensemble qui intéresse le physicien.

Il reste cependant un problème gênant : tant que l'on se place dans le cadre de la mécanique classique et non quantique, les vitesses et les positions des molécules peuvent prendre toutes les valeurs possibles, continûment ; le nombre Ω est donc infini. Comment Boltzmann pouvait-il lui donner un sens ? Il a pu découper les valeurs possibles en petites tranches. Ω peut être compris en fait comme un volume dans l'espace des possibilités, espace qui comprend N fois 6 dimensions pour un gaz constitué de N molécules (qui ont chacune trois coordonnées d'espace et trois de vitesse) ! Il faut encore restreindre chaque variable de cet espace à un intervalle limité artificiellement aux valeurs encore assez probables si l'on veut obtenir un volume fini. Ce qui a un sens n'est d'ailleurs pas le nombre Ω en lui-même, mais son rapport à d'autres, le plus grand désignant le plus "probable". Remarquons encore qu'il est heureux que cette difficulté n'ait pas arrêté Boltzmann puisque la mécanique quantique permet aujourd'hui de définir vraiment un nombre fini d'états.

Les mystères de l'irréversibilité

Les équations de la mécanique classique sont "réversibles", au sens où l'inversion de la variable temps les laisse inchangées. C'est pourquoi beaucoup de phénomènes physiques pourraient (en première approximation) être vus à rebours - ainsi le mouvement des planètes, celui d'un balancier, de la rencontre de deux boules ou particules, d'une poulie ou d'un moteur quelconque - sans que cela soit choquant. Mais d'autres, parce qu'ils incluent des frottements, indiquent sans conteste le sens du passage du temps ; ainsi en est-il des phénomènes de diffusion : une fumée de cigarette dans l'air, du vin dans de l'eau, ou encore un objet qui se brise…

Boltzmann semble ainsi avoir mis en évidence une propriété universelle des phénomènes naturels, à partir de la somme des processus élémentaires dont ils sont composés. Mais le physicien tchèque Johann Josef Loschmidt objecte tout de suite qu'il est impossible d'obtenir un résultat irréversible à partir d'équations fondamentales - seules aptes à décrire les mouvements et les interactions des molécules - réversibles. Ce paradoxe est discuté publiquement par Lord Kelvin en 1874. Comment répondre ?

Il faut parler d'abord de "probabilité". La probabilité d'un état donné, par rapport à l'ensemble des possibilités, est le rapport entre le nombre des possibilités microscopiques pour cet état visible caractérisé par des grandeurs moyennes mesurables - densité, température, pression - et le nombre total des configurations microscopiques pour l'ensemble des valeurs possibles des moyennes de densité, température et pression. Or s'il n'y a qu'une façon de constituer un gaz dans lequel toutes les vitesses soient égales et de même direction et sens, il y en a beaucoup plus d'avoir un gaz à l'équilibre (de température, densité et pression moyennes données) :

on peut en effet imaginer simplement que les molécules se remplacent les unes les autres sans que l'état global soit changé, alors que l'état individuel de chacune peut l'être beaucoup, ou encore que des molécules échangent leurs vitesses sans échanger leurs positions. C'est pourquoi notre Ω de tout à l'heure augmente beaucoup à l'équilibre, devient maximum. Si je jette deux dés, un blanc et un noir, la probabilité d'obtenir une somme égale à 5 est supérieure à celle d'avoir 2 ou 12, car il y a plusieurs façons d'obtenir une somme égale à 5 : 3 sur le dé blanc et 2 sur le dé noir, le contraire, 4 sur le dé blanc et 1 sur le dé noir et le contraire. C'est donc quatre fois plus probable. Je laisse le lecteur calculer lui-même la probabilité d'avoir une somme égale à 4, puis 6, toujours par rapport à la probabilité d'avoir une somme égale à 2 ou 12. On en déduira facilement qu'il est plus probable d'obtenir une somme égale à 6 qu'une somme égale à 12, et que l'entropie de l'état "somme égale à 6" est maximum.

On comprend alors pourquoi, d'après la définition de la probabilité d'un état, l'équilibre est l'état le plus probable du gaz : c'est l'état dans lequel il y a le plus de façons d'obtenir le même résultat visible et mesurable. Si le gaz ne revient pas spontanément à son état initial tel que les molécules se trouvent dans un coin de la boîte, avec toutes les vitesses égales en grandeur et direction, ce n'est pas que ce soit impossible mais seulement très peu probable.

Mais l'histoire continue : Henri Poincaré démontra en 1890 que la probabilité du retour à un état aussi proche que l'on veut de ce point de départ n'est jamais nulle. Le mathématicien Ernst Zermelo transmit en 1896 ce résultat, qu'il considérait comme paradoxal, à Boltzmann. Ce dernier se contenta alors d'estimer le "temps de récurrence" pour un volume donné de gaz dans les conditions habituelles de température et de pression, temps moyen qu'il faudrait pour revenir à proximité des conditions initiales, et le trouva immensément grand dès que le volume considéré était macroscopique, soit un temps de l'ordre de 10^{10} à la puissance 10, secondes ! C'est pourquoi un tel retour : du gaz dans le coin de sa boîte, du verre brisé vers son étagère, de nous-mêmes comme nous étions autrefois[26], nous semble tellement impossible. Le "temps de récurrence" augmente d'ailleurs tellement

[26] En ce qui nous concerne, étant donné que nous sommes beaucoup plus complexes qu'un volume ordinaire de gaz, le temps de récurrence serait encore d'un autre ordre de grandeur, incalculable.

avec la complexité du système qu'il n'y a sûrement aucun sens à en parler à propos des êtres vivants. Il n'y a pas d'éternel retour…

Le paradoxe de l'irréversibilité a été également la cause d'un examen critique du traitement statistique des collisions, avec l'idée que l'irréversibilité est liée à cette indépendance des vitesses (considérées à travers l'énergie cinétique) posée par Boltzmann au départ. Le cycle de Carnot était en effet réversible si l'on négligeait les frottements. L'irréversibilité mise en évidence par Boltzmann est au contraire tout à fait générale, mais provient du fait que les collisions ne sont pas traitées individuellement comme elles le seraient en mécanique classique newtonienne ; c'est cela qui répond au paradoxe de Loschmidt : l'irréversibilité est déjà là dans le fait que les vitesses après le choc ne soient pas fonction des vitesses initiales. En toute rigueur, il n'y a pas irréversibilité mais raisonnements approximatifs sur les grands nombres.

D'autres lient aujourd'hui cette irréversibilité mystérieuse à l'incertitude définitive sur les conditions initiales ou finales de l'évolution d'un système, en raison de la non linéarité donnant lieu à ce que l'on appelle "chaos", ou phénomène stochastique. Bernard Diu déclare ainsi (DIU, 1997) que :

«… les antinomies réversible-irréversible et déterministe-stochastique doivent être envisagées comme les deux aspects d'une seul et même question fondamentale.

La clef du problème est fournie par l'extrême sensibilité des équations microscopiques à de petits changements dans les conditions initiales ou à de petites perturbations du système au cours de son évolution. »

La sensibilité aux conditions initiales est en effet un facteur supplémentaire d'irréversibilité pour un système régi par des équations non linéaires, d'autant plus que le principe d'incertitude de Heisenberg interdit de connaître exactement ces conditions initiales. Mais ce que j'ai expliqué précédemment montre que le paradoxe apparent de l'irréversibilité et sa solution appartiennent déjà à la physique classique des grands nombres, sans avoir recours à la non-linéarité ni à la mécanique quantique.

Entropie et Information

Nous sommes aujourd'hui habitués à lier cette notion d'entropie à celle de l'information et la fin de la section précédente nous y a préparés. Si l'on suivait individuellement chaque molécule du gaz pour traiter ses trajectoires et interactions, il n'y aurait pas d'irréversibilité ni d'imprédictibilité en mécanique classique ; la notion d'entropie serait inutile puisqu'elle serait constante au cours du temps. Cette notion est donc liée à notre myopie d'observateurs, à nos limites.

Cette idée n'est pas nouvelle ; elle a sa source dans l'expérience de pensée du "démon de Maxwell", paradoxe mis au point par Maxwell lui-même en 1871. Un gaz situé dans une moitié d'une boite a été diffusé dans toute la boite par un trou effectué dans la paroi, doublant l'entropie du système puisque le volume a doublé. Le retour des particules dans un compartiment de la boîte est très peu probable, exigerait un temps trop grand, selon ce que nous avons dit dans la précédente section. Mais si le démon, se plaçant près du trou et se donnant les moyens de voir les particules, décide de ne les laisser passer que dans un sens en fermant et ouvrant le trou, sans frottements donc sans dépense d'énergie, celles-ci se retrouveront rapidement dans leur moitié initiale. Le démon aura donc diminué l'entropie du système sans apport d'énergie extérieure.

La même histoire continue avec plusieurs objections fines à cette expérience de pensée assez simple : par exemple le principe d'incertitude sur les vitesses pour des atomes légers ; mais rien ne détruit vraiment la force du paradoxe, puisque l'on peut toujours trouver des conditions qui amoindrissent les objections. La solution au paradoxe consiste à remarquer que pour voir les molécules, le démon doit apporter une source d'énergie qui soit à température différente – on pense d'abord à une température plus élevée – que celle de l'enceinte où se trouvent les particules. Léon Brillouin a montré vers 1950 (publié en 1959 dans *La science de la théorie et de l'information*) que l'augmentation d'entropie due à cet éclairage indispensable compensait et même dépassait la diminution d'entropie provoquée par le démon dans ses manipulations. Le second principe est ainsi satisfait et il n'y a plus de paradoxe. Au passage, Léo Szilard avait été le premier à interpréter l'expérience en termes d' "information" en 1929, avançant l'idée que la diminution d'entropie était liée à l'acquisition d'une connaissance supplémentaire. Ceci est logique puisque toute information nouvelle sur l'état des particules doit diminuer l'ensemble des possibilités microscopiques qui correspondent à un même état repérable, connaissable, et que c'est cet ensemble qui génère le nombre que nous avons appelé Ω.

Vers 1950, l'ingénieur américain Claude Elwood Shannon a défini plus précisément une quantité liée à l'information sur un événement x appartenant à un ensemble de Ω évènements, de la façon suivante :

$$I(x) = -\log P_x = -\log 1/\Omega = \log \Omega,$$

à condition que tous les évènements de l'ensemble aient la même probabilité au départ.

Plus Ω est grand, plus l'événement x est improbable ; le fait de savoir qu'il a lieu contient alors davantage d'information que s'il était très probable, et ceci correspond bien au signe négatif devant le logarithme de P_x : lorsque la probabilité P_x de l'événement varie entre 1 (pour un événement certain) et 0 (pour un évènement impossible), la quantité I (E) varie 0 et l'infini (puisque $\log(0) = -\infty$).

La probabilité pour qu'un événement x se trouve dans un sous-ensemble A de Ω est $P_A = A / \Omega$ et l'information contenue dans le fait que x appartienne à A est évidemment :

$$I(A) = -\log(A / \Omega) = \log(\Omega / A),$$

d'autant plus grande que A est petit.

Le fait d'utiliser un logarithme peut cependant surprendre et faire penser à une analogie anticipée avec l'entropie de Boltzmann ; pourquoi ne pas définir l'information par l'inverse de la probabilité P_A ? Mais Shannon utilisait un langage binaire pour coder toute information, or le nombre d'unités d'information nécessaires à la transcription d'un nombre N est bien log (N). L'analogie formelle de ces formules avec celle de l'entropie de Boltzmann est alors justifiée concrètement, mais elle n'est pas que formelle : l'information correspondant au fait de connaître l'état précis de chaque particule d'un gaz est en effet :

$$I = -\log P = \log \Omega,$$

où Ω est à nouveau le nombre des possibilités microscopiques utilisé par Boltzmann. L'entropie de Shannon se confond donc avec celle de Boltzmann.

L'entropie ne serait donc que la mesure de l'information qui nous manque en ne connaissant pas précisément l'état de chaque particule, en ne regardant pas ce qui se passe au cours de chaque collision particulière avant d'en faire la somme. On voit apparaître dans cette notion une certaine subjectivité, surprenante par rapport au travail de Clausius sur le cycle de Carnot. Mais si ce cycle fonctionne de façon parfaite, “connue”, la variation d'entropie est nulle lorsque l'on revient au point de départ. Si l'entropie augmente au cours des cycles réels, c'est parce qu'une partie des phénomènes de déperdition n'est pas prise en compte, n'est pas connue. L'entropie est exactement, quantitativement, la mesure de notre "désinformation" ; ce qui peut nous faire dire que l'entropie des journaux télévisés augmente… quoique ce ne soit pas les détails qui manquent, mais autre chose !

Entropie de l'Univers et des trous noirs

Il semble étrange de parler de l'entropie de l'Univers dans son ensemble, système isolé par définition mais très hétérogène, hors équilibre, dont on ne sait même pas s'il est fini ou infini. Clausius avait conclu en 1865 : « L'énergie de l'Univers est constante. L'entropie de l'Univers tend vers un maximum »

Après avoir douté de l'importance des premiers résultats de Boltzmann, Henri Poincaré s'était au contraire vivement intéressé au caractère universel que celui-ci avait donné au second principe, maintenant sorti du domaine réservé aux machines à vapeur. Tous les changements sont concernés : toute énergie se dégrade petit à petit en chaleur, c'est-à-dire en agitation désordonnée, les mouvements cohérents deviennent incohérents, les différences s'estompent.

L'énergie potentielle gravitationnelle se transforme en énergie cinétique mais cette dernière est convertie en chaleur qui est elle-même rayonnée vers l'extérieur… Les étoiles brûlent leur hydrogène puis leur hélium et il ne devrait demeurer à la fin que l'élément chimique le plus stable : le fer, baignant dans une mer de photons, c'est-à-dire du rayonnement… Notre soleil rayonne et évolue vers sa fin en "naine blanche" après un passage par un stade de "géante rouge", et ne rayonnera presque plus.

La formation d'une étoile à partir d'une masse diffuse de gaz à l'équilibre thermique semblerait apporter plus d'ordre et donc diminuer l'entropie, mais comme sa température est plus élevée que celle du nuage initial, c'est le contraire qui se passe. C'est donc surtout, à l'encontre de l'impression que nous donnent les récits de formation des étoiles et des galaxies, une évolution inéluctable vers l'indifférenciation, un état où tout est partout pareil et froid. L'entropie de l'Univers ne peut qu'augmenter, d'une façon tout aussi objective que l'augmentation de l'entropie d'un gaz isolé dans sa boîte fermée.

Dans ses *Leçons sur les Hypothèses cosmogoniques*, tirées de ses derniers enseignements à la Sorbonne avant son décès, Henri Poincaré se préoccupe de l'origine du Monde mais aussi de sa fin. Rappelons

qu'il n'est pas encore question à cette date d'expansion de l'Univers, ni même vraiment d'autres galaxies, puisque la publication cruciale de Hubble à ce sujet date de 1929 et que l'on débat encore en 1920 de la nature des “nébuleuses”. Seule la voie lactée – notre Galaxie - a été résolue en étoiles par Galilée en 1610 et étudiée plus précisément vers 1785 par William Herschell. Mais le second principe de la thermodynamique fait déjà dire à Poincaré en 1911 que :
« […] la température tend partout à s'uniformiser. L'état final du Monde est donc un état d'uniformité ; cet état, qu'il doit atteindre, n'est pas atteint encore ; donc le monde change et même il a toujours changé. ».

Beaucoup plus récemment, remarquant que la surface d'un trou noir ne décroit jamais puisque le trou noir ne peut qu'absorber et non émettre de l'énergie, on a développé par analogie une “thermodynamique des trous noirs”, dans laquelle l'énergie est représentée par la masse, l'entropie par la surface, le travail par l'énergie de rotation et enfin, de façon plus discutable, la température par l'accélération de la gravitation à la surface. Jacob Bekenstein - jeune étudiant israélien - précisa cette idée en définissant l'entropie du trou noir comme la mesure de sa surface mesurée en “unités de Planck”, ce qui lui permettait d'avoir un nombre bien défini, de même que le □ de Boltzmann devient un nombre clairement défini lorsque les états microscopiques considérés sont les états quantiques. Cela n'en reste pas moins une analogie, mais Boltzmann n'avait pas procédé autrement avec sa fonction H et l'analogie a toujours été fructueuse en science, jusqu'à preuve du contraire par l'expérience.

Bekenstein a publié avec Stephen Hawking son résultat en 1974, il y a donc déjà plus de 40 ans ! Hawking en a déduit que, puisqu'on venait de trouver aux trous noirs une température, ils devraient rayonner, ce qui semble contradictoire avec le fait qu'aucune énergie ne peut s'échapper ; il a résolu le problème en recourant à la mécanique quantique qui permet à un photon de donner naissance à deux particules dont l'une pourra échapper … De là vient l'idée de l' “évaporation” des trous noirs ; ceux dont la masse est de l'ordre de celle d'une étoile n'ont qu'une température d'un millionième de degré et ne rayonnent que très lentement. Les petits ont en revanche une température plus élevée et s'“évaporent”. La thermodynamique des trous noirs a donc servi à une chose : n'ayez plus peur de vous cogner dans un mini trou noir, car ils s'évaporent très vite !

Conclusion : subjectivité de l'entropie ?

Revenons à ce qu'est vraiment cette notion, qui appartient à la physique classique tout en y introduisant quelque chose de radicalement nouveau : l'information ; car l'entropie n'est finalement que la mesure de notre presbytie ! Si nous pouvions à tout instant, voir chacune des particules constituant le système, cette notion serait inutile, de valeur arbitraire, constante en tout cas. Cela invite à revoir en fait toute la thermodynamique classique ; la température d'un corps – notion intuitive et ancienne – n'échappe cependant pas à une remise en question inspirée par le point de vue statistique de Boltzmann : lorsque l'on envisage chaque particule individuelle dans son parcours et ses interactions, la température n'a plus de sens[27]. La température d'un faisceau de particules ayant toutes la même vitesse (cas limite impossible) dépendrait du repère (nulle dans le repère co-mobile), ce qui ne correspond plus à notre intuition !

La contradiction qui semble se présenter entre une subjectivité de l'entropie et l'objectivité empirique du second principe de la thermodynamique s'explique très bien par ce que nous avons analysé plus haut : le second principe reconduit à un ensemble d'états microscopiques et non à un seul état dans lequel tout serait défini ; la probabilité est maximum pour cet ensemble uniquement parce qu'il est plus grand que les autres ensembles, contient plus d'états microscopiques bien définis.

L'entropie – comme la température - fait bien partie d'une science qui est un savoir objectif, non pas d'une réalité qui nous serait extérieure mais d'une réalité qui est celle de nos rapports avec les phénomènes physiques, avec ce que l'on appelait la "nature". Nous en faisons partie évidemment, mais nous avons un cerveau tellement élaboré que nous avions cru pouvoir nous situer à l'extérieur. Les résultats de la mécanique quantique au début du 20e siècle nous ont habitués à remettre en question cette illusion ; mais l'irréversibilité et le second principe étaient [28]déjà là auparavant pour rappeler que la vision mécaniste du monde - celle dans laquelle le sujet scientifique peut se représenter ce qui se passe comme s'il l'avait fabriqué lui-

[27] C'est ce qui permet de qualifier la température de notion "émergente", selon un vocabulaire nouveau, dans la mesure ou elle est une propriété d'un ensemble n'appartenant pas à ses parties. Dans ce sens, l'irréversibilité est également une "propriété émergente", un effet d'ensemble statistique, à laquelle nous ne pouvons cependant échapper !

même, comme un objet extérieur maîtrisable - est impraticable dès que le nombre de paramètres devient grand. Les phénomènes de sensibilité aux conditions initiales, dont nous n'avons pas parlé ici, renforcent encore cette difficulté.

L'évolution temporelle des phénomènes ne peut donc être décrite comme celle d'un jeu de billard, d'un engin mécanique ou d'une planète en orbite idéale autour du soleil ; mais la thermodynamique, puis les probabilités, la notion d'"information" enfin, ont permis d'étendre l'objectivité scientifique au-delà de ses objets classiques. Nous allons le voir encore davantage au chapitre suivant.

Chapitre 13

Interprétations quantiques

Une douzaine d'années après les bouleversements des deux théories de la relativité et de la mécanique des quantas, c'est encore autre chose qui constitue le centre des préoccupations de tous lors du grand Congrès Solvay en 1927, seize années après le premier. Des travaux publiés autour de 1925 ont en effet jeté une nouvelle lumière sur les audaces de Planck en 1900, d'Einstein en 1905 et de Bohr en 1913 (voir le Chapitre 10). Une nouvelle lumière ? Plusieurs éclairages en fait, dont on se demande s'ils sont compatibles, équivalents ou antagonistes.

L'objectif de ce chapitre n'est pas d'apporter du nouveau sur des controverses qui ont été maintes fois étudiées et que je ne prétends aucunement élucider, mais de montrer en racontant une histoire à la façon d'un « Candide », comment des scientifiques de haut niveau se sont interrogés à nouveau sur le statut de la physique, sont revenus à des débats à propos de la réalité physique et de ses rapports avec la théorie, ont tenté de construire une nouvelle intelligibilité.

La dualité onde-particule pour la lumière n'était acceptée jusque-là qu'à défaut d'une véritable théorie, non seulement par Einstein mais aussi par Bohr lui-même malgré sa quantification des orbites électroniques. Louis de Broglie est donc à l'origine en 1925 d'une « dualité onde-corpuscule » généralisée, qui fait mieux accepter celle de la lumière, et stimule davantage la recherche d'une nouvelle théorie pour remplacer la mécanique classique. C'est la tâche à laquelle se sont attelés, à Göttingen, le jeune Werner Heisenberg aidé de Max Born et de Pascal Jordan. L'atome de Bohr a été intégré dans la mécanique relativiste par Arnold Sommerfeld au prix de deux nombres quantiques supplémentaires ; Wolfgang Pauli ajouta un quatrième nombre quantique : le “spin”. Pauli énonça un “principe d'exclusion” pour les particules de spin demi entier ou “fermions”, comme l'électron, le proton et le neutron, qui permet de rendre compte de la situation de ces particules dans l'atome et de leurs mouvements, dont résultent les spectres de rayonnement des molécules. Toutes les caractéristiques des raies spectrales sont maintenant "expliquées" par ce modèle construit à partir de l'atome de Bohr, à condition d'en admettre les représentations diverses, hors de nos habitudes classiques, hors de la vision mécaniste habituelle des trajectoires de particules localisées.

Tout cela introduit de nouveaux mots avec lesquels il va falloir se familiariser.

Presque en même temps, un chercheur autrichien, Erwin Schrödinger, s'était chargé en 1925 de prolonger la théorie de Louis de Broglie en établissant une équation de propagation pour les ondes associées à chaque particule, équation qui va représenter dorénavant toute l'information sur la particule et le rayonnement associé (voir le Chapitre 10). Einstein est favorable à Schrödinger mais non à l'interprétation rédigée par Bohr en 1927, renommée plus tard "interprétation de Copenhague". Einstein tentera d'abord de montrer l'incohérence de la nouvelle mécanique, nous verrons comment, jusqu'au célèbre article « E.P.R. » de 1935… dont en parle encore. Je décrirai schématiquement l'essentiel de ces débats, jusqu'à l'hypothèse de la "décohérence" inventée plus tard pour rendre compte de la "réduction du paquet d'onde".

Le principe d'incertitude

L'inconvénient de la notion de "paquet d'onde" - introduite par Schrödinger lui-même pour rendre compte des effets de particules localisées - est que la vitesse de ces ondes dépend de leur fréquence dès qu'il s'agit d'ondes de Louis de Broglie et non pas de rayonnement électromagnétique. Le paquet est donc instable, sauf si la vitesse de la particule considérée est proche de celle de la lumière (électrons relativistes). De plus, ces représentations de la particule par somme d'ondes ne permettent pas de rendre compte des résultats expérimentaux constitués par l' « effet photoélectrique » ou le recul de l'électron dans l' « effet Compton ».

Max Born proposa alors en 1926 une interprétation probabiliste de la fonction d'onde : celle-ci ne serait aucunement "réelle" comme le voulait Schrödinger mais rendrait compte - à travers son carré - de la probabilité de présence de la particule en un lieu à un instant donné. Cette proposition, qui déplut autant à Einstein qu'à Schrödinger – les deux savants se retrouveront tous deux en poste à Berlin à partir de

1927 et pourront en parler – permet de réconcilier les deux approches en conservant l'idée de particule, mais élimine tout déterministe strict puisque l'on ne peut prédire avec certitude que des effets de moyenne sur un grand nombre d'évènements.
C'est pour répondre à un argument d'Einstein remarquant qu'il n'y avait pas de raison de refuser les orbites atomiques des électrons alors que l'on voyait des trajectoires électroniques dans les chambres à bulles de Wilson, que Heisenberg avait mis au point son fameux "principe d'incertitude ou d'indétermination". Les principes qui l'avaient conduit à sa mécanique matricielle se heurtaient en effet aux observations nouvelles qui semblaient bien attribuer une trajectoire à l'électron et autres particules. Heisenberg remarqua alors que cette trajectoire n'était pas précise puisqu'il s'agit de gouttes qui forment un ensemble discontinu et dont les dimensions sont immenses par rapport à l'électron ou même à un atome quelconque. De son formalisme théorique, Heisenberg déduisit alors l'impossibilité de mesurer précisément ensemble des variables dites "conjuguées" comme la position et la vitesse ou le temps et l'énergie, et établit les formules :

$$\Delta q.\ \Delta p > h/2\pi \quad \text{et}\ \Delta t.\ \Delta E > h/2\pi,$$

où q et p représentent respectivement la position et la quantité de mouvement, t et E le temps et l'énergie (q et t, ainsi que p et E, étant les composantes de quadrivecteurs en mécanique relativiste, il n'y a en fait qu'une relation à quatre composantes). Si l'une de ces quadri-variables est connue précisément, l'autre ne peut l'être en même temps ; cette impossibilité est liée au fait que les "opérateurs" (matrices) représentant la position (spatio-temporelle) et la vitesse (vitesse-énergie) ne commutent pas.

Ouvrons ici une petite parenthèse pour remarquer à quel point l'opposition d'Einstein à la nouvelle physique a été stimulante ! Mais continuons.

Pauli se trouvait sur le même chemin qu'Heisenberg dans sa recherche et correspondait avec lui à ce sujet. Heisenberg inventa des expériences de pensée illustrant son principe : pour observer les orbites électroniques au microscope il faudrait des rayons de courtes longueur d'onde pour éviter la diffraction ; mais alors, leur énergie perturberait la vitesse de l'électron ; si au contraire on augmentait la longueur d'onde du rayonnement incident pour en diminuer l'énergie, c'était la position de l'électron qui ne pouvait être déterminée, noyée par la diffraction.

Rappelons-nous que Bohr avait proposé une représentation ondulatoire de la particule par un “paquet d’onde” composé d’une somme d’ondes planes de fréquences variées dont un maximum est commun en un point de l’espace ; on obtient alors une contribution positive dans une seule région de l’espace autour de ce point et cette région est d’autant plus réduite que la somme contient plus de termes en faisant donc intervenir plus de fréquences. Alors le principe d’incertitude de Heisenberg trouve une représentation intuitive : plus on veut déterminer la position, moins on connaît la fréquence. Le principe d’incertitude serait ainsi une conséquence de la dualité onde-corpuscule, ou tout au moins associé à celle-ci. Heisenberg et Pauli ne dérivaient leurs conclusions que du formalisme mathématique, accrochés – contre Schrödinger - à la nature discontinue de la matière et de la lumière, sans ondes tangibles mais sans particules localisées non plus. Bohr voulait alors maintenir les deux représentations ensemble en leur donnant un autre sens que celui de la physique classique : ce sera la “complémentarité”.

Solvay 1927 : complémentarité, interaction et mesures

Bohr donne une conférence sur ses idées récentes au congrès international de Côme [KUMAR, 2011, p.355] en septembre 1927.

Bohr, Born, de Broglie et Schrödinger, Pauli et Heisenberg assistent au Congrès Solvay d’octobre 1927 à Bruxelles, ainsi que des physiciens ayant déjà apporté leur contribution comme Lorentz qui en est le président, Marie Curie, Planck et Einstein, mais aussi ceux qui vont transformer encore le formalisme de la nouvelle mécanique : John Von Neumann et Paul Adrien Maurice Dirac. L’expérimentation n’est pas oubliée puisque furent invités Arthur H. Compton et Charles T.R. Wilson, tous deux lauréats du prix Nobel de 1927 justement, et William H. Bragg. Ajoutons Peter Debye, qui avait eu l’idée des orbites elliptiques de l’atome de Bohr. N’oublions pas non plus Paul Ehrenfest, et Léon Brillouin ; manquaient Sommerfeld et Jordan.

C’était un grand congrès, le cinquième depuis 1911 mais plus important que les précédents dont les savants allemands avaient été évincés après la première guerre mondiale. De nouveau admis, en pleine période critique, Born et Heisenberg présentèrent en duo leur théorie opposée à celle de Schrödinger qui était implicitement soutenu par Einstein, et déclarèrent abruptement la mécanique quantique « close », terminée !

Einstein n'avait pas prévu de présenter un rapport et Bohr non plus, mais ils intervinrent dans les débats ; Einstein commença par se taire, Bohr fut invité par Lorentz à prendre la parole et développa ce qu'Heisenberg appellerait plus tard : « l'Interprétation de Copenhague », exprimant comme fondement de la nouvelle physique la "complémentarité" des ondes et des corpuscules - qu'il avait déjà présentée à Côme le mois précédent - comme essentielle et définitive. Son intervention fut publiée ensuite dans les *Actes* au même titre que les rapports officiels ; il y affirmait que l'on ne doit pas supposer pour la particule élémentaire ni un lieu ni un chemin donnés avant de faire la mesure. On ne peut connaître pour cette particule qu'une probabilité de présence à travers l'intensité de la fonction d'onde associée. Bohr insistait sur le rôle de l'instrument de mesure dans la localisation de la particule, sa "réalisation" en quelque sorte :
« une réalité autonome au sens physique ordinaire ne peut être attribuée ni aux phénomènes ni aux dispositifs d'observation »

Le lecteur peut être tout à fait habitué à ce discours déjà ancien ; mais je vais supposer qu'il ne l'est pas et qu'il est en droit de demander ce qui se passe au moment de la mesure, pourquoi la particule se localise-t-elle alors miraculeusement, magiquement ?

Nous étions habitués à ce que la mesure ne perturbe pas le phénomène mesuré ; observer le spectre du soleil, des étoiles, mesurer leurs positions au cours des jours et des années ne modifie pas leur course, heureusement ! En fait cependant, toute mesure est une interaction et l'absorption de photons au cours de celle-ci modifie de façon imperceptible l'équilibre local terrestre. Plus le système mesuré est petit, plus la modification liée à la mesure sera sensible. Est-ce que mesurer la longueur d'une table modifie imperceptiblement cette longueur ? Les interactions entre la table et la règle de mesure ou les photons qui éclairent la règle sont tout à fait négligeables, mais comme il existe partout de faibles champs électromagnétiques, des actions existent cependant qui peuvent modifier de façon infinitésimale les dimensions des objets. En tout cas, "regarder" un électron - c'est-à-dire lui envoyer des photons - le perturbe. Je ne peux à ce sujet que conseiller la lecture du premier chapitre du cours de Mécanique quantique publié à partir du cours de Richard Feynman, sans reprendre en détail l'argumentation très concrète, inspirée de celles de Bohr, à propos des interférences de particules qui disparaissent dès que l'on se donne les moyens de savoir par quel trou est passée chacune. Si l'on "réduit" en effet le "paquet d'onde" en l'observant avec de la lumière, il n'y a plus de figure d'interférences mais une distribution classique de deux taches - une pour chaque trou - sur l'écran ; l'onde a disparu au profit de la particule.

C'est en substance ce qu'objectait Bohr aux expériences de pensée construites par Einstein en 1927 pour mettre en défaut le principe d'incertitude de Heisenberg. Bohr et Einstein discutaient du matin au soir, escortés par Heisenberg, Pauli et Born mais non pas de Broglie qui ne parlait que le français. Plutôt que d'entrer dans les divers énoncés formels de l'interprétation de Copenhague, citons quelques réactions ultérieures, prises dans le très bon livre de Frank Laloë : *Comprenons-nous vraiment la mécanique quantique*, [LALÖE, 2011, Ch.2, p.57] :

1°) Werner Heisenberg : « Nous ne pouvons complètement objectiver le résultat d'une observation, nous ne pouvons décrire "ce qui se produit" entre cette observation et la suivante… En conséquence la transition entre le "possible" et le "réalisé" se produit pendant l'acte d'observation…

L'appareil de mesure a été construit par l'observateur, et nous devons nous souvenir que ce que nous observons n'est pas la nature en elle-même, mais la nature soumise à notre méthode de questionnement. »

2°) Pascual Jordan : « Les observations ne se contentent pas de perturber ce qui doit être mesuré, elles le produisent. Dans une mesure de la position, l'électron est forcé de prendre une décision. Nous le contraignons à occuper une position bien précise ; auparavant il n'était ni ici ni là, il n'avait pris aucune décision concernant une position précise. »

3°) Erwin Schrödinger : « Le monde ne m'est donné qu'une seule fois, et pas une fois pour son existence et une autre fois pour sa perception. Le sujet et l'objet sont un. La barrière qui les sépare ne peut être considérée comme brisée du seul fait d'une expérience en sciences physiques, pour la simple raison que cette barrière n'existe pas »

Ces phrases pourraient se passer de commentaires, car elles représentent dans leur radicalité un moment très décisif dans la pensée de leurs auteurs. Heisenberg exprime une position claire et son attitude pourrait être qualifiée de positiviste en ce qu'il refuse d'envisager une réalité autre que celle que l'on observe, réalité empirique qui n'a pas à exister avant la mesure. Il a dit ailleurs : « les atomes ou les particules élémentaires ne sont pas réels », ce qui semble en accord avec son positivisme, bien qu'il affirme alors, par la négative, quelque chose de la réalité même, sauf si par « les atomes ou les particules » il entend nos objets, nos représentations ; nous verrons plus loin que c'est bien le cas.

Jordan parle dans le même sens qu'Heisenberg, autrement ; sa première partie de sa phrase est radicale : l'observation produit l'électron et celui-ci se trouve ensuite doté d'un pouvoir de décision qui nous déroute. Schrödinger refuse tout dualisme entre sujet et objet, réalité en soi et réalité perçue, au profit d'une seule réalité dont fait complètement partie le sujet scientifique ; cette position - qui pourrait être assimilée à celle de Bohr et Heisenberg - vise plus précisément ce que la science classique nous a appris à penser depuis le 17e siècle par l'établissement d'une telle séparation entre un sujet universel cartésien et un objet que ce sujet place en face de lui, dont j'ai parlé amplement dans la première partie de cet ouvrage.

Nos auteurs vont donc plus loin que les positivistes qui les ont précédés (Auguste Comte, Ernst Mach…) qui défendaient une science purement "descriptive" et non "explicative", sans statuer sur la réalité en elle-même ; ce faisant, ils flirtent avec une métaphysique (anti-réaliste) à laquelle s'opposerait celle d'Einstein, lequel invoque à l'occasion un Dieu rationnel à l'appui de ses propres conceptions de la réalité !

Notons qu'au lieu de se résigner à une description limitée d'une réalité extérieure à nous, hors d'atteinte, Bohr, Heisenberg et Born prétendent en effet à une bonne connaissance de la seule réalité objectivable, réalité qui nous contient. Cela justifie-t-il les propos tenus par Einstein le 31 mai 1928 dans une lettre à Schrödinger ? :
« La philosophie (ou la religion) lénifiante de Heisenberg-Bohr est subtilement agencée de manière à fournir, provisoirement, à celui qui y croit de profonds coussins dont il peut difficilement s'extirper. Laissons-le donc s'y reposer. »

Propos ironiques pour nous, qui qualifient l'interprétation de Bohr de confortable ! Les « profonds coussins » stigmatisent le renoncement à atteindre à la réalité, à la « chose en soi » de Kant, mais négligent la difficile mise en place d'une autre notion de la réalité par ces pionniers.

Les objections d'Einstein et l'article "E.P.R."

Einstein, profondément insatisfait déjà par le "principe d'incertitude" de Heisenberg, avait répondu avant 1927 par le dispositif de « la boîte à photons », qui devrait permettre de mesurer à la fois la date d'un événement et la variation d'énergie du dispositif au cours de cet évènement. C'est assez simple à décrire : une horloge doit déclencher dans une boîte une ouverture par laquelle ne passera qu'un seul photon. Peser soigneusement la boîte avant et après doit fournir la perte d'énergie par la relation $E = mc^2$, et donc aussi la fréquence ν du photon par la relation $h\nu = E$. On connaîtrait donc tout sur l'événement, aussi précisément qu'on le désire. Mais Bohr détruit cette illusion : la date de l'ouverture du trou doit être recalculée car la boîte se situe dans un champ de gravitation variable avec la hauteur qui – selon la relativité générale - influence également la mesure du temps ; les deux horloges ne restent donc pas synchrones mais se décalent légèrement, entraînant une incertitude sur la mesure de la date d'éjection du photon [EINSTEIN, 1989, Vol.1, p.213] et Bohr, tous calculs faits, retrouve… la relation d'incertitude de Heisenberg.

Einstein ne renonce pas et propose en 1935 l'article E.P.R. – du nom de ses auteurs : Einstein, Boris Podolsky et Nathan Rosen - article destiné à démontrer que la description mathématique de la mécanique quantique, parfaite pour prédire les phénomènes de façon probabiliste, est « incomplète ». Les interprétations ultérieures de l'expérience de pensée décrite dans l'article se fera à l'aide des notions de "corrélations", "non-séparabilité" et "non-localité", liées entre elles sans recouvrir les mêmes notions. Ces interprétations font souvent état de la mise en évidence de la possibilité de connaître en même temps deux variables "conjuguées", ce qui était interdit par le principe d'incertitude de Heisenberg.

L'article original de 1935 ne s'oppose pas plus au principe de Heisenberg mais montre que la mécanique quantique est "incomplète" dans le sens défini par Einstein :

« Tout élément de la réalité physique doit avoir une contrepartie dans la théorie physique »

Cette phrase, à son tour, exige une définition de l'élément de réalité, dont Einstein précise qu'il doit découler des mesures et non d'un *a priori* philosophique :
« Si, sans perturber d'aucune façon un système, on peut prédire avec certitude la valeur d'une quantité physique, il existe un élément de réalité physique correspondant à cette quantité physique. »

Le dispositif imaginé par les trois auteurs fait intervenir deux systèmes (par exemple deux particules) et deux variables (la position et la quantité de mouvement), dont on connaît la fonction d'onde totale parce qu'ils ont interagi jusqu'au temps T et sur lesquels on va effectuer diverses mesures après le temps T. Les manipulations imaginées par Einstein sont décrites dans le formalisme de la fonction d'onde de son allié Erwin Schrödinger à laquelle Max Born a donné un sens probabiliste. La fonction d'onde représente l'état du système tandis que les observables sont représentées pas des opérateurs agissant sur cette fonction. Une mesure réduit le paquet d'onde représenté par la fonction à l'un de ces vecteurs propres et la valeur propre fournit alors la valeur de l'observable. Les auteurs précisent ensuite que la théorie mise au point à ce moment est telle que si l'impulsion (quantité de mouvement) d'une particule est connue, sa position n'a aucune réalité physique ou réciproquement et de même pour tout couple d'observables dont les opérateurs ne commutent pas. Admettant (provisoirement) ceci, ils vont exhiber une contradiction.

Einstein et ses deux co-auteurs considèrent l'ensemble de deux systèmes I et II ayant interagi jusqu'au temps T seulement et représentés par une fonction d'onde dont on connaît l'évolution ultérieure grâce à l'équation de Schrödinger, sans pouvoir cependant déterminer l'évolution de chacun des systèmes séparément. Après T on mesure une quantité du système I, soit A, ce qui "réduit le paquet d'onde" de l'ensemble et détermine à la fois la valeur de la quantité A et la fonction d'onde du système II, parce que l'on a exprimé la fonction d'onde totale en la décomposant sur les vecteurs propres de I. Si l'on avait choisi une autre quantité B, on aurait trouvé sa valeur pour le système I et une autre fonction d'onde pour II. C'est cet autre résultat pour II qui traduit ce que l'on va appeler plus tard intrication, dans les cas où la fonction d'onde de l'ensemble ne peut s'exprimer en un simple produit de deux fonctions. Mais il s'agit de la même réalité, disent-ils, puisque la mesure sur le système I n'a pas pu perturber le système II « il est donc possible d'assigner deux fonctions différentes à la même réalité ».

On constate déjà la difficulté de cet article qui a donné lieu à de nombreuses réécritures, mais continuons.

Les auteurs s'arrangent pour que, dans le cas où les systèmes I et II sont deux particules, les quantités à mesurer A et B soient d'abord la quantité de mouvement, puis la position de la particule I, que le principe de Heisenberg interdit de connaître ensemble. Revenant en arrière ils en concluent que « en mesurant A ou B, nous sommes en position de prédire avec certitude et sans aucunement perturber la particule II, ou sa quantité de mouvement P ou sa position Q, donc de les considérer comme éléments de réalité ». Jusque-là rien n'est contradictoire puisque c'est ou l'un ou l'autre dira le lecteur ! Mais on a affirmé la même réalité du système II, quelle que soit la mesure effectuée sur le système I.

C'est cela qui ne va pas être possible : que la mesure effectuée sur I ne perturbe pas II, quelle que soit la distance qui sépare les systèmes I et II au moment des mesures !

Faisons confiance aux auteurs dans leur utilisation d'un formalisme déjà éprouvé, pour remarquer encore que l'article n'est pas tant destiné à remettre en cause le principe d'incertitude lui-même que son extension par Bohr à l'absence de réalité physique d'une observable qui ne peut être mesurée. Le conflit porte donc sur ce que l'on entend par « réalité physique » et non sur les possibilités de mesure ; il porte aussi sur la localité d'un système et sur la séparabilité des deux systèmes.

L'article E.P.R. distingue soigneusement l'« élément de réalité » des « concepts » de la théorie. Ces concepts, je les ai souvent nommés « objets » tandis qu'Einstein réserve ce mot à la réalité en soi, à la "chose en soi" kantienne ; ce n'est pas gênant mais en affirmant que « chaque élément de la réalité physique doit avoir un correspondant dans la théorie physique » et en associant cette réalité à la prédiction d'une valeur, il semble que certains éléments de la réalité extérieure doivent être vraiment présents dans la théorie de façon permanente, et non seulement au moment du contact expérimental, exigence qui relève du "réalisme philosophique".

Nous avions envisagé dans notre Chapitre 11 le rêve qui consistait à faire correspondre à chaque élément du langage un élément de réalité, un par un indépendamment du reste, caractéristique des tentatives des philosophes des membres du "Cercle de Vienne" vers

1920-1930 (rêve qui a dû être abandonné). Einstein s'inscrit-il délibérément dans ce courant viennois que l'on a appelé "analytique", dans lequel le rapport entre la réalité et nos représentations pouvait être découpé en éléments, "atomisé" ? Il a participé à des débats philosophiques lorsqu'il travaillait encore à Berne, a été influencé par Ernst Mach, puis a interagi après 1915 avec Moritz Schlick – fondateur du cercle de Vienne - et Rudolph Carnap à propos des rapports entre géométrie et physique, de la nature empirique ou non de l'espace choisi pour représenter le monde physique. Mais en 1935, il réside à Princeton depuis deux ans et son futur ami, le viennois Kurt Gödel, n'y est pas encore. Quoiqu'il en soit, la phrase citée plus haut correspond bien à l'état d'esprit de cette période, à un reste d'illusion empiriste qui disparaîtra dans les années 1950 pour laisser place à une conception plus globale - on dit "holistique" - insaisissable point par point, des relations entre expérience et théorie. La fonction d'onde elle-même sera dite « holistique » par Schrödinger. C'est pourquoi les discussions qui suivent l'article E.P.R. ne reprendront pas les termes employés par Einstein, mais mettrons cependant en cause soit l'interprétation de Copenhague, soit le caractère local de la mesure en arguant du fait que le système II semble perturbé par la mesure effectuée sur I ; c'est alors la limite de la vitesse de la lumière pour toute interaction qui se trouve mise en cause.

Le dispositif est plus souvent décrit dans sa version ultérieure de 1957, proposée par David Bohm et Yakir Aharonov, dans laquelle les variables incompatibles sont les projections sur des directions différentes du "spin" (ou moment quantique de rotation) d'une particule. La liaison initiale des deux particules a pour conséquence que la somme de leurs moments quantique de rotation, mesurés par projection sur un même axe, doit être nulle : si l'un est trouvé vers le haut l'autre sera vers le bas. A partir de l'expérience de Kocher et Commins en 1967, on peut également expérimenter et raisonner à partir de la polarisation commune de deux photons issus d'une même particule source, comme le fera Alain Aspect en 1983. Tentons une synthèse de ces expériences, avec les mots les plus couramment utilisés :

- Bien que le résultat de chacune des deux mesures effectuées sur chacune des deux particules reste aléatoire, les deux résultats sont "corrélés" par la liaison initiale des deux particules et le principe de conservation qui en découle (pour la somme des spins ou ici polarisations). Même si l'autre mesure est effectuée très loin de la première, l'un des résultats est prévisible à distance en fonction de l'autre.

- Les états des deux particules sont "intriqués" au départ et le demeurent jusqu'aux mesures, liés par un mode particulier de production de la paire.
- Si l'on veut préserver la causalité, il faut alors supposer que la mesure effectuée sur I a perturbé II ; le phénomène mesuré n'est donc pas "local".
- Les deux mesures effectuées à distance ne sont pas "séparables".

Einstein avait seulement conclu que le formalisme était incomplet. Réfléchissons un moment à ce qui pourrait avoir été caché derrière cette relation objective entre les deux résultats de mesure : simplement que, contrairement à l'interprétation de Copenhague et l'esprit qui est devenu celui de la nouvelle mécanique, la propriété de chaque particule (position, vitesse, moment angulaire ou polarisation) existerait avant la mesure, puisque la relation entre les deux a eu lieu bien avant et qu'un principe de conservation – quantité de mouvement ou moment angulaire - lie les deux quantités du début à la fin de l'expérience. Je prends un exemple : si je coupe un gâteau en deux parts inégales et envoie une part à Chicago et l'autre à Pékin, celui qui ouvre son paquet à Chicago et connaît l'allure habituelle de ce gâteau (principe de conservation), sait immédiatement ce qu'a reçu son homologue chinois. Il n'y a alors rien de mystérieux dans cette information soudaine et certaine, sur ce qui se passe à des milliers de kilomètres de là. Pourquoi en serait-il autrement dans le cas qui nous occupe ici ? S'il en était ainsi, il devrait y avoir dans le formalisme quantique, établi de façon parfaite pour la prédiction statistique des résultats expérimentaux, au moins une "variable cachée" rendant compte de ces "éléments de réalité" invoqués par Einstein, traduisant le lien permanent entre ces deux particules qui ont interagi au départ. Pour traduire ceci, on a donc tenté d'introduire un paramètre supplémentaire dans les équations traduisant les expériences EPR, mais cela ne marche pas ; pourquoi ?

Les inégalités de Bell et les expériences.

La réponse est délicate et statistique. Elle a été fournie à partir de 1964 par John Bell : il a montré que l'on pouvait faire la différence entre le cas de la mécanique quantique et celui de mon gâteau par une analyse statistique sur un ensemble de mesures. Comment cela est-il possible ?

Je prends à nouveau un exemple : je joue à pile ou face avec trois pièces de monnaie et m'aperçois qu'au lieu de trouver un nombre à peu près égal de piles et de faces, j'obtient deux fois plus de piles que de faces. Deux hypothèses sur une "réalité" sous-jacente viennent à l'esprit : soit mes trois pièces sont biaisées de la même façon - je ne sais pas comment, mais peu importe : les côtés face peuvent être faits d'un métal plus lourd - et tombent deux fois plus souvent sur pile que face, soit je me trouve avec de fausses pièces dont l'une a deux « faces » et les deux autres des « piles » sur les deux côtés. Je peux continuer mes expériences de jets d'une pièce après l'autre sans jamais répondre à mon questionnement ; mais si je me mets à jeter deux pièces à la fois, bien que la statistique sur le nombre global de piles et de faces soit inchangée, la première hypothèse me donnera des couples de piles et des couples de faces, tandis que la seconde "réalité" ne me donnera jamais aucun couple de faces. J'ai donc réussi à distinguer entre deux sortes d' "éléments de réalité" par une autre expérience que la première.

J'ouvre ici une parenthèse ; mon analogie est certainement trompeuse puisque mes deux hypothèses sont faciles à imaginer concrètement (même la première si mes pièces sont plus denses du côté pile), alors que la réalité ne l'est malheureusement pas, tout au moins encore aujourd'hui. Je précise ce que je veux dire : bien sûr, je ne nie pas qu'il puisse y avoir une réalité sous-jacente inconnue mais je nie (selon Bohr, Pauli et Heisenberg) que celle-ci puisse tomber sous nos scénarios classiques, nos expériences concrètes. Il s'agit simplement de constater que cette réalité échappe à notre pouvoir de représentation, soit pour l'instant, soit définitivement puisque nous ne disposons que d'un cerveau formé à la survie dans un environnement qui se manifeste à nous d'une certaine façon. Peut-être dans l'avenir pourrons-nous modifier nos habitudes et élargir le domaine de notre compréhension, renoncer aux analogies qui nous sont indispensables dans le présent.

La propriété à mesurer n'a donc pas de "réalité" connaissable ni assignable par nous avant la mesure, bien que la liaison entre les deux particules pour cette propriété existe bien déjà, non pas seulement en moyenne mais absolument, pour chaque expérience singulière. On appelle cette liaison "corrélation". Le travail de John Bell a consisté à intégrer dans le formalisme un paramètre (ou plusieurs) destiné à traduire une réalité sous-jacente responsable de cette corrélation. Il exprima alors les probabilités des résultats en ajoutant ce paramètre à ceux de l'expérience, et construisit une fonction de corrélation déduite de ces probabilités.

Des expériences sont d'abord faites aux Etats-Unis, en 1972 à Berkeley et Harvard, puis en 1976 au Texas, avant celles des années 1980 en France. Dans le dispositif d'Alain Aspect mentionné ci-dessus, les paramètres de l'expérience sont les deux directions des "analyseurs" (lames polarisantes) destinés à recevoir les deux photons issus d'une même source, mesurées par les angles a et b que font ces directions avec la droite qui joint les deux parties de l'expérience. Selon l'angle entre la direction de l'analyseur et la direction de polarisation du photon incident, le photon sera détecté ou non. L'avantage de ce dispositif par rapport à ceux qui utilisent des électrons est - pour moi en tout cas - que tout ceci se réfère facilement à l'optique ondulatoire, y compris le résultat probabiliste des mesures ; mais les formules quantiques sont les mêmes pour deux électrons issus d'une même source, dont on détecte le spin en projection sur un axe.

On exprime donc la corrélation entre les deux photons issus d'une même source par un paramètre supplémentaire λ. Pour deux expériences successives, on peut établir des inégalités tout à fait générales pour les résultats statistiques d'une combinaison des mesures. Mais lorsqu'on remplace cette combinaison par celle qui correspond aux résultats quantiques probabilistes, les inégalités ne sont plus toujours satisfaites. Elles se trouvent "violées" pour certaines orientations des analyseurs, par les résultats de séries d'expériences concrètes autant que par les formules théoriques de mécanique quantique qui traduisaient déjà de telles expériences. On a pu néanmoins critiquer la réalisation simpliste des modèles à paramètres supplémentaires utilisés, et la conclusion qui s'ensuit sur l'impossibilité d'éléments de réalité sous-jacents au formalisme quantique n'est pas admise par tout le monde.

Ces questions sont plus tard passées au second plan, considérées comme inutiles par la majorité des physiciens devant l'efficacité prédictive impressionnante du formalisme quantique, jamais mis en défaut. Des expériences plus sophistiquées ont cependant été faites, avec des analyseurs plus éloignés de la source, dont l'orientation pouvait être modifiée pendant le trajet des photons, afin d'assurer vraiment à l'expérience sa non-localité, et obtenir une proportion plus importante de photons détectés pour s'assurer que l'échantillon n'est pas biaisé. Ces améliorations ont favorisé des applications intéressantes sans relancer le débat.

L'intrication et l'inévitable "réduction" du paquet d'onde

La non-localité ou non-séparabilité des résultats A et B, dans les expériences que je viens d'évoquer, renvoie à ce qui est désigné dans le formalisme mathématique de la théorie par le terme d' "intrication" et se traduit de façon précise dans le formalisme, lequel est utilisé couramment depuis maintenant plus de soixante ans, sans autres commentaires. C'est le phénomène nouveau par rapport à la mécanique classique qui peut s'exprimer par le fait que le tout n'est plus la somme de ses parties, fait dont Franck Laloë dit qu'il est l'essentiel de la mécanique quantique. Il se peut qu'une meilleure connaissance du tout n'améliore pas celle de ses parties, dit encore Laloë, insistant ainsi sur le caractère non local et non séparable de la nouvelle mécanique.

Cela se traduit mathématiquement par le fait que le vecteur d'état qui représente le système total n'est pas le simple produit (tensoriel) des vecteurs d'état des deux parties, correspondant au fait que la probabilité du résultat global n'est pas le produit des probabilités des résultats partiels comme pour deux systèmes indépendants.

L'intrication semble traduire le caractère ondulatoire de la matière (et de l'énergie) plutôt que son caractère corpusculaire, localisé, qui ne se manifeste qu'au moment de la mesure. Le grand mystère de la théorie reste de savoir ce qui se passe à ce moment-là, comment le photon ou l'électron dont on observait les interférences sur l'écran se trouve localisé, au moins autant que le permet le principe d'incertitude de Heisenberg, comment se trouve "réduit" le paquet d'ondes qui le représentait.

La dualité onde-corpuscule avait déjà en 1925 soulevé la question de la transformation instantanée d'une onde en particule au moment de la mesure. L'introduction du "paquet d'onde" par Schrödinger ne règle pas le problème de la localisation soudaine de la particule et on doit donc supposer une réduction magique pour laquelle on n'a pas d'explication, pas plus que l'on ne prévoit où arrivera un photon individuel sur l'écran après passage dans une fente.

Décohérence : il n'y a plus de système isolé

Sans viser à une prédictibilité devenue impossible sauf statistiquement, plusieurs tentatives d'explications ont été proposées, la plus convaincante étant celle de la “décohérence” par interaction du dispositif observé avec le milieu environnant, introduite dans les années 1970, développée par Wojciech H. Zurek, et confirmée expérimentalement plus récemment. Bohr avait déjà proposé d’inclure dans l’expérience le dispositif expérimental (voir section suivante), mais on est maintenant capable de calculer l’effet de cette interaction sur la “matrice densité”, qui remplace maintenant le carré de la fonction d’onde optique ou électromagnétique. L’intrication décrite plus haut se traduisait dans le formalisme par les éléments non diagonaux de cette matrice, qui deviennent négligeables (quoique non nuls) par l’interaction avec le milieu environnant. Cette matrice se trouve presque réduite à ses éléments diagonaux, donc aux valeurs propres des opérateurs position, date, moment cinétique, énergie… La probabilité de ces valeurs propres (au moins de l’une d’entre elles) devient ainsi proche de l’unité au moment de la mesure.

Je n’irai donc pas au-delà de cette description schématique du processus non local qui rend compte de la transformation de l’onde en particule, qui localise en quelque sorte cette particule au moment de la mesure. Je n’entrerai pas non plus dans les autres processus non locaux développés à ce sujet. J’ai voulu montrer l’existence d’une contrainte empirique liée à ce qu’il faut bien appeler un progrès dans la conception et la précision des protocoles expérimentaux. J’ai voulu montrer également la sous-détermination des théories face à ces contraintes, montrer ainsi où réside la liberté d’interprétation face à l’impossibilité de prédiction sur un événement singulier.

Une nouvelle philosophie des sciences : de Bohr à Heisenberg en 1942

En réponse à l’article EPR, Niels Bohr avait révisé la notion même de “phénomène”. Il était revenu sur l’affirmation selon laquelle la mesure perturberait le phénomène observé pour considérer maintenant que le phénomène comprend l’instrument de mesure aussi bien que ce qu’il mesure, l’instrument d’observation avec ce qu’il observe ; il n’y a donc pas perturbation mais seulement observation ou mesure dans cet ensemble. Puis il reprit la métaphore cartésienne de l’aveugle avec son bâton (que j’avais mentionnée au tout début de cet ouvrage parce que le bâton de l’aveugle fait mieux comprendre que “voir” n’est qu’une expérience comme les autres, médiatisée par la constitution de l’œil et du cerveau). Bohr affirme alors que l’on ne peut séparer l’aveugle de son bâton, ni le bâton de l’appréhension du monde par l’aveugle ; il semble bien détruire ainsi cette notion d'objet intermédiaire entre nous et le monde, objet formé de dispositifs expérimentaux, de concepts, modèles et théories, dont le bâton de Descartes était l'emblème.

Heisenberg a écrit d'autre part en 1942 un texte difficile[29], rarement commenté. Il y propose d'aller vers le "subjectif", notion qui n'a rien à voir ici avec l'humeur ou l'imaginaire de l'individu ; il s'agit de prendre en compte le fait que la nature ne nous est pas extérieure et ne peut en elle-même être connue "objectivement". C'est la dualité sujet-objet attribuée à Descartes qui est caduque ; là encore, notre schéma – qui est bien celui de la science "moderne"[30] à laquelle se réfère Heisenberg - semble bien compromis. Le langage, au sens large de la logique et des mathématiques mais aussi des concepts et des formulations interprétatives, joue alors pour lui – inspiré par la philosophie analytique de Cercle de Vienne dans les années 1930, elle-même tributaire de la philosophie allemande antérieure - un rôle primordial en raison de la disparition de l'objectivité ancienne, construction historique contingente, qui peut se modifier au cours du temps et des circonstances.

J'avais insisté sur le déclin du langage en sciences au 17e siècle, en raison de la diversité nouvelle des langues utilisées en Europe ; car alors les mathématiques avaient pris le relais, en même temps qu'émergeait le "sujet" cartésien avec sa raison et ses idées, sujet séparé du monde qu'il perçoit et étudie, du monde devenu de ce fait extérieur. L'opacité de ce monde exige alors de la part du sujet des objets intermédiaires qui lui donnent une image de ce monde. Cette construction serait maintenant dissoute, comme on l'a trop souvent proclamé à l'extérieur du monde scientifique, comme la fin d'une science trop sûre d'elle-même ; il ne s'agit évidemment pas d'un retour à une subjectivité au sens courant du terme et l'universalité des méthodes et des résultats est toujours là. A la place d'une réalité placée en face du sujet cartésien, à atteindre ou à approcher, il est à nouveau question pour Heisenberg du langage comme étant le terreau dans lequel s'établit la science :

« La recherche scientifique était ainsi [par le besoin de nouvelles notions] rappelée de la manière la plus claire qui soit à l'idée que,

---

[29] Ce texte n'a jamais été publié du vivant d'Heisenberg. Il a été traduit et commenté en français par Catherine Chevalley, aux éditions du Seuil en 1998.

[30] Je rappelle que l'adjectif « moderne » s'applique ici comme en littérature au 16e et 17e siècle, à ce qui émerge de la Renaissance, et non à notre époque qui est qualifiée de « contemporaine ».

lorsque la science s'élève de plus en plus haut, son socle doit en même temps s'abaisser en profondeur [...] Il est clair en effet que le terrain sur lequel repose cet édifice n'est pas le roc d'une connaissance certaine qui serait là avant toute science, mais que c'est l'humus fécond du langage, qui se forme à partir de l'action et de l'expérience. »

Il s'agit d'un langage qui englobe maintenant les mathématiques et toutes les équations de la physique et non pas de la langue grecque, allemande ou française... A l'extériorité d'une réalité posée une fois pour toute, d'une nature que nous pourrions envisager de l'extérieur, Heisenberg substitue la seule extériorité d'un langage général, sol mouvant et complexe mais commun à tous, en perpétuelle évolution, nouveau garant de l'objectivité, mais sans absolu. Lorsqu'il évoque la "réalité", elle contient l'homme avec son histoire changeante.

Il est facile de comprendre pourquoi le langage redevient important : la représentation visuelle fait défaut et je pourrais renvoyer mon lecteur au Chapitre 5.

J'estime cependant que cette transformation n'est pas accomplie aujourd'hui dans les mentalités et que les dispositifs de la mécanique quantique nous demeurent extérieurs, en dépit des efforts de Bohr et Heisenberg. Les diverses interprétations sont encore des outils pour comprendre le monde comme une entité posée en face de nous, sauf dans le modèle proposé en 1957 par Hugh Everett - que je n'aborde pas ici - ainsi que dans les réinterprétations plus récentes du paradoxe E.P.R. avec lesquelles je vais terminer ce chapitre.

La non-localité est-elle inévitable ?

Lors d'une journée en l'honneur de Bernard d'Espagnat, Michel Bitbol, philosophe spécialiste de la question du réalisme en physique[31], remarque que si les mots "intrication" et "corrélation" ne concernent que le formalisme de la théorie quantique, les expressions

[31] Bernard d'Espagnat, spécialiste de la mécanique quantique qu'il a beaucoup enseignée, est décédé le 1er août 2015 ; Michel Bitbol, philosophe ayant travaillé la question du réalisme à partir des interprétations de la mécanique quantique, avait beaucoup discuté avec lui depuis les années 1980. Je me réfère donc dans cette section à son intervention lors de la journée du 15 Juin 2016 en hommage à d'Espagnat, car ses propos m'ont aidée à comprendre l'interprétation défendue aujourd'hui essentiellement par Carlo Rovelli.

utilisées conjointement de “non-séparabilité” et de “non-localité”, semblent dire quelque chose de la réalité à atteindre, qui ne pourrait être conçue que globalement et contiendrait des actions instantanées à distance. Ces dernières étant choquantes pour tout physicien (ainsi d'ailleurs que pour l'épistémologue que je suis) Bitbol puis Carlo Rovelli un peu plus tard en 1994, prolongent l'antiréalisme de Bohr et de Heisenberg de la façon suivante : dans les expériences mentionnées plus haut, jusqu'à celles d'Alain Aspect en France, deux dispositifs A et B (souvent désigné aujourd'hui par Alice et Bob !) effectuent en même temps une mesure dont les résultats sont corrélés par le fait que les deux particules étudiées proviennent d'une même source et sont donc définitivement liés par une loi de conservation, disons celle du spin total nul ; les statistiques violent les inégalités de Bell, ce qui interdit de supposer que les spins étaient déjà déterminés avant la mesure.

La mesure effectuée par A permet alors tout de suite de prédire celle de B. A et B étant situés à une distance finie qui peut être aussi grande que l'on veut, il y aurait donc action à distance ; mais, disent aujourd'hui les successeurs de Bohr, on ne peut parler des résultats simultanés de A et de B avant que ceux-ci aient communiqué entre eux ; A doit rejoindre B – ou tout au moins lui téléphoner – pour que l'on puisse constater la corrélation et cela prend un temps au moins égal à la distance qui les séparent divisée par la vitesse de la lumière, un temps fini non nul ; il n'y a pas interaction instantanée à distance.

C'est tellement simple que l'on se sent un peu abusé, mais je pense personnellement que ce n'est simple qu'après l'avoir énoncé et sans doute plus difficile à intégrer vraiment dans l'intuition, à “digérer”, qu'il n'y paraît. De même en effet que Bohr nous interdisait de concevoir la particule avant que la mesure ne l'ait localisée, on nous interdit maintenant de prendre en compte le résultat d'une expérience avant qu'elle ne nous ait été communiquée. Cela paraît à première vue plus facile mais ne l'est pas. Il s'agit en effet de ne plus considérer la mécanique quantique que comme un lourd dispositif mathématique permettant des prédictions - un algorithme sophistiqué - sans représentation de choses. L'algorithme peut être analogique au sens où il nous rappelle des choses connues, mais cela nous trompe… Les objets de la théorie ne sont ni ondes ni particules, mais opérateurs, fonctions et dispositifs expérimentaux.

Pourquoi ne pas accepter plutôt la non-localité en même temps que la non-séparabilité ? Nous sommes près à penser l'Univers comme un tout, avec nous dedans qui avions cru fabriquer des systèmes isolés ; mais le physicien cohérent n'est pas près à renoncer au principe établi en 1905 d'une limite finie à la vitesse de transmission de toute interaction, de toute information ; certains principes sont plus importants que d'autres, surtout s'ils ont été difficilement établis.

Conclusion

Qu'en est-il encore à ce stade de l'objet physique construit par les successeurs de Galilée ? Est-il détruit, comme on l'a souvent dit et comme le disait abruptement Schrödinger ? Cela doit être discuté ; construction théorique et humaine au départ, l'objet physique est encore au 20e siècle une construction, avec différents visages mais le même rôle d'intermédiaire entre nous-même et une réalité extérieure hors d'atteinte en tant que telle ; celle-ci ne parle vraiment qu'au moment du test expérimental, et dit : « Non, les inégalités de Bell ne me conviennent pas ; débrouillez-vous pour comprendre autrement les choses ! », comme elle avait dit à Galilée : « Non, il n'y a pas de vitesse caractéristique pour chaque corps dans sa chute, comme s'il s'agissait de coureurs de marathon ! Il y a seulement une accélération, commune à tous, et il faut faire avec… ». L'objet physique n'est pas celui que l'on croyait, on doit le modifier. Dans le cas des expériences dont nous venons de parler, l'objet localisé, construit sur du déjà connu, n'est plus pertinent.

Ce qui peut être nouveau dans le statut philosophique de l'objet physique par rapport aux sciences du 18e et du 19e siècle est peut-être qu'il ne risque plus d'être confondu avec la « chose en soi », la réalité extérieure elle-même, et a rejoint son rôle d'intermédiaire de bâton de Descartes plutôt que du sol étudié par ce bâton, ce qui était d'ailleurs le cas, quoique autrement, au 17e siècle.

Il semble qu'une séparation classique entre un sujet et son objet nous demeure cependant nécessaire, avec des contenus renouvelés. La raison pour laquelle nous ne pensons pas la science comme Heisenberg ou Schrödinger l'auraient souhaité est peut-être justement que nous conservons la physique classique dans tous les domaines où elle est valable et construisons la suite à partir de ce socle d'intelligibilité. Heisenberg évoquait des « régions de réalité » à propos des différentes disciplines ; il serait plus légitime pour nous ici de parler de « régions d'intelligibilité ». Heisenberg posait d'ailleurs explicitement en 1942 la question de savoir s'il ne s'agissait pas plutôt de frontières dans notre compréhension d'une réalité qui serait en elle-même unique, mais refusait que cette réalité unique soit celle que l'on appréhendait par la physique classique. C'est bien pourquoi il évitait de parler d'une réalité en elle-même, distincte de la compréhension que nous en avons, dans une subjectivité collective soumise à la méthode scientifique.

Chapitre 14

Combien de dimensions pour notre espace ?

« L'espace n'a pas plus de trois dimensions ...»
Emmanuel Kant, *Critique de la raison pure*, 1781.

La science nous apprend que nous vivons probablement dans un espace-temps à 10, voire 11, dimensions, que notre espace est beaucoup plus alambiqué que nous ne l'avions cru, rempli de dimensions cachées, invisibles à l'œil nu ! Avant même cela, les théories relativistes nous ont accoutumés à ne plus dissocier l'espace du temps, les évènements situés à distance n'étant vus que dans leur état passé, et à nous imaginer dans un espace de dimension quatre.

L'analyse de nos perceptions, de la vision justement, avait au contraire réduit en quelque sorte notre espace à deux dimensions, la troisième étant accessible par l'accommodation du cristallin et la vision binoculaire, mais hétérogène aux deux autres. Henri Poincaré, [POINCARÉ, 1902] nous attribuait en outre un espace moteur multidimensionnel, en raison du jeu indépendant de nos nombreux muscles. D'où nous était venue alors l'évidence de nos trois dimensions spatiales ? De notre activité et non de nos perceptions, répondaient indépendamment Jean Piaget[32] [PIAGET, 1950] et Henri Poincaré ; ce dernier rendit compte en effet de l'émergence d'un espace euclidien à partir de nos déplacements, dans un milieu où il est possible de transporter des corps sans les déformer, de choisir des corps de référence qui servent de repère. Les propriétés

---

[32] Jean PIAGET est un biologiste, psycho-biologiste et épistémologue suisse qui a étudié empiriquement au début du 20e siècle l'évolution des concepts chez l'enfant, en particulier la genèse de la notion d'espace. Ses conclusions ont été critiquées et revues depuis, mais il reste celui qui a posé le problème de la genèse des notions les plus générales en physique.

d'homogénéité et d'isotropie de cet espace, conçu comme vide et désigné comme "espace euclidien", sont celles de nos actions qui peuvent avoir lieu de la même façon vers l'est ou l'ouest, le nord ou le sud, tandis que nos perceptions sont modifiées dès que notre regard change de direction.

Quant au temps, il a toujours eu un statut à part, fait de mesures indépendantes et surtout d'irréversibilité. Nous avons compris, après 1905, que toute visée dans l'espace avait également lieu dans le temps, en raison de la vitesse finie de la lumière ; mais cela n'a pas fait du temps une quantité réduite aux caractéristiques de l'espace, ne l'a pas éliminé ; ce serait plutôt l'espace qui aurait disparu, car l'étendue dans laquelle on pouvait se promener et revenir au même point n'existe plus ; du temps est passé et ne se retrouvera plus, détruisant notre notion intuitive d'espace. La vitesse de la lumière étant très grande, nous pouvons cependant conserver notre illusion, notre fiction d'un espace dans lequel on peut aller et revenir au même endroit.

Trois dimensions ?

C'était donc encore un fait de notre expérience courante, admis sans commentaires ; nous vivions dans trois dimensions, autrefois désignées par largeur, profondeur, hauteur, dimensions que nous savons considérer comme différentes ou de même nature selon le contexte. Un point de notre espace est repéré par trois données, qui deviennent des coordonnées dans le cadre d'un espace géométrique homogène. Peu de gens, peu de philosophes se sont vraiment interrogés à propos de ce fait précis de la dimension trois, considéré comme un fait, une évidence qui n'a pas à être expliquée, d'autant moins que d'autres dimensions sont apparues.

Quelle construction théorique a donné lieu aux trois dimensions de l'espace dans lequel nous vivons tous les jours ? Si l'on s'interroge donc sur la façon dont nous percevons "nos" dimensions, dans un espace que nous pensons comme homogène alors que nos sens disent le contraire, nous ne comprenons plus pourquoi c'est trois et pas davantage … et tombons dans une perplexité aussi vertigineuse que celle que nous rencontrons face au déroulement irréversible du temps ou au mystère de l'instant insaisissable. Nous ne savons pas même comment formuler cette difficulté. L'espace perçu est beaucoup plus complexe que l'espace géométrique et nous ne savons pas pourquoi la réduction de notre espace sensible multiforme à l'espace géométrique aboutit à ce chiffre particulier.

Le lecteur physicien n'a sans doute que faire d'une interrogation sur les trois dimensions puisqu'il fonctionne avec au moins quatre considérées comme presque équivalentes, et encore bien d'autres dimensions supplémentaires éventuelles. Je ne vais cependant pas renoncer à mon objectif et continuer à m'intéresser à ces trois dimensions dans le but d'analyser la genèse de cette première notion, avant de revenir à l'histoire contemporaine des dimensions supplémentaires, qui sont bien autre chose.

La pratique de notre espace

Nous savons donc que notre espace pratique a trois dimensions et acceptons ce fait comme un heureux hasard, nous imaginant facilement réduits à deux comme des poissons plats collés au fond de la mer et nous réjouissant d'avoir un peu plus de liberté.

Nos trois dimensions peuvent nous sembler différentes les unes des autres, non seulement dans la perception comme il a été déjà dit, mais aussi dans la pratique : la verticale joue un rôle particulier par rapport aux deux autres. Le chasseur-cueilleur, ou simple promeneur, se heurte à un terrain qui est bien à deux dimensions, si l'on néglige la hauteur des arbres ! La pratique de son environnement peut le conduire en revanche à une vision multidimensionnelle de son espace en raison de sa complexité : chemins divers, reliefs et objets dont il aura un usage différent selon les circonstances. L'astronome considérera également que ses trois dimensions sont en fait deux plus une, la dernière étant celle de la distance, à laquelle il n'a pas accès aussi directement qu'aux deux autres. C'est pour lui cette troisième dimension qui est déjà une dimension supplémentaire, reconstituée, nous verrons à quel point dans le prochain et dernier chapitre. D'où nous viennent alors nos trois dimensions équivalentes ?

De la géométrie ; oui mais comment ? Par une pratique autre que celle de l'observation et de celle du monde qui nous entoure : c'est celle des actions qui s'effectuent de la même façon quel que soit le lieu ou l'orientation choisie, d'une façon homogène et isotrope, sans faire intervenir le relief ni la pesanteur. Il s'agit donc d'activités plus abstraites qui consistent à dessiner, découper, combiner des éléments.

Mais quelque chose de ces trois dimensions de même nature échappe cependant encore, au-delà des considérations génétiques ou anthropologiques, à notre compréhension. Si nous acceptons les limites de notre imagination, nous aimons lier nos raisonnements à des intuitions, à des explications qui rendent le phénomène plus transparent, presque nécessaire, et c'est peut-être ce que nous appelons "comprendre".

L'espace et le temps étaient chez Kant indissolubles de l'expérience sensible, sans que l'on ne puisse jamais les en abstraire par un chemin certain qui nous permettrait de déduire, au sens de la déduction logique ou géométrique, que notre espace n'a pas plus de trois dimensions. L'espace et le temps sont en effet nécessaires à notre expérience parce que celle-ci exige *a priori* une synthèse des perceptions, synthèse qui est construite involontairement par le sujet et donne lieu à l'espace tridimensionnel et au temps. L'espace et le temps sont donc liés irréductiblement à l'expérience, mais comme condition de possibilité de celle-ci, et non comme produit ou résultat ; en amont et non en aval de celle-ci.

N'allons pas plus loin dans cette philosophie kantienne, qui nous met en face d'une réelle difficulté. Si nous avons l'impression d'avoir obscurci la question plutôt que de l'avoir éclairée, ce n'est qu'en raison du problème difficile de l'expérience sensible en général, et non seulement de l'espace. C'est de l'expérience sensible que sont issus nos concepts et notions sans que l'on puisse les en déduire comme on déduirait une proposition d'une autre, en logique ou mathématique, car il y faut déjà une activité du sujet pour donner forme à ce qui est perçu. Les anciens le savaient et aussi les savants qui ont établi les fondements de notre physique classique au 17e siècle : il ne suffit pas d'observer la nature pour en tirer de façon nécessaire et évidente les "bons" principes. Il faut la manipuler intelligemment et puis inventer, raisonner et oser des hypothèses, volontairement cette fois.

Vers 1900 : Georg Cantor, Henri Poincaré.

Nous demeurons insatisfaits et continuons. Nous avons beau essayer d'ajouter une dimension à notre expérience : la température, la couleur, etc ... Nous n'avons encore que trois dimensions spatiales. Nous ne pouvons en effet nous déplacer dans une couleur ou une température ... sinon métaphoriquement. Le déplacement jouerait alors un rôle important dans la notion de dimension ?

Si Jean Piaget a insisté, vers 1930, sur l'activité et l'apprentissage dans la formation d'une intuition spatiale, Henri Poincaré [POINCARÉ, 1902] avait déjà affirmé que nos intuitions spatiales sont fondamentalement dépendantes de notre faculté de mouvement : nous ne sommes pas fixés en un lieu, mais pouvons en changer, dans toutes les directions. Poincaré est d'abord un scientifique, un théoricien de la physique ; il nous informe donc que nos déplacements forment un "groupe", au sens précis qu'a ce terme en mathématiques aujourd'hui[33], et que c'est ce groupe qui donnerait à notre espace sa structure. Mais lorsqu'il s'agit de parler des dimensions, Poincaré en vient à des considérations qui ne font plus intervenir seulement le groupe des déplacements, mais une certaine notion du "continu" physique inspirée en fait des problématiques mathématiques à ce sujet.

Voyons donc d'abord comment le mathématicien conçoit un espace, vide homogène et continu, et s'il peut lui attribuer des dimensions ? Revenons à notre représentation la plus usuelle, qui nous fait concevoir un espace de dimension trois comme celui dans lequel un point est repéré par trois nombres, que l'on appelle ses "coordonnées", que nous considérons comme cartésiennes, même si Descartes n'y est pour rien. Il est facile de définir le nombre de dimensions par le nombre des coordonnées nécessaires. L'espace considéré est alors pour le mathématicien équivalent au produit d'autant de droites réelles qu'il y a de coordonnées.

On s'est aperçu cependant vers la fin du 19e siècle, à la suite de Georg Cantor, que l'on pouvait construire une application allant d'un tel produit vers une unique droite, application dont l'inverse est facile à trouver, et qui est "bijective". Cela rend-il notre espace équivalent à la droite réelle ? Et nos dimensions pure illusion ? Pas tout à fait, car l'application bijective utilisée alors ne conserve pas la structure de l'espace, pas même une structure minimale ; c'est-à-dire plus précisément que deux points voisins dans le plan ne le seront plus sur la droite, et réciproquement. Cette notion de voisinage est prise en compte par ce que l'on appelle la structure "topologique" d'un espace, avant même que l'on y ait défini une mesure, qui sera dans ce cas la "distance". Or cette structure est indispensable pour parler d'espace physique.

Henri Poincaré a été très sensible à ces rapports entre mathématique et physique et aborde la question de nos dimensions en physicien-mathématicien. Il introduit en 1902 un "continu physique" en référence aux études alors récentes de Gustav Fechner. Ce dernier a

---

33 Le « groupe » est un ensemble de transformations tel que le produit de deux ou plusieurs de ces transformations soit aussi un élément de l'ensemble, et l'inverse d'une transformation aussi. Il en est bien ainsi des déplacements dans l'espace.

établi la loi célèbre selon laquelle l'organe sensoriel réagit comme le logarithme de l'excitation, et a précisé également l'existence pour chaque sensation d'un « *j.n.d.* » ou « *just noticeable difference* »[34]. Le « continu physique » se distingue donc du continu mathématique dont nous venons de parler par le fait que l'on peut avoir, pour des éléments A, B et C :

$$A = B \quad B = C \quad \text{et} \quad A < C$$

Le caractère choquant de ce que l'on vient d'écrire se comprend cependant facilement en raison des limites de résolution dans l'expérience, qui font que A et B sont trop proches pour pouvoir être distingués, de même que B et C, tandis qu'entre A et C une différence est perceptible. En mathématique, bien sûr, A = B et B = C entraîne A = C et on dit que l'égalité est "transitive", mais elle ne l'est pas en physique.

Parce que le physicien mesure les quantités avec une précision limitée, il pourra toujours confondre deux valeurs proches et ne distinguera que celles qui ont entre elles un écart fini suffisant pour que ses sens ou ses instruments les séparent. C'est l'apparente contradiction de ces formules avec notre logique qui nous aurait d'ailleurs conduits à inventer le continu mathématique, pour lequel différentes parties A, B et C sont toutes distinctes, dit encore Poincaré.

Revenant à un ensemble physique, dont les éléments sont des « nébuleuses » et non des points, il sera dit continu si l'on peut passer d'un élément à un autre par une "chaîne" d'éléments dont deux contigus sont indiscernables ; cette chaîne est l'équivalent de la ligne du mathématicien. La suite est plus délicate et fait intervenir la notion de "coupure".

Lorsque Poincaré reconsidère ce problème dans son livre de 1905 intitulé *La valeur de la science,* il remarque que si l'espace euclidien n'est pas une forme imposée à l'esprit (position attribuée à Kant) puisque nous pouvons imaginer d'autres espaces munis de géométries courbes, il reste en commun sous ces diverses possibilités géométriques l'idée d'un « continuum amorphe », dans lequel on peut seulement dire qu'un point se situe entre deux autres sur une ligne, sans idée de distance ni de ligne droite. Poincaré parle à ce sujet de « géométrie qualitative » pour désigner ce que nous appelons aujourd'hui "topologie", terme qui signifie : "étude des lieux" et qu'il

---

[34] Ce qui signifie : « différence juste repérable », soit la différence minimale que peuvent saisir les sens.

appelle lui-même aussi après Bernhard Riemann « *analysis situs* », dont le fondement est l'idée de voisinage et de continuité. Poincaré déclare alors :
« De tous les théorèmes de *l'Analysis situs* le plus important est celui que l'on exprime en disant que l'espace a trois dimensions. C'est de celui-là que nous allons nous occuper, et nous poserons la question en ces termes : Quand nous disons que l'espace a trois dimensions, qu'est-ce que nous voulons dire ? »

Il reprend son analyse de 1902 en ces termes :
« ...pour diviser [notre] espace, il faut des « coupures » que l'on appelle de surfaces, pour diviser les surfaces, il faut des coupures que l'on appelle des lignes, pour diviser les lignes, il faut des coupures que l'on appelle des points ; on ne peut aller plus loin et le point ne peut être divisé, le point n'est pas un continu. »

C'est ainsi le nombre d'opérations qui nous conduit aux points (ou « nébuleuses » discernables les unes des autres) qui détermine la dimension, d'une façon qui semble bien s'imposer de fait, comme la mesure du rayon de la Terre ou l'accélération de la pesanteur. A ceci près qu'il s'agit d'un nombre entier et de l'espace que l'on ne peut considérer comme empirique. Il vient alors à l'idée que ce pourrait être une question de pouvoir de résolution ici encore, jamais infini en physique, et que le point pourrait devenir divisible, ouvrant la possibilité d'autres dimensions pour d'autres opérations que celles de la géométrie spatiale courante, euclidienne ou courbe.

Poincaré se rend compte de ce problème du point qui resterait à définir et en discute longuement en termes de position et de déplacements encore une fois, et revient à l'analyse des perceptions visuelles et tactiles que nous n'allons pas reprendre ici. Mais ne nous y trompons pas : il ne conclura pas à la nature empirique de nos trois dimensions ; rien n'est prouvé pour lui au sujet des dimensions de l'espace sinon qu'il est « commode de lui en attribuer trois ». On sent cependant que ce « commode » n'est pas le même que celui avec lequel il qualifiait le choix de la géométrie euclidienne par rapport aux géométries courbes, et s'entend moins facilement. Quelque chose du mystère des dimensions spatiales demeure, et Poincaré se tourne alors vers l'"esprit", pour lui conserver le pouvoir de se construire un espace, simplement guidé dans son choix par la combinaison inconsciente de ses multiples expériences, par une synthèse implicite.

C'est cette synthèse qu'il a tenté d'analyser, de défaire pour la reconstruire.

Dans cet état d'esprit, retenons la possibilité de redonner au "point" physique toute son épaisseur, et de le considérer autrement que dans l'expérience courante ou classique, comme un monde à explorer.

Les dimensions "enroulées"

Les dimensions supplémentaires consistent en des objets géométriques plus ou moins compliqués situés en effet en chaque point de l'espace-temps, dont les quatre dimensions sont les seules qui subsistent macroscopiquement, les autres étant aujourd'hui en raison de l'expansion de l'Univers, repliées, comme enroulées sur elles-mêmes.

Le premier ajout d'une dimension supplémentaire aux quatre dimensions de la relativité générale, survient dans la théorie élaborée par Theodor Kaluza et Oscar Klein destinée à unifier l'électromagnétisme avec la nouvelle théorie de la gravitation en 1919. L'idée avait déjà été proposée en 1913 par Gunnar Nordström dans le cadre de tentatives pour réaliser ce qu'Einstein allait réussir ; la dimension ajoutée à l'espace-temps de la relativité restreinte lui permettait de traiter la gravitation dans le cadre des interactions électromagnétiques. Dans la théorie de Kaluza et Klein, la cinquième dimension enfermait l'électromagnétisme dans des boucles situées en chaque point de l'espace-temps de la relativité générale. On peut considérer que l'ajout de dimensions supplémentaires répond à un besoin d'unification de deux théories ou plus. En 1948 Freeman Dyson avait contribué à l'unification de l'électromagnétisme et de la mécanique quantique sous le nom d' "électrodynamique quantique", à laquelle vont participer également Sin-Itiro Tomonaga, Julian Schwinger et Richard Feynman ; ce dernier représentait les interactions possibles entre photons et matière par ses fameux "diagrammes" visualisant toutes les interactions possibles entre particules. On sait que Sheldon Glashow, Abdus Salam et Stephen Weinberg ont réussi à unifier la théoric dcs interactions faibles avec l'électromagnétisme en 1960, créant ainsi la théorie électrofaible et les bosons (on appelle ainsi les particules qui représentent les interactions) Z et deux W, qui n'ont été mis en évidence plus tard expérimentalement au CERN qu'en 1983-84 dans le collisionneur conçu par Carlo Rubbia. Puis les interactions fortes, celles qui ont lieu au cœur du noyau, ont été incluses dans cette unification au sein d'une nouvelle théorie faisant intervenir cette fois des "quarks" et des bosons appelés “gluons” détectés en 1979 par l’accélérateur de particules PETRA de Hambourg. Des super-symétries pourraient unifier les particules de matière ou fermions avec les particules d’interaction ou bosons, mais cette théorie suppose l’existence d’autres particules partenaires qui n’ont pas été détectées jusqu’à présent.

A chaque interaction correspond un groupe de symétrie qui possède également sa dimension : 1 pour l’électromagnétisme, 2 pour les interactions faibles, et donc 3 pour l’union des deux. Les dimensions ajoutées à l’espace-temps pour y inclure une interaction sont en relation avec leur symétrie interne, mais des dimensions supplémentaires ne sont requises que lorsque l’unification inclut la gravitation qui conditionne seule l’espace-temps dans lequel agissent les autres forces. C’est le cas de la théorie des cordes.

Vers 1960 Gabriele Veneziano a introduit une notion de “corde” pour représenter l’interaction forte dans le noyau. Comme cette force augmente avec la distance, il avait imaginé de la représenter avec une corde dont la tension augmentait avec l’écartement. L’interaction forte sera finalement interprétée dans le cadre d’une théorie tout à fait différente que l’on appelle “chromodynamique quantique”, mais le modèle de la corde généralisé à toutes les particules a été développé en 1984 pour aborder la question de la gravitation quantique, car l’un des modes de la corde possédait les caractéristiques du “graviton”, particule représentant l’interaction gravitationnelle, connue théoriquement à travers ce que l’on connaît de la gravitation. Le prix à payer pour avoir réglé certains problèmes de la gravitation était de l’installer dans un espace à 10 dimensions. La corde et ses différents modes de vibration représentent les différentes particules et celles-ci sont ainsi unifiées, au prix de dimensions multiples. La corde était en effet au départ de dimension un, mais on a dû ensuite la remplacer par des objets géométriques plus compliqués, jusqu’aux espaces de Calabi Yau qui sont de dimension dix. Une ultime théorie unificatrice appelée théorie M – dont je ne dirai rien ici sinon qu’elle est la combinaison de diverses versions de la théorie des cordes – comporte encore une dimension supplémentaire, et on parvient ainsi à la dimension onze ; on s’arrête là pour l’instant semble-t-il !

Ces dimensions supplémentaires devaient être cependant présentes au même titre que les quatre dimensions dans lesquelles nous vivons, à un stade plus condensé de l’Univers, plus précisément celui que l’on appelle l’“ère de Planck”, parce que la température et la densité sont tellement élevées que la théorie quantique devient indispensable à la description de tous les phénomènes, y compris la gravitation. Toutes les interactions fondamentales devaient alors être unifiées, hors des théories utilisées dans les modèles standard de la cosmologie et des particules pour la période ultérieure. Les interactions ne sont plus unifiées aujourd'hui et toutes ces dimensions supplémentaires sont repliées et indétectables, en tout cas jusqu'aux ordres de grandeur accessibles par l'expérience, lesquels restent encore trop grands, qu'il s'agisse des interactions faible ou forte, ou de la gravitation.

Conclusion

Il a été question dans ce chapitre de notions de dimensions de nature très différentes les unes des autres, dans une réflexion sur la notion générale d'espace. Entre la perception et l'outil mathématique le plus sophistiqué ou le modèle physique délibérément construit, il semble ne rien y avoir en commun et on aurait bien du mal en effet à les faire se rejoindre. Il s'agit pourtant du cadre dans lequel a lieu notre expérience puis nos expérimentations, cadre que nous fabriquons plus ou moins volontairement selon le degré de mathématisation invoqué. On aurait pu croire à un cadre unique, notre véritable espace encore à découvrir, mais j'ai bien montré qu'il ne pouvait être question d'une seule réponse.

J'ai voulu montrer à quel point l'espace euclidien de dimension trois était déjà une construction, la synthèse implicite d'une certaine activité, moins consciente et plus mystérieuse que les autres, mais néanmoins élaborée par nous-même à partir d'une expérience complexe et multiforme, que nous unifions et simplifions involontairement. Avançons que la démarche scientifique proprement dite en est le prolongement, dans une recherche d'unification qui se heurte à des données plus riches et complexes, nécessitant des outils géométriques beaucoup plus sophistiqués.

Chapitre 15

L'espace cosmologique

Si l'on se fie à son étymologie, le mot "cosmologie" désigne l'étude rationnelle du cosmos, monde céleste relativement ordonné par rapport à ce qui se passe sur terre. Dans l'antiquité déjà, bien avant l'utilisation du mot, il s'agissait de mettre en évidence un ordre fondé sur les régularités observées, qui donnent aux cieux l'apparence d'une relative permanence, en dépit du mouvement erratique des planètes. La cosmologie traite alors des lois qui régissent l'Univers et ne contient donc pas les questions de l'origine du monde et encore moins celle d'une éventuelle création. Il semblerait même que ce mot, introduit en 1731 par Christian Wolff, ainsi que ce qu'il recouvre, s'oppose aux mythes antérieurs et que la question de l'origine se rangerait plutôt sous le mot de "cosmogonie" qui contient l'idée d'une genèse, d'un engendrement. Sans entrer dans les détails de l'emploi de ces mots dans les différents langages au cours du temps, on remarque que le mot "cosmologie" concerne essentiellement aujourd'hui les modèles d'Univers tels qu'ils émergent au 20e siècle, tandis que le terme "cosmogonie" ne désigne plus que les théories de formation du système solaire, ou encore les anciens récits concernant l'origine du Monde.

Peu importe, me direz-vous, les glissements de sens des mots sont fréquents en histoire des sciences et il est normal de continuer à réserver au système solaire le terme qui le désignait autrefois, quand il constituait alors presque l'ensemble du monde ; il suffisait de lui ajouter les étoiles, la "sphère des fixes" pour pouvoir contempler l'Univers et le mettre en forme. Il n'était plus question chez les grecs appartenant aux écoles de Platon puis d'Aristote de mythes fondateurs ni d'origine, tout étant là depuis toujours. Les astres dans leurs révolutions deviennent les emblèmes de la permanence, d'un ordre immuable régi par des cycles temporels, au contraire des changements irréversibles et chaotiques qui ont lieu sur terre.

Or, comme par un retour aux sources, la cosmologie contemporaine nous raconte une histoire, depuis que la découverte de la fuite des galaxies a suggéré l'expansion de l'Univers et nous a contraints à admettre l'existence d'un état très condensé de celui-ci ; une histoire qui, lorsqu'elle est racontée à tous, diffusée dans les médias, prend parfois des allures de récit fantastique avec sa matière et son énergie noires, son explosion initiale, l'inflation et l'accélération actuelle, le rayonnement résiduel présent partout de la même façon… On pourrait avancer que certains - et nous-mêmes aussi bien sûr - avons la nostalgie du passé, des belles histoires de la mythologie antique et de la foule de personnages pittoresques qui représentaient les éléments naturels et les valeurs humaines. Peut-être avons-nous également la nostalgie des interrogations auxquelles répondent les mythes : d'où venons-nous ? Pourquoi sommes-nous là et pas ailleurs ? Pourquoi le monde est-il ainsi et pas autrement ?

Ces questionnements avaient disparu naturellement dans le cadre des cultures monothéistes : juive, chrétienne puis islamique, au profit d'une création par le Dieu unique de la bible, lui-même éternel. Le récit de la genèse – quoique très ancien lui-même - est très simple par rapport aux mythes que je viens d'évoquer, récit imagé et pittoresque mais rudimentaire. Au - 4e siècle, Aristote proposait un univers infini dans le temps, doté depuis toujours des mêmes caractéristiques, un monde sous la Lune et un au-dessus, jusqu'à la sphère des étoiles fixes, sans origine et sans histoire ; la rupture d'avec les récits mythiques s'opère donc là aussi, plus radicalement que dans la bible puisqu'il n'y a plus de récit du tout.

Lors de l'émergence de la "science moderne" à la Renaissance, le Monde est toujours composé des éléments du système solaire et des étoiles ; dans le cadre du système de Copernic, celles-ci vont se libérer petit à petit de la contrainte qui les fixait sur une sphère en rotation ; il n'y a plus en effet aucune raison pour que ces étoiles que nous voyons au-dessus de nous soient situées à la même distance, fixées à quelque chose qui les entraînent. Le Monde tel qu'on le voit alors n'est pas en évolution : il a toujours été ainsi, depuis sa création par Dieu, avec l'homme dedans. On sait bien que le ciel représentait pour les anciens une régularité qui l'opposait aux éléments terrestres soumis à la génération et la corruption de la vie. Les cieux sont encore considérés comme incorruptibles en dépit des observations par Galilée des taches solaires et de la rotation du Soleil sur lui-même, ou tout au moins suffisamment stables dans leurs mouvements pour que l'on puisse remplacer le système de Ptolémée par celui de Copernic, tellement plus simple.

La révolution copernicienne permet de faire éclater les limites du Monde que Giordano Bruno déclare infini dans l'espace ; la question de l'infini était, comme celle du vide, un sujet de discussion pour les théologiens médiévaux et l'affirmation de Bruno brisait un interdit, sans preuve mais non sans raison : si les étoiles sont réparties partout dans l'espace, comme d'autres soleils, pourquoi cela aurait-il une limite ?

On prend conscience au début du 19e siècle seulement de la quantité d'étoiles qui nous entourent, William Herschel résout en étoiles notre "Galaxie", traînée laiteuse du ciel nocturne, et on observe des "nébuleuses" dont on ne sait si elles appartiennent à cet ensemble ou se trouvent en dehors. Mais la cosmologie contemporaine émerge dans un tout autre contexte que celui des observations : celui de la théorie créée par Einstein en 1915, nommée "Relativité générale" parce qu'elle généralise la relativité du mouvement rectiligne uniforme aux mouvements inertiels dans un champ de gravitation, ce qui n'est pas plus général mais différent : global au lieu d'être restreint à des dimensions très locales.

Naissance de la cosmologie contemporaine

Le but premier d'Einstein dans sa difficile recherche d'une extension de la Relativité restreinte entre 1905 à 1915, était de traiter les accélérations et surtout la gravitation, qui n'avaient pas leur place dans l'espace de Minkowski. La possibilité de proposer des modèles cosmologiques, des représentations de la totalité de l'Univers dans le cadre mis au point en 1915 apparaît très vite et se réalise dès 1916 à travers les modèles de Willem de Sitter, puis celui d'Albert Einstein en 1917. Cela semble tout à fait nouveau dans le paysage scientifique. L'établissement d'une physique mécaniste du 17e au 19e siècle – dont j'ai longuement décrit le développement – semblait en effet exclure les questions globales au profit de l'analyse locale des forces et des mouvements, les interrogations totalisantes étant renvoyées à la métaphysique ou bien même à la théologie, autant parce qu'il s'agissait de traiter du tout que par l'évocation des questions d'origine qui renvoient à la création du monde. De plus, une approche simple de la totalité dans le cadre de la mécanique newtonienne par un simple nuage homogène soumis à l'attraction gravitationnelle aboutissait à une instabilité : le nuage se contracte indéfiniment et ce modèle ne permet pas la description d'un univers permanent. Il est en fait possible d'écrire des équations concernant les modèles cosmologiques en mécanique newtonienne en mettant de la rotation qui stabilise l'ensemble, mais cela n'a été réalisé que vers 1930 (par Milne et Mac Rea), donc bien après les modèles relativistes.

Au 18e siècle, la communauté scientifique a été surtout soucieuse de prévoir le plus précisément possible les mouvements des éléments du système solaire, de développer dans ce but des méthodes de perturbation dont est issue la mécanique analytique de Joseph Louis Lagrange, puis de William Rowan Hamilton. Indépendamment de ces calculs savants apparaît un thème de recherche sur l'origine du système solaire à partir du scénario proposé par le naturaliste Georges Louis Leclerc de Buffon dès 1749 ; il propose que de la matière ait été arrachée au soleil par le passage d'une comète et se soit ensuite répartie en planètes dans le plan de la trajectoire de la comète. Pierre Simon de Laplace élabore en 1795 un modèle alternatif, proche qualitativement du modèle utilisé aujourd'hui, à partir d'une nébuleuse en rotation. Lorsque l'on parle du système solaire, il ne s'agit plus en effet de décrire un état permanent mais une évolution, une genèse dans le cadre des lois physique établies pour aboutir à un état durable qui est celui que l'on observe actuellement. Même si l'on est encore bien loin de l'image actuelle de cet ensemble avec galaxies et amas de galaxies qu'est notre Univers, on sait déjà que les étoiles sont d'autres soleils et que notre système solaire n'est probablement qu'une infime partie du monde. La Voie lactée était déjà considérée comme un ensemble d'étoiles par les astronomes de langue arabe au Moyen-âge et Galilée a vu ces étoiles dans sa lunette en 1610. Kant – à la suite de Thomas Wright - a proposé ses "univers-îles" dès 1755, donnant l'idée d'autres ensembles d'étoiles que celui que nous voyons dans la Voie lactée, ci-dessous tel qu'il est vu et dessiné par Caroline Herschel en 1785 :

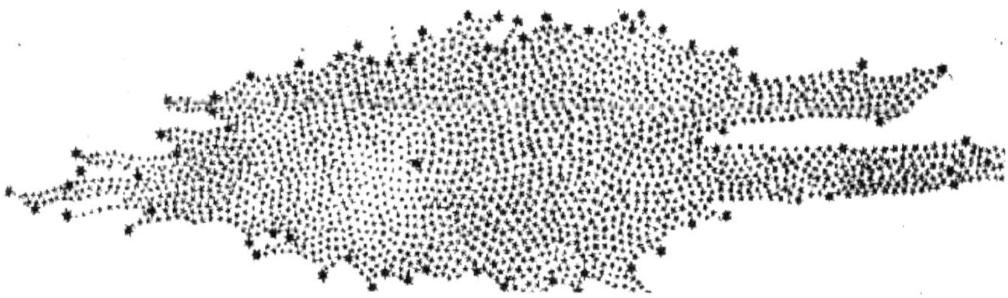

Pourtant, la nature extra-galactique des “nébuleuses” est bien loin d’être établie et ne sera vraiment admise qu’en 1920 à la suite d’un “grand débat”, alors que les premiers modèles cosmologiques ont déjà été publiés. Les modèles de de Sitter et d’Einstein étaient des modèles mathématiques, conçus comme homogènes, sans souci de la nature des objets qui en constituaient les éléments. Ils étaient homogènes dans l’espace mais aussi dans le temps, c’est-à-dire stationnaires : c’est ce qui sera formulé beaucoup plus tard comme le « Principe cosmologique parfait ». Mais aujourd’hui, la cosmologie contemporaine peut être considérée comme une science qui décrit une histoire. Elle traite de l’évolution de l’Univers, voire de son origine à partir du “Big Bang”, expression qui avait été introduite de façon ironique par Fred Hoyle ; celui-ci en effet n’y croyait pas du tout et élaborait des modèles stationnaires en dépit des données observationnelles en faveur de la fuite des galaxies et de l’expansion de l’Univers (voir ci-dessous). On se souvient qu’Einstein avait refusé d’envisager des espaces en évolution proposés d’abord par Alexander Friedmann en 1922 et 1924, puis en 1930 par Georges Lemaitre, et avait introduit dans ce but la fameuse “constante cosmologique” dont on reparle aujourd’hui à propos de l’ “énergie noire”.

Le modèle standard de la cosmologie

Qu’il ne puisse y avoir aucune preuve définitive de quoi que ce soit dans le domaine théorique n’empêche pas de considérer l’expansion de l’univers comme suffisamment soutenue par au moins deux données observationnelles indépendantes l’une de l’autre : décalages spectraux proportionnels aux distances et fond diffus cosmologique à 3 Kelvins, lequel ne peut être interprété jusqu’à présent que comme la trace d’un état beaucoup plus dense et chaud du contenu de l’Univers. Dès 1948 Georges Gamow et son étudiant Ralph Alpher avaient proposé un scénario de formation des éléments dans l’univers primordial. La même année Alpher et Robert Hermann prédisaient l'existence de ce rayonnement se refroidissant séparément à partir de cette époque jusqu'à avoir aujourd'hui une température de quelques degrés Kelvin. Lorsque Penzias et Wilson observent un excès de température sur leur antenne, par hasard au laboratoire Bell en 1964, ils annoncent un chiffre assez proche de la prédiction effectuée seize années plus tôt. Ils publient en 1965 : « *A measurement of Excess Antenna Temperature at 4080Mc/s* » qui donne un excès de température de 3,5 K[35]. Jim Peebles, qui avait projeté de construire une antenne, interpréta leur observation comme étant le rayonnement fossile prévu précédemment dans le cadre de la théorie de l'expansion. Maintenir l'hypothèse d'un Univers stationnaire supposerait alors que l'on rende compte autrement du rayonnement froid et les tentatives de lui trouver une origine plus locale, galactique, se heurtent aux caractéristiques observées, notamment son homogénéité qui devrait être perturbée par la structure locale de la galaxie.

Je ne parlerai maintenant que de la cosmologie pratiquée le plus couramment sans aborder les théories alternatives, laissant de côté en particulier celles qui refusent l'expansion : les univers stationnaires de Fred Hoyle, Hermann Bondi, Thomas Gold et d'autres, qui ne sont plus considérées comme viables aujourd'hui dans la communauté scientifique face aux observations, malgré l'obstination de Jayant Narlikar, qui propose encore un Univers quasi-stationnaire.

Le "modèle standard" de la cosmologie suppose une répartition homogène et isotrope de la matière à grande échelle et se situe dans le cadre de la théorie de la Relativité générale, établi en 1915 par Einstein. Que la matière visible soit répartie de façon homogène en moyenne à grande échelle n'a rien d'évident à première vue, mais n'est pas contredite par les observations du ciel lointain et le rayonnement froid du fond du ciel parle en faveur d'une homogénéité forte de la matière-énergie dans le passé. C'est donc l'hypothèse la plus simple, admise par la majorité, même si certains étudient des modèles hétérogènes, éventuellement hiérarchiques, ce qui signifie que notre structure proche appartient à une structure différente plus grande et ainsi de suite dans un emboîtement infini.

L'élément constituant l'Univers est aujourd'hui pour la communauté des cosmologistes la galaxie ou l'amas de galaxies, mais on les représente simplement dans les équations d'Einstein par une

---

[35] La valeur actuellement mesurée est de 2,728 K.

densité $\rho(\tau)$ continue, et ces équations aboutissent au modèle dit de Friedmann-Lemaître-Robertson-Walker (FLRW). Ce modèle est caractérisé comme tous les autres par sa "métrique", c'est-à-dire la mesure des éléments de longueur dans l'espace-temps courbe, en fonction des coordonnées spatiales r, θ, ϕ et de la coordonnée t appelée "temps cosmique". La symétrie de ce modèle fait que cet élément métrique ne dépend que d'un paramètre K, qui intervient dans la partie espace de l'élément de mesure, et d'une fonction a (t) qui relie, d'une certaine façon, l'espace au temps. La constante K est égale à 1 pour un univers de courbure spatiale positive, donc de type "sphérique", à -1 pour un univers dont la courbure est négative, dit "hyperbolique", à 0 pour un univers "plat". La fonction a(t) est appelée couramment "facteur d'échelle", parce d'elle dépend la taille de l'Univers à un instant donné ; on comprendra mieux si l'on précise que la "constante" de Hubble H_0 qui traduit l'expansion de l'Univers est proportionnelle à la dérivée temporelle de cette fonction près de nous.

Rappelons que la "constante de Hubble" mesure la vitesse d'expansion des galaxies ou amas : H = v/d en fonction de leur distance à nous ; elle n'est constante que dans l'Univers proche, domaine dans lequel on saura déduire sans ambiguïté v de la mesure du décalage vers le rouge z, et d de la luminosité apparente pour les chandelles standard situées dans les galaxies. L'expansion de l'Univers est donc régie par la fonction a (t), que l'on va caractériser par ses dérivées successives : å (t) et ä (t) ; la première est liée à la fonction "de Hubble" par la relation :

H (t) = å (t) /a (t), fonction du temps, donc de la distance à laquelle on regarde.

La dérivée seconde ä (t) est aujourd'hui accessible également, mais on s'arrête là pour l'instant, d'autant plus que ce sont ces deux dérivées qui se retrouvent dans les équations d'Einstein pour le modèle de Friedmann, et non les suivantes, les équations d'Einstein ayant été construites ainsi[36]. Ces éléments de la géométrie sont reliés dans les équations de Friedmann à la densité de matière-énergie à

---

[36] Les équations d'Einstein pourraient être beaucoup plus compliquées si on voulait coller à la dynamique newtonienne, mais Einstein a choisi de se limiter aux dérivées d'ordre deux des fonctions de la métrique et d'ordre un dans les termes non linéaires des équations. D'une certaine façon, les prédictions de la Relativité Générale sont liées à ce choix.

chaque instant, ainsi qu'à la courbure K, indépendamment du lieu puisque l'Univers est supposé homogène.

Cela semble très simple mais bien d'autres éléments vont entrer en jeu, en particulier la composition de la matière, le rapport entre le nombre d'atomes et le nombre de photons, les abondances d'éléments et l'évolution de tout cela au cours de l'histoire de la formation des éléments, des étoiles et des galaxies… Parler de méthode consistera à essayer de démêler l'écheveau des relations entre les données observables et les éléments théoriques, qui ne se correspondent pas un à un mais sont fortement interdépendants.

Quelles données sont observables "directement"?

Je vais encore tenter de séparer des éléments afin de simplifier, tout en sachant très bien que c'est en toute rigueur impossible, parce qu'entremêlé, en cosmologie davantage encore qu'ailleurs ; il y a bien – à mon avis – du plus ou moins proche de l'observation ici, donc des degrés de proximité ou d'éloignement par rapport à l'expérience, même si aucune donnée n'est strictement indépendante du contexte théorique.

1°) Luminosité apparente : La première quantité observable depuis toujours est celle de la lumière des étoiles, luminosité apparente des objets nommée aujourd'hui "magnitude", qui veut dire "grandeur", parce que l'étoile plus lumineuse semblait plus grosse sur la sphère des fixes. Ce n'est que plus tard que l'on a pu relier cette perception au logarithme de l'énergie E reçue par l'observateur, par unité de surface et de temps, conformément à la loi de Fechner. C'est d'abord ce que l'on "voit" à l'œil nu, puis que l'on mesure en ajoutant les rayonnements électromagnétiques non visibles ; manquent ceux qui sont absorbés par l'atmosphère. Cette grandeur donne la possibilité d'attribuer aux astres une distance en considérant que l'énergie reçue est inversement proportionnelle au carré de la distance, dès que l'on a un moyen d'évaluer leur luminosité propre L , soit : $E = L/d^2$, formule qui définit la "distance-luminosité".

Ce n'est pas une distance au sens classique du terme, puisque la lumière reçue a été émise dans le passé et que l'on se situe sur le cône de lumière et non dans un pur espace, mais c'est une quantité observable sous réserve de la connaissance de L.

2°) Raies spectrales d'absorption ou d'émission :
La spectroscopie proprement dite naît avec Joseph von Fraunhofer en 1814, qui découvrit des raies d'absorption dans la lumière visible du Soleil grâce au spectroscope à réseaux qu'il avait lui-même inventé et mis au point. La lumière visible, qui semblait continue lorsqu'on la décomposait avec un prisme (à la suite de Newton), était en fait striée de fines barres sombres qui furent rapidement associées à des éléments chimiques observés en laboratoire dans des tubes à décharge, molécules ou atomes déjà connus ; seul l'"hélium" découvert par Jules Janssen en 1868, semblait nouveau.

Les premiers spectres d'étoiles ne furent réalisés que durant la seconde moitié du 19e siècle, en raison de la faiblesse des sources relativement à celle du Soleil et celles que l'on obtenait maintenant en laboratoire. Nous sommes habitués au fait que les étoiles et les galaxies aient la même composition que notre environnement terrestre et notre Soleil, ce qui n'allait pas de soi en fait ; il aurait été intéressant de trouver d'autres éléments, et l'astrophysique aurait eu un visage très différent !

L'étude des raies spectrales rend compte alors de la composition chimique des objets observés, ou tout au moins de leurs couches externes ; or les abondances des éléments chimiques interviennent dans l'histoire de l'Univers, car certains se forment dans les étoiles mais d'autres résultent de la nucléosynthèse primordiale qui a eu lieu lorsque l'Univers était encore très chaud, de l'ordre du milliard de degré. Les éléments légers (hydrogène, hélium et lithium) ont été formés en grande partie dans l'Univers primordial et sont donc des données à relier aux paramètres du modèle cosmologique favori du moment ; c'est ce que l'on appelle la "nucleosynthèse primordiale" Les résultats sont satisfaisants sauf pour le Lithium dont on ne parvient pas à expliquer l'abondance effectivement observée aujourd'hui.

3°) "Redshift" ou "décalage spectral"
Dès que l'on a su observer des raies spectrales d'absorption ou d'émission dans le spectre visible ou électromagnétique des galaxies, on a pu mesurer un décalage lié à leur déplacement, interprété localement comme un effet Døppler satisfaisant à :

$$1+z = \Delta\lambda / \lambda = v/c$$

Pour les objets proches, la vitesse v ainsi déterminée s'avère isotrope et proportionnelle à la distance (distance-luminosité) et cette constante de proportionnalité s'appelle "constante de Hubble" : H_0 évaluée[37] à 67, 8 (km/s)/ Mpc. Pour les objets plus lointains, comme il est impossible de définir une distance univoque, on ne peut parler non plus de vitesse. Le modèle cosmologique permettra cependant d'établir une relation entre le décalage spectral observé et la situation de l'objet dans l'espace-temps, son éloignement par rapport à l'observateur, mais cette relation dépend des paramètres du modèle : densités, courbure, caractéristiques du facteur d'échelle.

4°) Comptage de sources et évaluation de la densité de matière
Bien que locale, une telle évaluation suppose que l'on puisse attribuer une distance aux objets que l'on observe autour de nous, et aussi une masse. La typologie des galaxies permet d'attribuer masse et luminosité propre aux objets, avec une relative confiance sur les moyennes. On peut alors déterminer approximativement la densité moyenne de matière visible ρ_0 de l'Univers proche, donc de l'Univers actuel supposé isotrope et homogène, densité qui s'avère bien insuffisante pour rendre compte des autres observations.

5°) Rayonnement du fond du ciel : on dispose également depuis cinquante ans du rayonnement diffus du fond du ciel, dont la densité (liée à sa température de 3 degrés Kelvin), l'isotropie et les fluctuations par rapport à cette isotropie, sont de mieux en mieux observées. Les anisotropies ont été détectée déjà par le satellite COBE vers 1990, puis par le ballon-sonde Boomerang, mesurées par le satellite WMAP puis par son successeur PLANCK depuis 2009 avec une plus grande précision.

Les intensités absolues et relatives de cette énergie de rayonnement sont liées au contenu matière-énergie de l'Univers à l'époque où matière et rayonnement ont commencé à évoluer séparément, en deçà d'une température d'environ 3000 degrés Kelvin, à une époque que l'on situe à 380.000 ans après le début de l'expansion, dans le modèle standard cosmologique. Les moments successifs des fluctuations de ce rayonnement constituent une source de données de plus en plus

[37] Cette constante est toujours réévaluée en fonction d'une meilleure connaissance des objets considérés comme "chandelles standard". Elle désigne une vitesse fonction linéaire de la distance, laquelle est exprimée en Mpc = un million de parsec, soit un million de fois 3 10^{16} mètres. Le parsec est la distance de laquelle on voit le demi diamètre de l'orbite de la Terre sous un angle de 1 seconde d'arc, égale à environ 3 années-lumière.

importante au fur et à mesure que la précision des mesures s'améliore ; ce n'est pas seulement la qualité mais aussi le nombre des données indépendantes qui augmente avec la résolution angulaire, constituant une source de données inépuisables.

Éléments de construction d'un espace cosmologique

Dans les conditions de symétries propres au "modèle standard" de la cosmologie, les équations d'Einstein se réduisent aux "équations de Friedman", publiées en 1922, que j'ai envie de montrer pour leur simplicité apparente :

$$3\left(\frac{1}{c^2}\frac{\dot{a}^2}{a^2}+\frac{K}{a^2}\right)-\Lambda=\frac{8\pi G}{c^4}\rho,$$

$$-2\frac{1}{c^2}\frac{\ddot{a}}{a}-\frac{1}{c^2}\frac{\dot{a}^2}{a^2}-\frac{K}{a^2}+\Lambda=\frac{8\pi G}{c^4}P.$$

On y reconnaît le facteur d'échelle a (t), ses dérivées, le paramètre K qui vaut ± 1 ou 0, la densité de matière-énergie ρ, ainsi que la pression P dont je n'ai pas parlé, mais qui est liée à la densité par une équation d'état, différente selon qu'il s'agit de matière froide, chaude, ou de pur rayonnement. Toutes les valeurs sont à prendre à la date t_0 d'aujourd'hui où elles nous sont connues, afin de déterminer d'abord K , puis les fonctions a(t) et ρ (t) compatibles avec les observations.

Mais la suite n'est pas si simple et quelques concepts intermédiaires sont encore nécessaires :

1°) L'expansion : dès 1917 l'américain Vesto Slipher avait observé que les raies spectrales de certaines nébuleuses – dont on ne sait pas encore si ce sont des objets galactiques ou extra galactiques - étaient décalées vers les plus grandes longueurs d'onde, donc vers le rouge. Ce sera interprété comme la conséquence de la vitesse d'éloignement de ces nébuleuses, dont on a admis la nature extragalactique après le grand débat de 1920. En 1929 Edwin Hubble propose une relation observationnelle entre ce décalage et la distance de ces objets extragalactiques, distance estimée grâce à des étoiles variables appelées "céphéides" qui sont les première "chandelles standard" de l'histoire de la cosmologie ; cette dernière expression indique que l'on a un moyen de déterminer la luminosité propre de ces objets, ici une relation entre la période et cette luminosité découverte par Henrietta Swan Leavitt ; pour déterminer cette relation elle s'intéressa aux étoiles variables du petit nuage de Magellan, objet assez compact pour pouvoir supposer que tous ses éléments sont à peu près à la même distance du système solaire.

Le rapport entre la luminosité apparente de l'objet et sa luminosité propre (on dit aussi "intrinsèque") détermine la distance-luminosité qui peut être reportée, ainsi que le décalage spectral, dans le modèle et permettra de préciser celui-ci. On détermine ainsi la valeur de H(t) aujourd'hui. L'idée de l'expansion de l'Univers avait de fait été proposée par Georges Lemaître lors d'un congrès de 1927 à Leyde, congrès auquel Hubble avait assisté, lui donnant sans doute l'idée de la relation de proportionnalité entre la distance et le décalage vers le rouge que Lemaitre avait déjà tentée à partir de données observationnelles (la partie de l'article français de Georges Lemaître concernant l'expansion avait cependant disparu de la version anglaise à laquelle a eu accès Hubble).

2°) La matière noire : l'astronome américaine Vera Rubin découvre vers 1970 que la courbe des vitesses de rotation des galaxies n'est pas celle que l'on attendrait pour assurer l'équilibre entre les forces gravitationnelles et la force centrifuge en mécanique classique : la vitesse est trop élevée dans les régions extérieures et les étoiles devraient s'échapper. Fritz Zwicky avait déjà observé ce problème dès 1933, sans que la communauté s'y intéresse vraiment ; il est vrai que Zwicky fourmillait d'idées et que l'on avait que l'embarras du choix ! On postule alors l'existence d'une matière invisible qui n'émet aucun rayonnement, donc froide, et inconnue (d'une autre sorte que la matière ordinaire) dont l'attraction maintient les étoiles dans la galaxie ; cette "matière noire" sera ensuite introduite dans les modèles d'univers eux-mêmes, car la densité de matière visible impliquerait un modèle ouvert, hyperbolique alors que les observations le montrent plutôt parabolique ($K = 0$).

3°) L' accélération :

Plus on observe d'objets lointains, plus on espère déterminer l'évolution de H(t) puisque l'on observe ces objets éloignés tels qu'ils étaient dans le passé, au moins la dérivée première de H(t), c'est-à-dire la dérivée seconde de a(t). A partir de 1998, de nouvelles chandelles standard lointaines ont été découvertes qui permettaient de déterminer cette dérivée seconde : ce sont des supernovae de type Ia, dont on peut connaître la luminosité intrinsèque par le lien de celle-ci avec la courbe d'évolution. Comme dans le cas des céphéides, on aura alors une indication de la distance des objets et la relation entre cette distance et le décalage spectral est celle d'une expansion qui s'accélère. Plus précisément, le facteur d'échelle a(t), qui permet de connaître comment évolue la taille de l'Univers ou la distance théorique - appelée distance "comobile" - entre deux objets, a une dérivée seconde positive, illustrée par la courbe de droite :

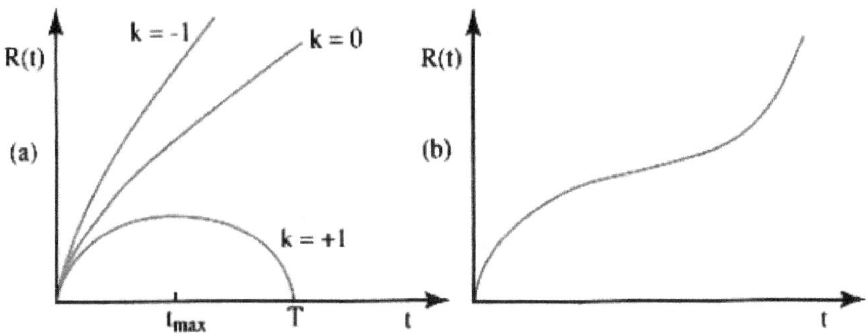

Le diagramme ci-dessus montre la fonction R(t) en ordonnée qui représente ce que nous avons appelé a(t) et k notre K. A gauche les solutions à constante cosmologique nulle, et à droite la forme que l'on lui donne actuellement, pour une valeur de K = 0 et une constante cosmologique positive.

Un autre objet, moins connu du public, conforte les résultats obtenus à partir des supernovae : il s'agit d'oscillations de matière qui ont eu lieu lorsque les ions et électrons étaient encore séparés, donc avant la période de "recombinaison" de ceux-ci dans un Univers âgé de 380.000 ans environ. Après la recombinaison, ces ondes sont figées dans la matière neutre et doivent faire apparaître une longueur d'onde caractéristique que l'on cherche à retrouver dans la répartition actuelle de matière. Or on la retrouve effectivement comme liée à la distance moyenne des galaxies rouges (les plus anciennes), que l'on peut observer dans le passé jusqu'à une époque de la moitié de l'âge estimé pour l'Univers. Pour aller plus loin dans le passé, on a utilisé récemment des quasars qui permettent par leur lumière de cartographier l'hydrogène dilué qu'ils traversent. Or on a retrouvé dans ce gaz la même empreinte d'une longueur caractéristique qu'entre les galaxies rouges, (environ 150 Mpc, soit 450 années-lumière) et la relation entre la dimension angulaire de cette longueur caractéristique et le décalage vers le rouge qui en indique l'époque aboutit également à une accélération compatible avec celle que les autres données. Il semble donc que nous soyons indubitablement accélérés !

4°) l'énergie sombre :
Sous l'effet de la gravité, l'expansion ne devrait en effet pouvoir que se ralentir, que ce soit dans un Univers fermé ou ouvert, comme on le voit sur la partie gauche de la figure ci-dessus. On doit donc expliquer cette surprenante découverte grâce à une force répulsive, une forme d'énergie différente des autres ; elle pourrait être simplement la constante cosmologique Λ que l'on voit dans les équations de Friedmann ci-dessus, si elle est vraiment constante, ce qui n'est pas incompatible avec les observations pour l'instant. Elle peut être aussi tout autre chose, mais il est difficile de savoir quoi.

Le traitement actuel des données dans le modèle standard
Il se fait en isolant six paramètres du modèle à déterminer, comprenant les trois densités de matière-énergie (baryonique, matière noire, énergie noire) dont la somme intervient dans les équations de Friedmann et dont les diverses composantes peuvent être distinguées à travers les observations. On s'attendrait à ce que les trois autres soient constitués par la courbure et les deux dérivées locales du facteur d'échelle, mais les cosmologistes préfèrent définir deux paramètres liés à l'inflation et le dernier à la période de re-ionisation des atomes par l'énergie des premières étoiles, étape difficile à dater. A l'intérieur de ce modèle, il y a évidemment bien d'autres quantités à déterminer, jusqu'à l'infini si l'on veut connaître les abondances des atomes, les densités de rayonnements, au cours du temps. Mais ce qui importe est le nombre des paramètres dont la détermination sera possible à travers les données observationnelles.

Celles-ci doivent en effet permettre d'optimiser ces inconnues à travers des modèles numériques, pour les traiter en même temps, et le résultat actuel illustré par le “fromage” ci-dessus - un peu trop précis peut-être - est que la matière visible ne constitue qu'une faible partie de l'énergie de l'Univers : 5% au maximum, la matière noire contribuant pour environ 25% et l'énergie noire pour 70% environ.

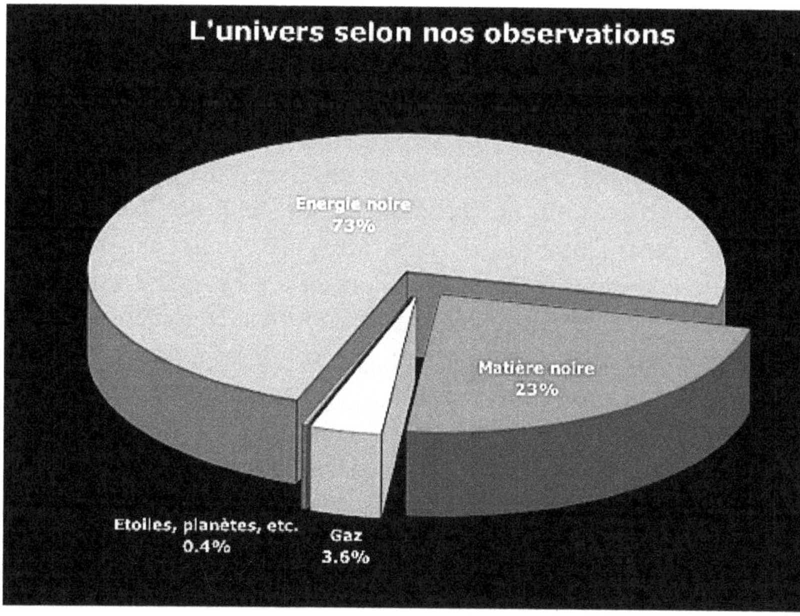

Les rêves de grandeur se réduisent en recette de cuisine dont les ingrédients ne sont pas vraiment comestibles ! Beaucoup préfèreraient quitter le modèle standard, ajouter un champ supplémentaire aux tenseurs introduits par Einstein, ou revenir à une théorie newtonienne améliorée (MOND = MOdified Newtonian Dynamics) ou encore changer de physique, plutôt que de jouer avec ces composants qui déjouent la simplicité initiale du modèle. En attendant, la communauté continue de travailler à la précision des proportions des divers composants, affine ses proportions, jusqu'à ce que surgisse une nouvelle idée.

On voit bien ici l'échec du critère poppérien d'évaluation des théories par la réfutabilité. Il ne suffit pas d'une discordance d'avec les observations, ni même de plusieurs, pour que la théorie soit abandonnée ; d'une part parce que les données d'observation peuvent toujours être revues et d'autre part parce qu'aucune autre théorie ne s'impose qui satisfasse aussi bien les scientifiques. Car les critères ne sont pas strictement logiques comme l'auraient voulu certains philosophes ; la réalité culturelle est plus complexe et l'intelligibilité à ses exigences propres.

Evaluer un modèle par inférence bayésienne.

On sait donc bien depuis longtemps que la conformité aux observations n'est pas le seul critère de l'évaluation d'un modèle ou d'une théorie. Il serait toujours possible en effet de mieux rendre compte des observations par des modèles disposant de plus de paramètres libres, comme c'était le cas de ceux de Ptolémée pour les planètes avant Copernic – ceux auxquels nous faisons référence lorsque nous parlons d'"épicycles" - et cela n'est guère satisfaisant.

Ce qui est remarquable est que les scientifiques peuvent aujourd'hui quantifier cette appréciation non empirique des modèles, en utilisant la probabilité conditionnelle mise au point au 18e siècle déjà, par Thomas Bayes.

Citons à ce sujet Jean-Philippe Uzan dans son livre intitulé Big bang, [UZAN, 2018, Ch.VIII] :

« Une méthode de comparaison [entre les modèles] repose sur la théorie probabiliste bayésienne qui caractérise la crédibilité d'une affirmation par une probabilité [...]

On associe d'abord à chaque modèle une probabilité dite *a priori*, qui caractérise notre croyance dans ce modèle et qui repose sur le fait qu'il a des bases mathématiques solides, qu'il est inclus dans un cadre plus large validé par ailleurs, ou que nous le trouvons simple, naturel ou beau, etc. »

C'est bien le cas du modèle standard cosmologique en dépit des discordances d'avec l'observation sur plusieurs points : la dynamique des galaxies, leur formation, l'abondance du lithium, l'homogénéité du fond diffus cosmologique ainsi que l'accélération actuelle de l'expansion... Cela fait beaucoup et justifie les recherches de théories alternatives à la Relativité générale, sans que l'une d'entre elle ne constitue jusqu'à présent une solution de rechange, d'autant moins que les détections récentes d'ondes gravitationnelles renforcent la confiance dans la théorie d'Einstein en imposant des contraintes sur les autres. Mais même dans ce cadre, d'autres modèles cosmologiques sont proposés ; les observations ne permettent en effet pas de décider de cette régularité que nous attribuons en moyenne à l'Univers, et on peut construire des modèles inhomogènes de structure plus compliquées que celle du modèle standard. Mais c'est ce dernier qui satisfait pour l'instant à notre besoin d'intelligibilité comme le modèle mécaniste de la pesanteur satisfaisait davantage la recherche d'intelligibilité de Christian Huygens (voir le Chapitre 4) trois siècle et demi plus tôt !

La probabilité *a priori* une fois estimée est multipliée par un facteur qui rend compte de l'accord avec l'expérience et des prédictions possibles, c'est-à-dire de l'efficacité scientifique du modèle, pour aboutir à une probabilité *a posteriori* du modèle. Ce traitement, qui utilise l'outil général des probabilités conditionnelles dites "bayésiennes" (du nom de leur inventeur), n'est pas généralisé en physique ni même en astrophysique. Il est cependant souvent invoqué lorsque l'on a besoin d'une prédiction théorique pour sortir un signal significatif du bruit enregistré par le détecteur, ce qui est pratiqué de plus en plus souvent. Ce procédé est remarquable pour nous ici en ce qu'il distingue explicitement la partie exigée par le sujet connaissant indépendamment des contraintes empiriques, et lui fait correspondre un nombre ! C'est donc une reconnaissance de la difficulté que rencontrent les cosmologistes, comme d'autres physiciens, à concilier la diversité des observations anciennes et nouvelles avec leur besoin de représentation.

Nous sommes loin des attitudes positivistes du 19e et du 20e siècle et aboutissons à ce que l'on peut considérer comme une attitude pragmatique, sans référence explicite à aucun courant philosophique, par l'adaptation spontanée du scientifique aux problèmes qui s'imposent, aux limites de sa démarche classique.

Quelques questions en guise de conclusion

Tout ce que j'ai dit ici est relativement connu. J'ai seulement tenté de présenter les éléments de base du travail complexe des cosmologistes. Ma tentative pour séparer les données observables des éléments théoriques, et aussi dans la séparation de ses éléments théoriques eux-mêmes, était vouée à l'échec car ces constructions sont dépendantes les unes des autres et le cosmologiste doit tenir compte de tout à la fois, à l'aide de ses codes numériques. Ces distinctions facilitent seulement l'appréhension première de cet enchevêtrement.

Je n'ai pas insisté sur la structure de l'espace-temps, que nous fabriquons pour nos besoins de représentation, comme je l'ai répété auparavant. J'ai plutôt voulu évoquer maintenant un espace symbolique constitué d'un enchevêtrement de données et de paramètres (ou fonctions) à déterminer : plusieurs données concourent à la détermination du paramètre K pour aboutir à un espace presque plat, ainsi qu'à la fonction a (t) dont l'évolution est différente de ce que l'on attendait ; chaque donnée intervient pratiquement sur l'ensemble des paramètres et les représentations des modèles compatibles avec les observations se font dans des espaces multidimensionnels, dans lesquels se découpent des domaines possibles compatibles avec les observations.

L'univers est unique et aucune observation n'est strictement reproductible ; la cosmologie est-elle cependant une science physique comme les autres ? Non, puisque nous sommes dedans et ne pouvons considérer l'objet de l'extérieur ; oui cependant dans son fonctionnement interne par le lien constant avec la physique de laboratoire, l'utilisation des méthodes habituelles en science ainsi que des théories de tous les domaines de la physique : électromagnétisme, hydrodynamique, théorie des champs relativiste ou non, relativité générale, mécanique quantique… L'utilisation d'objets qui n'existent pas ailleurs : matière noire, énergie noire, dont on ne sait pas encore déterminer la nature et que l'on ne retrouve pas en laboratoire, en font cependant une discipline à part, contestée et dénigrée par certains physiciens en dépit de la fascination qu'elle exerce sur le public.

L'homogénéité supposée de l'Univers à grande échelle rend probable l'existence d'autres planètes comme la Terre et la possibilité de formes de vie proches de la nôtre ; en tout état de cause, une évaluation probabiliste de cette possibilité est bien difficile à faire, car il faudrait pouvoir définir l'ensemble des possibles pour la vie, après avoir défini la vie elle-même. Le Principe cosmologique parfait peut également être mis en doute : nous sommes peut-être dans une région très particulière de l'Univers, celle qui a permis notre présence, et ne nous en rendons pas compte lorsque nous généralisons nos conditions locales ; c'est la mise en garde rangée sous l'égide du principe "anthropique" tel qu'il avait été formulé en 1974 par Brandon Carter comme principe anticopernicien qui, loin de s'émerveiller du concours de circonstances qui nous permet d'être là, de voir et d'étudier l'Univers, en constate simplement le caractère singulier, peut-être unique, et met en garde contre le danger des généralisations ; nous nous situons en un point singulier de cet espace des paramètres dont je parlais plus haut - c'est une évidence logique - qui n'a cependant pas à être expliquée plus qu'un autre me semble-t-il, du fait qu'il aurait permis notre présence, car il n'a rien de spécial, n'est pas un cas particulier comme celui qui rend un triangle isocèle ou équilatéral, n'est pas supérieur aux autres qui auraient sans doute permis autre chose, on ne peut savoir quoi.

La façon dont la cosmologie est considérée par le public pose problème également : les images de big-bang évoquent inévitablement, en dehors du domaine strictement scientifique, la question des origines, celle du « pourquoi est-ce ainsi et pas autrement ? », qui requièrent des réponses religieuses ou métaphysiques. Le plus difficile pour le scientifique placé devant un public est de pouvoir exprimer ce que l'on sait et ce que l'on ne sait pas en science, encore plus ce que l'on pourra connaître et ce qui échappera toujours – la question ultime du « pourquoi ? » sans être taxé de scepticisme ou de pessimisme ; on peut entendre Hubert Reeves répondre « je ne sais pas » aux questions posées à ce sujet. Citons également encore Jean-Philippe Uzan plus récemment [UZAN, 2018, p.112]:

« Ecrire 380 000 après le big bang ne prouve bien sûr rien sur l'existence physique de ce big bang. Il s'agit simplement d'une définition théorique de l'origine de notre calendrier cosmique. »

La singularité initiale ne fait pas partie du modèle et le temps cosmique est une coordonnée qui représente l'ordre des évènements, des rapports d'intervalles, mais non pas une mesure univoque de quoi que ce soit.

La construction scientifique est cohérente, permet de prédire et d'expliquer, dans la mesure où rapprocher plusieurs phénomènes sous une même théorie, voire une même équation, "explique" suffisamment pour nos besoins de représentation. Il ne s'agit plus d'explication par les causes, mais par les lois et des conditions particulière connues, ici les conditions actuelles et celles que l'observation nous permet d'attribuer au passé en raison de la vitesse finie de la lumière.

CONCLUSION GÉNÉRALE

Cette conclusion sera plus brève que mon introduction. La science nous a pourvus d'autres yeux que ceux de l'aveugle de Descartes avec son bâton, puisque nous observons toutes sortes de rayonnements électromagnétiques, et aussi gravitationnels depuis 2015 ; mais elle nous a fait sentir davantage encore à quel point notre contact avec le Monde était médiatisé par des instruments, et aussi des concepts et des théories. Notre bâton actuel est fait de récepteurs divers, d'antennes radio et d'accélérateurs ou collisionneurs de particules, mais aussi de champs et particules, d'espaces multidimensionnels, de codes numériques, de théories enfin.

Mon but était en effet de considérer les notions d'espace-temps, les concepts et les modèles dans leur rapport complexe avec l'expérience scientifique, comme permettant celle-ci plutôt que déduits à partir d'elle. L'avantage de la prise en compte par le physicien de l'information limitée dont il dispose d'une part, de ses exigences en matière d'intelligibilité d'autre part met en lumière ce qu'il faut bien appeler subjectivité au sein des méthodes d'objectivation classiques. Le fait que le scientifique ne travaille plus seul, que certains articles soient signés de plus de mille personnes et que les autres soient contrôlés par des comités de lecture des revue concrétise le fait qu'il s'agit d' "intersubjectivité" même si des attitudes différentes peuvent être détectées selon les disciplines, les communautés, les traditions locales. L'héritage kantien de la participation du sujet à la mise en forme du phénomène trouve son expression dans le traitement contemporain des données d'observation ou d'expérimentation.

Est-ce que je dois parler de ce que j'aurai aimé traiter encore ? Théories des cordes, gravitation quantique, et surtout avancées dans l'étude des systèmes dynamiques du « chaos déterministe ». Ce dernier domaine de physique non linéaire serait peut-être le plus perturbant pour le physicien classique en raison de l'imprédictibilité qui apparaît là aussi, comme lors d'une expérience singulière dans le domaine quantique. L'imprédictibilité provient cette fois d'une forte sensibilité aux conditions initiales dans des systèmes d'équations non linéaires et disparaitrait si ces conditions pouvaient être connues exactement ; mais comme leur précision est limitée théoriquement par la discrétisation quantique et le principe d'incertitude de Heisenberg, une limite irréductible intervient là encore, que l'on peut assimiler à la précédente. On se rend compte que l'on ne traite que de ce que l'on peut inclure, comme en mécanique quantique, dans une physique déterministe grâce à de nouveaux outils de traitement des données. J'ai donc jugé inutile d'aller plus loin dans des techniques qui excèdent par ailleurs mes capacités et aboutiraient à poser à nouveau le même problème de l'intelligibilité des phénomènes et de ce que nous devons laisser de côté.

Nous avons vu apparaître des ruptures par rapport à la physique mise au point au 17e et 18e siècles, dont le caractère mécaniste exigeait une séparation bien établie entre un sujet et ses objets ; en résumé trois ruptures : avec l'apparition de l'entropie et sa relation à l'information, à travers la non localité en mécanique quantique puis lors de notre immersion dans les modèles cosmologiques. La science physique expérimentale perfectionnée au 19e siècle semble résister à ces tribulations, récupère toujours un socle d'objectivité sur lequel le sujet scientifique peut continuer à travailler et laisser dorénavant aux philosophes les interrogations perturbantes, un siècle après les réflexions développées par Niels Bohr et Werner Heisenberg.

L'antiréalisme exprimé par ceux-ci (voir le chapitre 13) ou les physiciens de la fin du 19e siècle comme Kirchhoff, Hertz et Helmholtz (voir le chapitre 11), ne rejoint aucunement l'idéalisme de l'évêque Berkeley au 18e siècle mais reste compatible, me semble-t-il avec les analyses kantienne et néo-kantiennes auxquelles j'ai fait allusion dans mes chapitres ; les propos tenus par ces physiciens au cours de leur travail scientifique répondaient à un problème rencontré au cours de leur pratique scientifique, même s'il s'agit d'interprétation ; l'interprétation s'avère en effet indissociable de leur pratique - j'ai bien insisté sur ce point au cours de cette étude - autant dans la façon dont ils en rendent compte que dans l'élaboration de nouveaux dispositifs et même aujourd'hui dans l'acquisition des données. C'est dans ce contexte qu'ils sont conduits à débattre du rapport entre leurs théories et la réalité, de leur intervention comme sujet dans le choix du meilleur modèle.

Qu'est-ce qui est réel ? Qu'est-ce que le réel ? C'est le problème de la philosophie des sciences que je n'ai pas traité dans cet ouvrage. Mais plusieurs réponses sont accessibles dans une littérature plus diffusée : « Le réel c'est l'impossible » affirmait Jacques Lacan, dans une interprétation assez libre d'une phrase d'Emmanuel Kant. Pour ma part je préfère une phrase de Freud : « Le réel, ou ce qui est perçu comme tel, est ce qui résiste absolument à la symbolisation ». Je n'ai pas employé dans ce livre le mot "symbole", qui m'avait semblé trop vague dans l'usage qu'en font les commentateurs, aisément remplacé par "emblème" ou "signe", ou encore "métaphore" lorsqu'il ne s'agit pas plus précisément d'une "analogie" ; mots plus précis pour moi lorsqu'il s'agit de désigner une connexion appuyée sur des circonstances, une ressemblance, ou purement conventionnelle. Je n'oublie pas ce que désignait le mot symbole chez les grecs : deux amis qui se séparaient et ne savaient pas quand ils se reverraient, peut-être dans un avenir lointain, brisaient un objet dont ils gardaient chacun une partie pour être certains de se reconnaître s'ils se revoyaient ; le symbole (du verbe *σὺμβολειν*) est donc ce qui rassemble comme le diable est ce qui divise (*διαβολειν*). Le diable est dans les détails, dit-on couramment, mais ce qui empêche de rassembler le divers n'est pas simple détail, malheureusement. Dans son texte de 1942, Werner Heisenberg place la symbolisation entre les liens purement organiques et ceux de la pensée rationnelle et consciente, sorte de force vitale qui relie déjà des perceptions (parfums de fleur et bonheur...), crée des connexions, avant toute conceptualisation. Il pense sans doute sans le dire aux mythes anciens et à ceux des civilisations dites primitives. Mais de la phrase de Freud que je viens de citer, retenons « ce qui résiste » ; c'est bien en effet ce qui résiste à nos efforts de simplification, de généralisation, de compréhension. Remarquons simplement que la science physique résiste également, se construit de nouveaux concepts à l'intérieur de théories anciennes. Les mots changent de sens : "atome" ou "univers" sont bien différents de ceux du 19e siècle, et aussi l'objectivité et la validation d'un modèle ou d'une théorie dans lesquels un ensemble de paramètres est lié à un ensemble de données.

Personnellement, j'ai besoin de me représenter visuellement ce que je veux comprendre ; c'est pourquoi j'aurais aimé défendre le "mécanisme" cartésien tel que l'avait revu Huygens, et même l'éther invisible mais représentable visuellement, contre l'action à distance newtonienne ! L'efficacité de celle-ci s'est imposée comme nous le savons, en termes de prédiction à défaut d'explication, avant d'être transformée en "champs" dont les modifications se propagent à la vitesse de la lumière d'une façon tout-à-fait intelligible pour nous aujourd'hui. La visualisation reste importante en physique, souvent reconstituée à partir des données pour proposer une image dont on ne sait plus à quel point elle est calculée, manipulée. Ainsi en est-il de l'image du trou noir publiée récemment dans les médias, faite à partir de rayonnements reçus par des antennes situées en divers points de la Terre, aptes à recevoir les rayonnements radios émis par la matière qui tombe dans le trou noir. On a pu la comparer aux prédictions d'images calculées numériquement depuis longtemps, comme s'il s'agissait d'une photo bien "réelle" alors qu'elle provient d'une difficile reconstitution à partir d'une combinaison savante des données observationnelles. L'objectivité du processus est cependant assurée par des techniques éprouvées et par le nombre de personnes qui y participent.

La « matière noire » ni l'« énergie sombre » ne permettent aucune visualisation ; ces entités ne facilitent pas nos représentations, ne remplacent donc pas cet éther perdu, contrairement à ce que certains avaient dit pour dénigrer ces deux composants - essentiels mais insaisissables - de notre univers. Ce qui me semble prendre la place de cet éther providentiel serait plutôt à mon sens l'espace-temps de la Relativité générale en tant qu'il emporterait les astres dans son expansion ou sa rotation, comme l'ancien éther aristotélicien et aurait donc des propriétés dynamiques - presque intentionnelles - comme celles de l'espace newtonien. Cette façon de traduire la dynamique remplace les concepts de distance, vitesse et accélération, lorsqu'ils ne sont plus univoquement définis.

Qu'ai-je réalisé dans cet ouvrage ? Un regard sur la science classique et contemporaine à partir de ce que m'a appris l'histoire, celle du 17e siècle en particulier et celle de la fin du 19e siècle également. L'accent mis sur ces deux périodes - je l'ai déjà dit - provient de mon intérêt pour les physiciens-philosophes. Mon intérêt pour l'espace et le temps est lié à l'importance de ces cadres de notre expérience pour la mise en place de nos objets physiques.

Je ne pense pas que la réflexion philosophique aide à l'innovation scientifique ; elle peut même malheureusement être un frein, mais apporte cependant aux résultats techniques tout leur intérêt me semble-t-il, dans leur épaisseur humaine à défaut d'un sens ultime qui échappera toujours. J'ai voulu décrire le plus simplement possible la construction d'une objectivité scientifique à l'aide d'un sujet universel issu de la mathématisation et de dispositifs expérimentaux reproductibles, puis plus tard de raisonnements et d'un retour au langage courant lorsque les mathématiques ne permettent plus de visualiser ni de comprendre. Mais à chaque fois que l'objectivité est mise en péril, il y a rétablissement dans un formalisme qui peut être partagé par tous : l'information de Claude Shannon, la fonction d'onde et les opérateurs quantiques, l'évaluation probabiliste de la fiabilité d'un modèle enfin.

Le lecteur pourra juger de ce qui reste de la tradition classique dans les approches d'aujourd'hui, sans doute plus qu'il ne paraît à première vue derrière la sophistication des instruments et des équations, y compris lorsqu'il s'agit de définir le kilogramme (une unité qui semblait si familière et convoque aujourd'hui de subtiles expériences quantiques). Mais tout cela est inséré dans des protocoles reproductibles ; c'en est le but, comme l'était pour Galilée le besoin de reproduire l'accélération de la chute des corps.

BIBLIOGRAPHIE

(livres seulement ; les articles mentionnés en notes ne sont pas repris ici)

Sources historiques (ordre chronologique)

ARISTOTE (- 4e siècle) :
- *Organon,* Les Belles Lettres, Collection Guillaume Budé.
- *Physique*, Livres I à VIII, Les Belles Lettres, Collection Guillaume Budé.

GALILEE (1564 -1642)
- 1610, *Le messager céleste* (*Sidereus nuncius*), Texte, traduction et notes établis par Isabelle Pantin, Les Belles Lettres, 1992.
- 1623, *L'essayeur* (*Il saggiatore*), dans : *L'essayeur de Galilée* de Christiane Chauviré, Annales littéraires de l'Université de Besançon, Les Belles lettres, 1980.
- 1634, *Dialogue sur les deux grands Systèmes du Monde* (*Dialogo...*), traduction René Fréreux avec le concours de François De Gandt, Sources du savoir, Seuil, 1992.
- 1638, *Discours concernant deux sciences nouvelles* (*Discorsi...*), présentation, traduction et notes par Maurice Clavelin, Armand Colin, 1970.

DESCARTES René (1596-1650) :
- 1626-27, *Règles pour la direction de l'esprit* (*Regulae ad directionem ingenii*), Vrin, 1990.
- 1629-33, *Le Monde, l'Homme*, textes établis et annotés par Annie Bitbol Hespériès et Jean-Pierre Verdet, Seuil, Octobre 1996.
- 1637, *Discours de la Méthode*, suivi d'extraits de la *Dioptrique*, des *Météores*, de la vie de Descartes par Baillet, du *Monde*, de l'*Homme* et de lettres. Edition établie par Geneviève Rodis Lewis, GF-Flammarion, 1992.
- 1641, Méditations métaphysiques (*Meditationes de primae philosophiae*), traduction par Florence Khodoss, PUF, 1956.
- 1644, *Principes de la Philosophie* (*Principia philosophiae*), traduits en 1647 en français par « un de ses amis » (l'abbé Claude Picot) à partir de l'édition latine de 1644, dans *œuvres de Descartes*, publiées par Charles Adam et Paul Tannery, IX-2, Vrin, 1978

PASCAL Blaise (1623-1662)
- 1657 *De l'esprit géométrique ou de l'art de persuader.*

ARNAUD Antoine (1612-1694) et NICOLE Pierre (1625-1695) :
- 1662, *La logique* de Port-Royal.

HUYGENS Christian (1629 -1695) :
Œuvres complètes publiées par la Société hollandaise des Sciences, La Haye, 1888-1950.
- T.1 à X pour la correspondance.
- T.XVI pour la mécanique : chocs, force centrifuge.
- T.XIX pour le *Traité de la lumière* de 1690.
- T.XXI pour le *Discours sur les causes de la pesanteur* de 1690.

SPINOZA Baruch (1632-1677) :
- 1663 *Les Principes de la philosophie de Descartes (Principia philosophiae cartesianum)* ; dans Œuvres 1, Flammarion, 1964.

LOCKE John (1632-1704) :
1690 *Essai sur l'entendement humain* (*An Essay concerning human understanding*), Traduction française par J.M. Vienne, Vrin, 2001.

NEWTON Isaac (1642-1727) :
1687, *Principes mathématiques de la philosophie naturelle*, traduit par la Marquise du Châtelet, J. Gabbey, 1990.

LEIBNIZ Gottfried Wilhelm (1646-1716) :
1704, *Nouveaux Essais sur l'Entendement humain*, Garnier-Flammarion (plusieurs éditions).

HUME David (1711-1776) :
1748, *An Inquiry concerning Human understanding*, traduction française par André Leroy : *Enquête sur l'entendement humain*, Paris, Aubier, 1947.

KANT Emmanuel (1724-1804) :
1781, 1787, Traduction française : *Critique de la raison pure*, Garnier-Flammarion, 1976.

CARNOT Sadi (1796-1832),

1824, « Réflexions sur la puissance motrice du feu et sur les machines propres à développer cette puissance », éditions J. Gabbey, 1989, 2005.

COMTE Auguste (1798-1857) :
Auguste Comte. Philosophie des sciences. Textes choisis par Jean Laubier. PUF, 1974.

MAXWELL James Clerk (1831-1879) :
- 1873, *A treatise of electricity and magnetism*, Oxford. *Traité d'électricité et de Magnétisme*, pour la traduction française de 1885-1889, Paris.
- Divers articles de théorie cinétique de 1860 à 1868, dans *Philosophical Magazine.*

BOLTZMANN Ludwig (1844-1906) :
Divers articles, dont : « *On certain questions of the theory of gases.* » Nature, Vol.51, n°1322, pp.413-415, 1895.

HERTZ Heinrich R. (1857-1894) :
The principles of mechanics presented in a new Form, London, Macmillan, avec une introduction de Hermann von Helmholtz (traduction anglaise du texte allemand publié à Leipzig à titre posthume en 1894).

POINCARÉ Henri (1854-1912):
- 1902, *La Science et l'hypothèse*, Champs/Flammarion, 1968
- 1904, Conférence de Saint-Louis : « L'état actuel de la physique mathématique » (reprise dans *La valeur de la science* en 1905, ci-dessous, Ch.VIII)
- 1905, *La valeur de la science*, Champs/Flammarion, 1970.
- 1905, « Sur la dynamique de l'électron », extrait des *Comptes-rendus de l'Académie des Sciences*, Séance du 5 Juin 1905.
- 1908, *Science et méthode.*

BERGSON Henri (1859-1941)
- 1889, Essai sur les données immédiates de la conscience, PUF, 1927.
- 1922, 1923, 1931, Durée et simultanéité, PUF, 1968.
- 1934, La pensée et le mouvant, PUF, 1975.

DUHEM Pierre (1861-1916) :
1906 et 1914, *La Théorie physique, son objet - sa structure*, Vrin, Paris, 1997.

LORENTZ Heinrich Anton (1863-1928) :
1904, « *Electromagnetic phenomena in a system moving with any velocity less than that of light* », republié dans *Principle of relativity*, Dover

MINKOWSKI Hermann (1864-1909) :
1908, "*Space and time*", traduction anglaise dans le livre : *The principle of relativity*, Dover, 1952.

CASSIRER Ernst (1874-1945) :
Philosophie des formes symboliques, T.1 et 3.

EINSTEIN Albert (1879-1955),
Albert Einstein, Œuvres choisies, Edition du Seuil, CNRS :
- Volume 1, 1989 : *Quantas, Mécanique statistique et Physique quantique.*
- Volume 2, 1993 : *Relativités I, Relativité Restreinte et Générale.*
- 1905, « *On the electrodynamics of moving bodies* », traduit de l'allemand des *Annalen der Physik*, Vol. 17, Juin 1905, dans le livre : *Principle of relativity*, Dover, 1952.
- 1916, *La théorie de la relativité restreinte et générale*, traduit par Maurice Solovine, Gauthiers Villars, 1982.

BRILLOUIN Léon (1889-1969), *La science et la théorie de l'information*, Masson et Cie, 1959.

HEISENBERG Werner (1901-1976) :
Philosophie, le manuscrit de 1942, traduction et introduction par Catherine Chevalley, édition du Seuil, Coll. Sources du savoir, mai 1998.

POPPER, Karl Raimund (1902- 1994) : *La logique de la Découverte scientifique,* 1934.

Autres sources (ordre alphabétique) **:**

BARBEROUSSE Anouk : *La mécanique statistique, de Clausius à Gibbs*, Belin sup, coll. Sciences, 2002.

BAS C. VAN FRASSEN : *An introduction to the philosophy of time and space,* Columbia University press, New York, 1985.

BRIDGMAN Percy : *The logic of Modern Physics*, Mac Millan, New-York, 1927.

DARRIGOL Olivier :
- 2000, *Electrodynamics from Ampère to Einstein*, Oxford University press
- 2005, *Les équations de Maxwell de MacCullagh à Lorentz*, Belin.
- 2014, *Physics and necessity, Rationalist Pursuits from the Cartesian Past to the Quantum Presents*, Oxford University Press.

DIU Bernard : *Les atomes existent-ils vraiment ?*, Editions Odile Jacob,1997.

DRAKE Stillman, *Galileo at work*, University of Chicago Press, 1978.

FEYNMAN Richard, *Cours de Mécanique Quantique*, Université de Berkeley, Vol.

FRANCASTEL Pierre, *Peinture et Société*, Denoël Gonthiers, Paris 1977.

FOUCAULT Michel, *Les mots et les choses*, Gallimard, 1966.

GALISON Peter, 2003, *Einstein's clocks and Poincaré's maps : empires of time*, New-York, W.W. Norton.

GINGRAS Yves, 2013, *Sociologie des sciences*, Coll. *Que sais-je ?* n°3950, Puf, 2013.

GONSETH Ferdnand, 1936, *Les mathématiques et la réalité,* Paris, Alcan, 1936.

GOURGHOULON Eric, *Relativité restreinte, des particules à l'astrophysique*, EDP Sciences, 2010.

HOLTON Gérard, 1973, 1981 pour la traduction française, *L'imagination scientifique*, Gallimard, 1981.

LÉNA Pierre et HUANMING Yang, 2003, *La science*, Desclée de Brouwer, Presses littéraires et artistiques de Shanghai, collection Proches Lointains.

KOYRÉ Alexandre, 1939, *Études galiléennes*, Paris, Hermann,1939.
1961, *Études d'histoire de la pensée philosophique*, Gallimard, 1971.
1966, *Études d'histoire de la pensée scientifique*, Gallimard, 1973.

KUHN Thomas S., 1962, *The structure of Scientific Revolutions*, University of Chicago Press. Version française : *La structure des Révolutions scientifiques*, traduction par Laure Meyer, Champs-Flammarion, 1983.
1978, *Black-Body Theory and the Quantum Discontinuity*, 1894-1912, The University of Chicago Press, 1987, (première édition en 1978 chez Oxford University Press).

KUMAR Manjit, 2009, 2011 pour la traduction française aux editions Jean Claude Lattès : *Le grand roman de la physique quantique*, 2012 chez Flammarion, collection Champs sciences.

LALOË Franck, 2011, *Comprenons-nous vraiment la Mécanique quantique ?*, EDP Sciences, CNRS éditions.

LATOUR Bruno, 1991, *Nous n'avons jamais été modernes. Essai d'anthropologie symétrique*, édition La Découverte, paris, 1991 et 1997.

LEQUEUX James, 2008, *François Arago un savant généreux. Physique et astronomie au*
XIXe siècle, EDP Sciences et Observatoire de Paris.

LE STRAT Serge, 1990, *Epistémologie des sciences physiques*, Nathan.

MORIN Edgar, 1977, La méthode. 1. La nature de la nature. Essais, Coll. Points, Seuil, 1977.

PIAGET Jean, *Introduction à l'épistémologie génétique*, surtout le Tome II : la pensée physique, PUF, 1950.

ROSSI, Paolo, 1962 : *Les philosophes et les machines, 1400-1700*, Puf, 1996.
1999 : *La naissance de la science moderne en Europe*, Seuil, 1999.
2004 : *Aux origines de la science moderne.*

ROVELLI Carlo, 2014, *Par delà le visible. La réalité du monde physique et la gravité,* Odile Jacob, 2015.

ULLMO Jean, *La pensée scientifique moderne*, Champs Flammarion, 1969.

UZAN Jean Philippe, 2018, *Big Bang, comprendre l'Univers depuis ici et maintenant.* Flammarion.

VILAIN Christiane,
-1996, *La mécanique de Christian Huygens. La relativité du mouvement au 17e siècle*, A. Blanchard, 1996
- 2009, *Naissance de la physique moderne. Méthode et philosophie mécanique au XVIIe siècle*, Ellipses, 2009.
- 2013, *Quelle est notre place dans l'Univers ?*, en collaboration avec Suzy Collin, L'harmattan, 2013.

Collectifs :
- 1978, *L'Araignée et le Tisserand*, de G. Ciccoti, M. Cini, M. De Maria, G. Jona-Lasinio, éditions du Seuil.

-1990, *La science telle qu'elle se fait*, sous la direction de Michel Callon et Bruno Latour, éditions La découverte/textes à l'appui, Anthropologie des sciences et des techniques.

Ch.5 : « Les sept sexes : étude sociologique de la détection des ondes gravitationnelles. », par Harry M. Collins.

Ch.7 : « L'anomalie des neutrinos solaires ; comment réagissent les théoriciens et les expérimentateurs. », par Trevor J. Pinch.

- 1991, *La vérité est-elle scientifique ?* Editions universitaires.
Introduction par André Lichnerowicz, pp.7-9, et article du même : « Vérité, espaces de vérité et mathématiques », pp.105-117.
Article de Jacques Bouveresse, professeur à Paris 1 : « Hertz, Boltzmann et le problème de la "vérité" des théories », pp.117-141.

- 2000, *La philosophie des sciences au XXe siècle*, Anouk Barberousse, Max Kistler, Pascal Ludwig, Champ Université, Flammarion.

- 2004, *Le moment 1900 en Philosophie*, Etudes réunies sous la direction de Frédéric Worms, Les Presses Universitaires du Septentrion.

- 2013, *Précis de philosophie de la physique*, sous la direction de Soasig Le Bihan, Vuibert.
Chapitres de Soazig Le Bihan, Guido Bacciagaluppi, Armod Duwell, Adrien Barton, Valia Allori, sur la mécanique quantique contemporaine.

2017, *Qu'est-ce que la science pour vous ? 50 scientifiques & philosophes répondent*, Editions Matériologiques, collection « Science et Philosophie », présenté par Marc Silberstein.

SCIENCES PURES
AUX ÉDITIONS L'HARMATTAN

Dernières parutions

THE ANISOTROPY OF SPACE
The necessary revision of certain postulates of contemporary theories
Maurice Allais
English translation by Thomas J. Goodey, René Verreault, Arjen Dijksman
Maurice Allais' passion for physics is older than his passion for economics. He declared having devoted a quarter of his time to physics. The results of his work and his experience in this field are entirely original. This work is based on new experimental data in four fields considered a priori as very different, although in close relation with each other: - observations on the paraconical pendulum with anisotropic support and with isotropic support; - observations on the optical deviations of sightings at marks and at collimators; - the regularities characterizing the optical observations of Esclangon and not perceived by him; - the regularities characterizing the interferometric observations of Dayton C. Miller and not perceived by him. The questioning of modern theories, both of classical theories and of the theory of relativity, has provoked, as could be suspected, fierce opposition. But in physics as in economics, Maurice Allais has an absolute principle: «All real progress in our knowledge can only be based upon data from experiment».
(720 p., 60 euros)
ISBN : 978-2-343-16870-8, EAN EBOOK : 9782140121999

L'HOMÉOPATHIE DE SAMUEL HAHNEMANN À LUC MONTAGNIER
Mémoire de l'eau, placebo et molécules virtuelles
Jean-Jacques Aulas
Les produits homéopathiques sont classés par une unité CH correspondant à une dilution centésimale d'une solution mère. Pour corroborer une biochimie avec des molécules virtuelles, Benveniste fera des « expériences ». Les résultats de ces expériences seront fortement contestés par l'ensemble de la communauté scientifique pour manque de rigueur. C'est dans cette perspective que les auteurs ont passé au crible les travaux expérimentaux de Benveniste et Montagnier et sont arrivés à l'hypothèse que les artefacts observés sur une supposée mémoire de l'eau sont, en fait, liés à la présence d'oxygène dans les solutions étudiées.
(224 p., 20 euros)
ISBN : 978-2-343-16517-2, EAN EBOOK : 9782140121357

ETHOLOGIE DE LA CAMPAGNE PRESIDENTIELLE 2017
Dominique Godard
La perspective évolutionniste proposée par l'éthologie humaine permet de concevoir, une base neurophysiologique qui engage davantage que le discours des porte-paroles d'un groupe social. Les comportements spontanés et furtifs, sont saisis par l'image, ils sont perçus, compris, interprétés, par celui qui les observe. Chacun possède une grille de décodage, qui nous permet d'exister au quotidien parmi nos contemporains. La campagne 2017 sur le pan éthologique présente une particularité : la prime à l'agressivité comportementale, qui semble s'estomper au profit d'une concorde mieux appréciée.
(Coll. Questions contemporaines, 118 p., 14 euros)
ISBN : 978-2-343-17245-3, EAN EBOOK : 9782140119651

DE LA PROSPECTION AU MARTEAU À LA MÉTALLOGRAPHIE PRATIQUE

Lokoho René Okitaudji

Destiné à tous les géologues, cet ouvrage vise à les aider dans l'organisation de leur travail de lever géologique sur le terrain. Il peut également faciliter une organisation du travail liée à la préparation des échantillons et à leur analyse. Enfin, il peut s'avérer utile pour une interprétation plus globale et permettre au géologue d'envisager ou d'élaborer des théories ou des modélisations qui pourraient s'intégrer dans les visions de la congruence (concordance) ou de l'incongruence (non concordance) des corps minéralisés et des corps non minéralisés.

(212 p., 21,5 euros)

ISBN : 978-2-343-16275-1, EAN EBOOK : 9782140119309

THE POLLUTION PERIL OF THE NIGER RIVER

Sidy Ba

This book examined the different types of pollution of the Niger River, as well as their consequences, known and visible, subtler and more unsuspected, but all as perilous. This book on the pollution peril brings scientific clarifications on the mechanisms of contamination of various types of pollutants and their impact on animal and plant species. The author proposes some possible solutions to prevent, limit and reduce the growing pollution of the Niger River.

(Coll. Études africaines, 162 p., 15,5 euros)

ISBN : 978-2-343-17144-9, EAN EBOOK : 9782140116636

DE L'ANTARCTIQUE AUX ESPACES INTERSTELLAIRES

Les bactéries du froid

Yvon Michel-Briand

L'exploration de l'Arctique et de l'Antarctique fascine encore l'homme avide de découvrir des territoires toujours vierges. Des bactéries de l'extrême ont été isolées de sol à -10°C datant de 500.000 ans. Ces bactéries ont un rôle important dans l'effet de serre. Les enzymes de ces cellules ont acquis une certaine souplesse pour rester actives. La découverte de ces bactéries installées dans des conditions de vie glaçantes a rendu plus crédible la recherche d'une vie en dehors de la Terre.

(204 p., 21,5 euros)

ISBN : 978-2-343-15820-4, EAN EBOOK : 9782140107740

LES MAÎTRES DE L'EAU

Francesco Masala

Traduit de l'italien (Sardaigne) par Claude Schmitt

Comme la nature ne l'a pas répartie équitablement, l'eau a toujours été un enjeu de pouvoir. Ce bien, qui devrait être commun, qui devrait être une eau libre, a de tout temps constitué une occasion de conflits entre les hommes. L'exemple de la Sardaigne nous montre que depuis la nuit des temps des hommes se sont déclarés les « maîtres » de cette eau, qu'ils l'aient sacralisée ou tout simplement privatisée. Ce n'est que par une gestion rationnelle et démocratique qu'elle pourra servir à étancher la soif des hommes et des champs.

(80 p., 11,5 euros)

ISBN : 978-2-343-16065-8, EAN EBOOK : 9782140107085

CHANGEMENTS CLIMATIQUES ET SAVOIRS LOCAUX

Paix, résilience et développement intégré au Mandé (Mali)

Bakary Toumanion, Sergio Giani

Préface de Mandjou Yattara

Dans ce 2e numéro des « Cahiers de FESCAURI » sont publiées les contributions des différents experts qui ont participé à la conférence-débat : Savoir local, paix et développement. Bakary Toumanion a exposé ses réflexions sur la transition écologique et la dynamique sociale au Mandé. Sergio Giani et Rokia Sanogo ont analysé les relations entre dérégulation du climat, la santé de la communauté et les ressources de la médecine traditionnelle. Souleymane Dolo a souligné la place de la femme dans la société du Mandé et le savoir local qu'elle a su développer...

(Coll. Harmattan Mali, 218 p., 22,5 euros)

ISBN : 978-2-343-16239-3, EAN EBOOK : 9782140105654

ARCHÉOLOGIE ET ARCHITECTURE TRADITIONNELLE EN AFRIQUE DE L'OUEST

Le cas des revêtements de sols au Togo

Une étude comparée

Dola Angèle Aguigah

Préface de Jean-Baptiste Kiethega

Ce livre porte sur l'organisation de l'espace dans l'architecture traditionnelle en Afrique. Il étudie, d'un point de vue scientifique, les pavements et terres damées dans les régions du golfe du Bénin. Il s'agit d'un travail de terrain de longue haleine, confronté aux découvertes des chercheurs durant les quatre dernières décennies. Cet ouvrage étudie les revêtements de sol dans l'espace habité, depuis l'Afrique centrale autour du lac Tchad, jusqu'en Afrique de l'Ouest dans le golfe de Guinée. La période concernée s'étend du VIè au XXIè siècle.

(Coll. Histoire Africaine, 286 p., 31 euros)

ISBN : 978-2-343-15637-8, EAN EBOOK : 9782140105920

MATHÉMATIQUES, PHYSIQUE, MÉTAPHYSIQUE

Les voies du réel

André Thayse

L'énigme essentielle à propos de l'Univers a été énoncée au dix-huitième siècle par le philosophe et mathématicien Gottfried Leibniz : Pourquoi y a-t-il quelque chose plutôt que rien ? Question à laquelle la Modernité a ajouté : Qu'est-ce qui fait gravir à ce quelque chose les échelons de complexité ? En Europe occidentale les deux traditions qui se sont penchées sur cette question sont celles de la Sagesse - religieuse et laïque - et des sciences exactes.

Academia (Coll. Sciences et enjeux, 212 p., 21 euros)

ISBN : 978-2-8061-0422-9, EAN EBOOK : 9782806109828

RÉFLEXIONS SUR LA SCIENCE ET QUELQUES FLÂNERIES

Abécédaire

Francis Bailly

Cet abécédaire rassemble des réflexions inspirées par une vie de chercheur scientifique et de penseur. Ces dossiers sont classés par l'auteur en trois parties : « Homme, détermination et liberté » ; « Significations » ; « Science, vérité, rationalité ». Les deux premières traitent de constantes de la nature humaine, psychologiques, sociales, éthiques, voire, dans certains cas, politiques, qui gouvernent souvent les comportements mais peuvent être infléchies par la volonté individuelle. La troisième partie relève de la philosophie des sciences et de l'épistémologie : elle examine des concepts de la science occidentale communément admis et utilisés comme autant d'évidences universelles.

(228 p., 23,5 euros)

ISBN : 978-2-343-15358-2, EAN EBOOK : 9782140099410

MISE EN VALEUR DES AMÉNAGEMENTS HYDRO-AGRICOLES DU BASSIN DE L'ANAMBÉ

Aliou Baldé

La péjoration climatique qui sévit dans la région soudano-sahélienne a remis en cause l'efficacité des méthodes culturales traditionnelles entraînant un important exode rural. Dès lors, l'irrigation s'avère indispensable pour limiter les effets de la sécheresse. C'est dans contexte qu'elle a été introduite dans le bassin de l'Anambé. Après 40 ans d'expérience et malgré les énormes potentialités agro-économiques du bassin et les gros investissements réalisés par l'Etat, les résultats sont décevants. Cet ouvrage cherche à expliquer ce paradoxe et à proposer des solutions efficaces et durables.

(Coll. Harmattan Sénégal, 436 p., 40 euros)

ISBN : 978-2-343-14400-9, EAN EBOOK : 9782140097836

MÉTHODE CYCLIQUE À SPIRALE, UNICITÉ DU SUJET ET DE L'OBJET EN SCIENCE

Comment espérer retrouver tout ce qui est recherché en science

Wendoudi Appolinaire Beyi

L'approche cyclique, semi-cyclique et spirale explore les objets scientifiques en identifiant des évènements signifiants jusqu'à l'exhaustivité et en justifiant les trajectoires d'emprunts de(s) chaine(s) de causalité(s) centrée(s), diffuse(s) ou évolutive(s) dans le temps et dans l'espace. Ne cherchez pas de méthode scientifique dans la démarche, elle récuse les normes prédéfinies.

(Coll. Harmattan Burkina Faso, 72 p., 11,5 euros)

ISBN : 978-2-343-15484-8, EAN EBOOK : 9782140096884

FLORE ET FAUNE DU NIGER ET DES PAYS VOISINS

Ibrahim Najada

Cet ouvrage présente plus de 370 espèces d'animaux et de plantes, qui permettent de mieux comprendre la faune et la flore du Niger et des pays limitrophes. Comblant un vide dans plusieurs disciplines, les chercheurs y trouveront des réponses appropriées aux multiples interrogations qui touchent l'environnement dans un contexte sahélien (nombreuses photos couleur).

(284 p., 45 euros)

ISBN : 978-2-343-14189-3, EAN EBOOK : 9782140095818

FEMMES DE SCIENCES

Quelles conquêtes ? Quelle reconnaissance ?

Rencontres de Mix-Cité 2017 - Textes réunis par Dominique Bréchemier et Nicole Laval-Turpin

Cette nouvelle session des rencontres Mix-Cité ouvre une nouvelle perspective, thématique et diachronique, autour des femmes de sciences un immense continent dont n'émergent que quelques noms emblématiques, Émilie du Châtelet au temps des Lumières ou Marie Curie au XXe siècle. Il y eut pourtant de remarquables chercheuses dans des domaines aussi divers que les mathématiques, la paléontologie, la médecine ou l'ethnologie. Trop souvent dans l'ombre d'un mari ou de collègues prompts à récupérer le fruit de leurs travaux, elles n'ont guère bénéficié de la moindre renommée. Au-delà d'une approche biographique, il s'agit de présenter leurs découvertes, leur originalité, et les chemins étroits d'une émancipation laborieuse : la Recherche ne s'est pas toujours montrée prompte à ouvrir aux femmes les portes de la Science.

(212 p., 21,5 euros)

ISBN : 978-2-343-15105-2, EAN EBOOK : 9782140095481

NAISSANCE DE LA CHIMIE

Jean-Paul Walch

Pour Bachelard, l'alchimie est un tissu de vésanies. Selon Jung, l'Adepte dialogue avec son inconscient. Pour les chercheurs contemporains, l'alchimie a jeté les bases de la chimie moderne. Celle-ci est tout cela à la fois. C'est ce que montre Jean-Paul Walch en analysant les textes de ses précurseurs. Avec Bacon, il nous donne le secret de la Pierre philosophale. Il nous montre ce qu'était la philosophie de Paracelse et que le succès des Rose-Croix est dû à la cohérence de leur doctrine. Cette naissance de la chimie se lit comme un roman policier.

(Coll. Acteurs de la Science, 250 p., 26 euros)

ISBN : 978-2-343-14333-0, EAN EBOOK : 9782140094347

COMMENT NAISSENT LES ESPÈCES

Les spéciations

Georges Pétavy

Les extinctions d'espèces ne cessent de susciter l'intérêt. Mais l'émergence de nouvelles espèces est moins évoquée. L'auteur décrit comment les espèces actuelles se sont individualisées par divers processus de spéciation. En fin d'ouvrage, il montre également comment la domestication a abouti à l'émergence de nouvelles espèces. Enfin, il s'interroge sur les conditions qui permettraient l'émergence d'une nouvelle espèce humaine.

(Coll. Biologie, écologie, agronomie, 294 p., 30 euros)

ISBN : 978-2-343-15024-6, EAN EBOOK : 9782140093951

Structures éditoriales du groupe L'Harmattan

L'Harmattan Italie
Via degli Artisti, 15
10124 Torino
harmattan.italia@gmail.com

L'Harmattan Hongrie
Kossuth l. u. 14-16.
1053 Budapest
harmattan@harmattan.hu

L'Harmattan Sénégal
10 VDN en face Mermoz
BP 45034 Dakar-Fann
senharmattan@gmail.com

L'Harmattan Cameroun
TSINGA/FECAFOOT
BP 11486 Yaoundé
inkoukam@gmail.com

L'Harmattan Burkina Faso
Achille Somé – tengnule@hotmail.fr

L'Harmattan Guinée
Almamya, rue KA 028 OKB Agency
BP 3470 Conakry
harmattanguinee@yahoo.fr

L'Harmattan RDC
185, avenue Nyangwe
Commune de Lingwala – Kinshasa
matangilamusadila@yahoo.fr

L'Harmattan Congo
67, boulevard Denis-Sassou-N'Guesso
BP 2874 Brazzaville
harmattan.congo@yahoo.fr

L'Harmattan Mali
Sirakoro-Meguetana V31
Bamako
syllaka@yahoo.fr

L'Harmattan Togo
Djidjole – Lomé
Maison Amela
face EPP BATOME
ddamela@aol.com

L'Harmattan Côte d'Ivoire
Résidence Karl – Cité des Arts
Abidjan-Cocody
03 BP 1588 Abidjan
espace_harmattan.ci@hotmail.fr

L'Harmattan Algérie
22, rue Moulay-Mohamed
31000 Oran
info2@harmattan-algerie.com

L'Harmattan Maroc
5, rue Ferrane-Kouicha, Talaâ-Elkbira
Chrableyine, Fès-Médine
30000 Fès
harmattan.maroc@gmail.com

Nos librairies en France

Librairie internationale
16, rue des Écoles – 75005 Paris
librairie.internationale@harmattan.fr
01 40 46 79 11
www.librairieharmattan.com

Lib. sciences humaines & histoire
21, rue des Écoles – 75005 Paris
librairie.sh@harmattan.fr
01 46 34 13 71
www.librairieharmattansh.com

Librairie l'Espace Harmattan
21 bis, rue des Écoles – 75005 Paris
librairie.espace@harmattan.fr
01 43 29 49 42

Lib. Méditerranée & Moyen-Orient
7, rue des Carmes – 75005 Paris
librairie.mediterranee@harmattan.fr
01 43 29 71 15

Librairie Le Lucernaire
53, rue Notre-Dame-des-Champs – 75006 Paris
librairie@lucernaire.fr
01 42 22 67 13

www.ingramcontent.com/pod-product-compliance
Lightning Source LLC
LaVergne TN
LVHW011254061026
849535LV00005B/1258
* 9 7 8 2 3 4 3 1 8 4 8 3 8 *